21世纪高等学校规划教材 | 计算机科学与技术

面向对象程序设计

（C++版）（第2版）

董正言　主编

清华大学出版社
北京

内 容 简 介

本书以面向对象技术的本质特征为导向，以 C++语言为基础，全面地阐述了面向对象程序设计的基本原理。全书共分为 14 章，第 1 章概要介绍面向对象程序设计技术和 C++语言的发展历史和本质属性；第 2～5 章介绍 C++语言的基本编程技术，包括 C++的数据类型、常用的运算符、程序控制语句和函数；第 6～9 章介绍面向对象程序设计方法的核心内容，包括类和对象、类的继承和多态；第 10 章介绍 C++标准模板库；第 11 章介绍 C++的程序结构、编译预处理指令和命名空间等内容；第 12 章介绍 C++标准输入/输出流类；第 13 章以 C++语言为基础介绍面向对象的异常处理机制；第 14 章简要介绍使用 C++语言和面向对象程序设计技术设计 Windows 应用程序的方法。

本书语言简洁流畅，通俗易懂，内容全面，重点突出，对于核心内容佐以大量的例证，并且涵盖了 C++ 11/C++ 14 新引入的绝大部分内容。

本书既可以作为高等院校计算机科学和软件工程等相关专业"面向对象程序设计"课程的授课教材，也可以作为 C++程序开发者的参考书。

图书在版编目（CIP）数据

面向对象程序设计：C++ 版/董正言主编. —2 版. —北京：清华大学出版社，2020.1（2024.4重印）
21 世纪高等学校规划教材·计算机科学与技术
ISBN 978-7-302-54202-5

Ⅰ. ①面… Ⅱ. ①董… Ⅲ. ①C++ 语言－程序设计－高等学校－教材 Ⅳ. ①TP312.8

中国版本图书馆 CIP 数据核字（2019）第 255922 号

责任编辑：闫红梅 薛 阳
封面设计：傅瑞学
责任校对：时翠兰
责任印制：宋 林

出版发行：清华大学出版社
网 址：https://www.tup.com.cn，https://www.wqxuetang.com
地 址：北京清华大学学研大厦 A 座 **邮 编**：100084
社 总 机：010-62770175 **邮 购**：010-62786544
投稿与读者服务：010-62776969，c-service@tup.tsinghua.edu.cn
质量反馈：010-62772015，zhiliang@tup.tsinghua.edu.cn
课件下载：https://www.tup.com.cn，010-83470236
印 装 者：三河市春园印刷有限公司
经 销：全国新华书店
开 本：185mm×260mm **印 张**：22.75 **字 数**：553 千字
版 次：2010 年 8 月第 1 版 2020 年 1 月第 2 版 **印 次**：2024 年 4 月第 4 次印刷
印 数：2501～2800
定 价：59.00 元

产品编号：072641-01

出版说明

随着我国改革开放的进一步深化，高等教育也得到了快速发展，各地高校紧密结合地方经济建设发展需要，科学运用市场调节机制，加大了使用信息科学等现代科学技术提升、改造传统学科专业的投入力度，通过教育改革合理调整和配置了教育资源，优化了传统学科专业，积极为地方经济建设输送人才，为我国经济社会的快速、健康和可持续发展以及高等教育自身的改革发展做出了巨大贡献。但是，高等教育质量还需要进一步提高以适应经济社会发展的需要，不少高校的专业设置和结构不尽合理，教师队伍整体素质亟待提高，人才培养模式、教学内容和方法需要进一步转变，学生的实践能力和创新精神亟待加强。

教育部一直十分重视高等教育质量工作。2007 年 1 月，教育部下发了《关于实施高等学校本科教学质量与教学改革工程的意见》，计划实施“高等学校本科教学质量与教学改革工程”(简称“质量工程”)，通过专业结构调整、课程教材建设、实践教学改革、教学团队建设等多项内容，进一步深化高等学校教学改革，提高人才培养的能力和水平，更好地满足经济社会发展对高素质人才的需要。在贯彻和落实教育部“质量工程”的过程中，各地高校发挥师资力量强、办学经验丰富、教学资源充裕等优势，对其特色专业及特色课程(群)加以规划、整理和总结，更新教学内容、改革课程体系，建设了一大批内容新、体系新、方法新、手段新的特色课程。在此基础上，经教育部相关教学指导委员会专家的指导和建议，清华大学出版社在多个领域精选各高校的特色课程，分别规划出版系列教材，以配合“质量工程”的实施，满足各高校教学质量和教学改革的需要。

为了深入贯彻落实教育部《关于加强高等学校本科教学工作，提高教学质量的若干意见》精神，紧密配合教育部已经启动的“高等学校教学质量与教学改革工程精品课程建设工作”，在有关专家、教授的倡议和有关部门的大力支持下，我们组织并成立了“清华大学出版社教材编审委员会”(以下简称“编委会”)，旨在配合教育部制定精品课程教材的出版规划，讨论并实施精品课程教材的编写与出版工作。“编委会”成员皆来自全国各类高等学校教学与科研第一线的骨干教师，其中许多教师为各校相关院、系主管教学的院长或系主任。

按照教育部的要求，“编委会”一致认为，精品课程的建设工作从开始就要坚持高标准、严要求，处于一个比较高的起点上。精品课程教材应该能够反映各高校教学改革与课程建设的需要，要有特色风格、有创新性(新体系、新内容、新手段、新思路，教材的内容体系有较高的科学创新、技术创新和理念创新的含量)、先进性(对原有的学科体系有实质性的改革和发展，顺应并符合 21 世纪教学发展的规律，代表并引领课程发展的趋势和方向)、示范性(教材所体现的课程体系具有较广泛的辐射性和示范性)和一定的前瞻性。教材由个人申报或各校推荐(通过所在高校的“编委会”成员推荐)，经“编委会”认真评审，最后由清华大学出版社审定出版。

目前,针对计算机类和电子信息类相关专业成立了两个“编委会”,即“清华大学出版社计算机教材编审委员会”和“清华大学出版社电子信息教材编审委员会”。推出的特色精品教材包括:

(1) 21世纪高等学校规划教材·计算机应用——高等学校各类专业,特别是非计算机专业的计算机应用类教材。

(2) 21世纪高等学校规划教材·计算机科学与技术——高等学校计算机相关专业的教材。

(3) 21世纪高等学校规划教材·电子信息——高等学校电子信息相关专业的教材。

(4) 21世纪高等学校规划教材·软件工程——高等学校软件工程相关专业的教材。

(5) 21世纪高等学校规划教材·信息管理与信息系统。

(6) 21世纪高等学校规划教材·财经管理与应用。

(7) 21世纪高等学校规划教材·电子商务。

(8) 21世纪高等学校规划教材·物联网。

清华大学出版社经过三十多年的努力,在教材尤其是计算机和电子信息类专业教材出版方面树立了权威品牌,为我国的高等教育事业做出了重要贡献。清华版教材形成了技术准确、内容严谨的独特风格,这种风格将延续并反映在特色精品教材的建设中。

清华大学出版社教材编审委员会
联系人:魏江江
E-mail:weijj@tup.tsinghua.edu.cn

第2版前言

新一轮科技革命和产业变革带动了传统产业的升级改造。党的二十大报告强调“必须坚持科技是第一生产力、人才是第一资源、创新是第一动力,深入实施科教兴国战略、人才强国战略、创新驱动发展战略,开辟发展新领域新赛道,不断塑造发展新动能新优势”。建设高质量高等教育体系是摆在高等教育面前的重大历史使命和政治责任。高等教育要坚持国家战略引领,聚焦重大需求布局,推进新工科、新医科、新农科、新文科建设,加快培养紧缺型人才。

C++语言继承了C语言简洁精练、功能强大的优点,依托面向对象的程序设计技术,成为目前程序员使用最多的编程语言之一。

2011年,国际标准化组织(ISO)和国际电工委员会(IEC)旗下的C++标准委员会(ISO/IEC JTC1/SC22/WG21)正式发布了C++语言的新标准——C++ 11;紧接着作为对C++ 11标准的补充和完善,又于2014年和2017年分别发布了C++ 14和C++ 17。

相比于C++ 98,新的C++标准增加了许多新的内容,使它看上去像一门全新的编程语言。本着“面向发展、与时俱进”的治学精神,本教材推出了第2版。

本版教材涵盖了绝大多数C++ 11/C++ 14标准新引进的内容,包括:

(1) C++ 11/C++ 14新增的long long、long double等数据类型;

(2) 变量和对象的列表初始化方法;

(3) 自动类型推定技术;

(4) 基于范围的for循环语句;

(5) 左值和右值的概念;

(6) 左值引用类型和右值引用类型;

(7) lambda函数和function对象;

(8) 可变长参数的模板函数;

(9) C++ 11移动语义之类的移动构造函数;

(10) C++ 11移动语义之类的移动赋值运算符;

(11) C++ 11移动语义之强制移动;

(12) override和final限定说明符。

除了上面列出的C++ 11/C++ 14新引入的内容,本教材还对第1版的部分内容进行了修改和补充,包括:

(1) 增添了函数指针作为函数参数的内容;

(2) 对原来例程中一些不安全的库函数调用进行了修正;

(3) 用 Visual Studio 2015 取代 VC++ 6.0 作为程序的开发环境,并对相应的章节内容进行了修改;

(4) 新增了"标准模板库"等内容。

Visual Studio 2015 是微软公司于 2015 年推出的一款功能强大的跨平台、跨语言的编程工具,且对 C++ 11/C++ 14 新标准提供完美支持。它具有企业版、专业版、社区版等多个不同的版本,其中社区版是免费的,读者可以自行到微软官方网站下载试用。本书中的所有例程都使用 Visual Studio 2015 重新进行了编译。

本次改版工作主要由武汉轻工大学数学与计算机学院的董正言负责完成,由于作者学识水平和时间的限制,书中疏漏和不妥之处在所难免,敬请批评指正。

作　者

于 2022 年 12 月修订

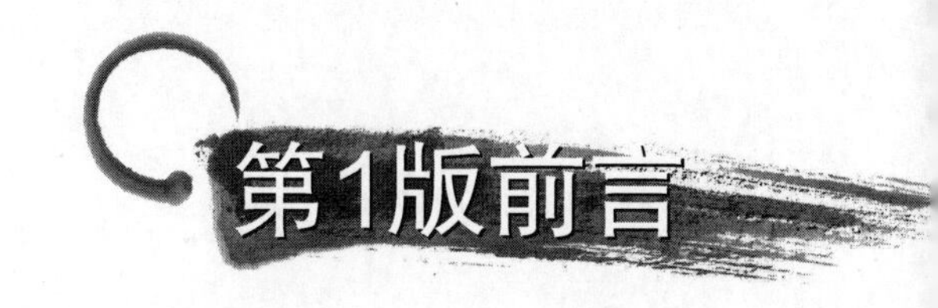

第1版前言

面向对象程序设计技术是当前主流的程序设计技术。和传统的面向过程的程序设计技术相比，面向对象程序设计技术具有明显的优势。这种优势主要体现在以下几个方面。

(1) 传统的面向过程的程序设计方法忽略了数据和操作之间的内在联系，程序中的数据和操作它们的方法分离。而面向对象程序设计技术将程序要处理的数据和处理它们的方法封装在一起，构成一个统一体——对象。程序中用对象模型来建模现实世界中的事物。这样就使解空间模型的结构和问题空间模型的结构相一致。使用面向对象的方法解决问题的思路更加符合人类一贯的思维方法。

(2) 面向对象的封装技术为程序提供了更好的数据安全性。

(3) 面向对象的继承技术为程序提供了更好的可重用性。

(4) 面向对象的多态调用技术使程序具有了更好的可扩展性。

(5) 和传统的面向过程的程序设计方法相比，面向对象的程序设计技术更适合开发大型的图形界面应用程序。

目前，常用的面向对象的编程语言有 C++、Java、C# 等。

C++语言是由 C 语言发展演变出的一种面向对象的程序设计语言。它既具备 C 语言面向过程设计方法的特点，同时又支持面向对象的程序设计方法。它是目前拥有程序员数目最多的编程语言之一。

本书以 C++语言为基础，阐述面向对象的编程原理。本书的特色是内容全面、语言简洁易懂、重点突出，是一部面向大学本科计算机科学相关专业的入门教材。

为了使读者能够透彻理解面向对象编程的原理和方法，本书中使用了大量自编的例程。全部例程的源代码均使用 VC++ 6.0 编写，并编译通过。

本书的主编是董正言，张聪也参加了部分章节的撰写工作。

由于作者学识水平和时间的限制，书中疏漏和不妥之处在所难免，敬请批评指正。

作　者

2010 年 3 月

目录

第1章 绪论

1.1 编程语言的发展

计算机由硬件和软件组成。硬件是指组成计算机的各种零部件，如中央处理器(CPU)、主存储器(内存)、硬盘等；软件是指挥硬件运行的程序，如操作系统、各种硬件的驱动程序和其他应用程序等。程序设计语言是用来设计计算机软件的，自1946年第一台电子数字计算机诞生至今，计算机科学技术发展迅猛，程序设计语言也经历了快速的发展。

第一代程序设计语言是**机器语言**。机器语言是计算机硬件可以识别的机器指令，由二进制编码组成。不难想象，采用机器语言编写程序的难度很大，编程人员既要掌握数目繁多的机器指令，又要熟知计算机的硬件结构，只有极少数专业人员才能胜任。

不久后，出现了汇编语言，**汇编语言**就是用一些容易记忆的助记符代替机器语言中的二进制编码，使机器指令看上去更容易理解。常用的助记符有MOV、ADD、SUB等。计算机在运行由汇编语言编写的程序时，首先需要把程序翻译成计算机能够识别的机器语言，完成这个翻译功能的程序叫作**汇编程序**。因为不同类型的计算机具有不同的硬件结构和指令系统，所以，由汇编语言编写的程序不是平台独立的，也就是说，为一种计算机编写的汇编语言程序必须经过修改，才能在另一种类型的计算机上运行。

由于机器语言和汇编语言都能直接操作计算机硬件，所以被称为**低级语言**。

20世纪60年代末，出现了结构化高级编程语言。**高级语言**采用数量有限的、容易理解的执行语句编写程序，并允许程序员用具有一定含义的名字为程序中使用的数据命名。高级语言致力于解决问题，而不针对特定的硬件，屏蔽了计算机的硬件细节，采用高级语言编写的程序无须修改就可以在不同类型的计算机上运行，程序的可移植性高。计算机在运行高级语言编写的程序时，首先要用一个翻译程序把高级语言翻译成硬件可识别的机器语言，这个翻译程序叫作**编译程序**。常见的结构化高级语言有C、FORTRAN、Pascal、BASIC等。采用高级语言进行**结构化程序设计的原则是：自顶向下，逐步求精**。

随着科学技术的飞速发展，计算机逐步走进了各行各业，计算机应用软件的规模也越来越庞大，尤其是进入20世纪90年代以后，图形界面操作系统(例如微软公司的Windows操作系统)以其优秀的人机交互性和可操作性逐步取代了命令流操作系统(例如MS-DOS)，并得到普及，采用结构化程序设计方法设计大型的图形界面应用程序显得力不从心；这时，一种新型的程序设计方法——**面向对象的程序设计方法**应运而生并取代了结构化程序设计方法,成为大型程序设计的主流技术。同时,面向对象的程序设计语言也取代了结构化高级语言,成为主流的编程语言。在面向对象的程序设计方法中,把数据和操作它们的方法**封装**在一起,**抽象**出解域空间对象模型,用于描述实际的问题域空间对象,更直接地反映了客观世界中的事物以及它们之间的关系;同时,利用**继承**和**多态**技术,极大提高了程序代码的可重用性和程序设计效率。当前常见的面向对象程序设计语言有 C++、Java 等。

1.2 C++语言简介

C++语言是由 C 语言进化、发展而来,C 语言于 20 世纪 70 年代诞生于美国的贝尔实验室。C 语言的特点是:使用简洁、灵活,数据类型和运算符丰富,具有结构化控制语句,既能像汇编语言一样直接访问存储器的物理地址、管理通信端口和磁盘驱动器,又具有结构化高级语言的特点——程序具备良好的可读性和可移植性。总之,C 语言是一种功能强大的结构化程序设计语言。由于它同时具有低级语言和结构化高级语言的特点,也被叫作中级语言。C 语言从诞生时起,就以其使用简洁、灵活、功能强大的特点赢得了众多程序员的青睐,成为 20 世纪 80 年代占据统治地位的编程语言。但是 C 语言不支持面向对象的程序设计。

C++语言诞生于 20 世纪 80 年代,和 C 语言相同,也是由美国的贝尔实验室开发的。C++由 C 发展演变而来,一方面 C++继承了 C 语言使用灵活、功能强大的特性,同时 C++也支持面向对象的程序设计(OOP),因此,很多人把 C++称为"带类的 C"。其实,和 C 相比,C++不仅增加了对面向对象程序设计的支持,在其他很多方面,C++都对 C 进行了改进和优化。

为了提高 C++程序的可移植性,美国国家标准局(ANSI)和国际标准化组织(ISO)于 1990 年建立了联合组织 ANSI/ISO,负责制定 C++标准。1998 年发布了 C++标准第一版(ISO/IEC 14882:1998),2003 年发布了 C++标准第二版(ISO/IEC 14882:2003)。经过近十年的期待,2011 年 C++语言又推出了新的版本,命名为 C++ 11,C++ 11 对原标准做了重大的改进;继而,在 2014 年和 2017 年,C++语言又分别推出了命名为 C++ 14 和 C++ 17 的新标准,这两个新的标准是对 C++ 11 的增量式改进,完善了 C++ 11 引入的新特性。自 C++ 11 之后的新版本在原来的基础上增加了许多新的内容,使 C++语言"看上去像一门全新的编程语言"。

C++数据类型和运算符丰富,具有结构化的控制语句,能直接访问和控制硬件,同时支持面向对象程序设计(OOP),是一种使用简单、灵活,功能强大的面向对象的程序设计语言。

1.3 面向对象的程序设计方法

早期的计算机主要用于科学计算,随着计算机技术的发展,计算机的应用领域也不断扩大,要解决问题的复杂程度不断提高,计算机程序的规模日益增大;大型程序的修改和维护工作越来越困难;程序的维护成本日益增高,甚至远远高于程序的开发成本。程序结构的混乱是造成这种现象的根本因素之一。

20世纪60年代产生的面向过程的结构化程序设计思想，为使用计算机开发和维护复杂程序提供了有利的手段。那么，什么是面向过程的程序设计方法呢？**面向过程的结构化程序设计方法**简单地说就是：**采用自顶向下、逐步求精的思路。即对复杂的命题进行层层分解，逐步将其划分成功能独立、相对简单、规模较小的命题，并为这些小的命题编写程序模块，所有模块集成在一起构成完整的程序；模块间的联系尽可能简单；每个模块完成某种独立的功能，其内部均由顺序、选择、循环三种基本结构组成**。面向过程的程序设计方法具有**模块化**和**结构化**特点，极大提高了程序的开发效率，优化了程序结构，提高了程序的可重用性，使程序具有了更好的可维护性。20世纪70年代到20世纪80年代，这种方法在程序设计领域占据主导地位。

如上所述，面向过程的程序设计方法具有很多显著的优点，而其缺点也是显而易见的。现实世界中的事物都具有两种属性——静态属性和动态属性。例如，对于一个人来说，姓名、身高、体重、视力等属性是静态属性，而走路、吃饭、睡觉等是动态属性。对于一辆汽车而言，品牌、价格、载重量、速度等是静态属性，而行驶、转弯、制动等是动态属性。在面向过程的程序设计中，如果要对某个事物建模，通常使用一组数据来描述该事物的静态属性，而用一组函数来描述该事物的动态属性。而数据和函数是相互独立的，即程序中的数据和操作它们的方法分离。当需要修改程序中某些数据的结构时，那么使用了该数据的所有的函数都要进行相应的修改。过程化程序设计的这种特点给程序的维护带来不便。进入20世纪90年代，Windows等图形界面操作系统取代了DOS等命令流操作系统成为主流操作系统，采用过程化的程序设计方法开发和维护大型的图形界面应用程序也显得力不从心。因此，面向对象的程序设计(OOP)逐渐取代面向过程的程序设计，占据了主导地位。

面向对象的程序设计(OOP)方法用更加接近于实际物体的对象模型对物体进行建模，对象模型把数据和操作这些数据的方法封装在一起，数据用来描述现实物体的静态属性，方法描述物体的动态特征。程序由不同类型的多个对象组成，对象之间通过互发消息进行通信，它们互相配合、密切协作，共同实现程序的功能。程序中描述对象的数据结构称为类，类可以为其中封装的数据及方法成员设置访问权限，它只提供简单的接口和外部发生关系。面向对象程序设计的另一项核心技术是继承，通过继承，可以方便地从已存在的类派生出新的类。

与强调算法的过程化编程不同，面向对象程序设计强调的是数据。过程化程序设计总是试图使问题满足语言的过程性方法；而面向对象的程序设计是试图让语言来满足实际问题的要求。

从软件工程的角度来看，面向对象程序设计方法具有以下几个显著优点。

1. 更好的模块化

面向对象程序设计方法中的对象就是模块，它把数据和操作这些数据的方法封装在一起构成程序模块。

2. 更高级的抽象性

面向对象的程序设计方法不仅支持过程抽象，而且支持数据抽象。面向对象设计方法中的类就是一种抽象数据类型,它描述某一类对象共有的属性,它是定义对象的模板,而对象是类的具体实例。此外,某些面向对象的程序设计语言(例如C++)还支持参数化抽象,即把类成员的数据类型参数化。高级的抽象性使程序模块的可重用性更高。

3. 更好的信息隐藏性

在面向对象的程序设计方法中,允许为类的成员设置访问权限,这样就可以将数据隐藏在对象之中,类的用户只能通过类的公有接口来访问类的对象。

4. 低耦合、高内聚

在面向对象程序设计方法中,一个对象就是一个独立的单元,其内部各元素用于描述对象的本质属性,它们之间联系紧密,具有高度的内聚性。而不同类的对象之间或者同一个类的不同对象之间,只能通过外部接口发送消息来相互通信,如果一类对象的内部结构发生变化,只要它的外部接口保持不变,就不会影响其他的程序模块(其他的类和对象),所以面向对象程序模块之间具有更低的耦合性。低耦合性和高内聚性符合软件工程的模块独立性原理,是软件重用的基础和保证。

5. 更好的可重用性

继承性和多态性是面向对象程序设计方法的两个本质属性。通过继承可以从已有的类型派生出新的类型,新的类型继承了原有类型的全部属性,是对原有类型的扩展。而多态性是指给不同的对象发送相同的消息,会导致不同的行为。面向对象程序设计技术的封装性、高度抽象性、低耦合和高内聚性、继承性和多态性都使这种方法具有了更好的代码可重用性。

本书将紧密围绕抽象、封装、继承和多态等特性来阐述面向对象的程序设计原理。

1.4 第一个C++程序

使用面向对象的方法编写C++应用程序时,首先必须对程序的功能进行分析,从问题域的对象模型抽象出解域的对象模型,并将其封装成类;或从已有的类通过继承派生出新的类,作为解域的对象模型;对于比较简单的问题,如果使用(标准C++类库中)已有的类就可以解决问题,则不需要创建新的类,而对于规模较大和复杂的问题,则需要创建或派生多个新的类。在创建类的过程中,不仅要设计合理的数据结构来描述对象的静态属性,还要设计正确的算法来描述对象的动态属性,以实现对象的功能。不同类的对象之间可以通过发送消息(调用成员函数)相互通信。在程序的主函数中,不同类的对象相互协作,实现程序的功能。

下面通过一个简单的C++程序,学习程序的创建步骤。首先在例1.1中给出程序源代码。

例1.1 一个简单的C++程序。

```
#include <iostream>
```

```
using namespace std;
void main()
{
    cout <<"Hello!\n";
    cout <<"Welcome to C++!!!\n";
}
```

程序的第一行＃include < iostream >是一条预编译指令，功能是在程序编译前，用头文件 iostream 中的内容取代该指令，嵌入到该指令所在的地方。头文件 iostream 是 C++系统提供的库文件，其中声明了完成输入输出操作的函数库和类库。因为本程序要向控制台输出信息，所以要包含 iostream 头文件。

程序的第二行中的 using 是一条编译指令，namespace 是 C++的关键字，std 是命名空间的名称，命名空间中可以包含类库、函数库、对象等；这条语句的功能是使程序中可以使用包含在命名空间 std 中的所有元素。头文件 iostream 就包含在命名空间 std 中。

第三条语句是 main 函数的函数头。函数是 C++程序中最小的、功能独立的单位。任何 C++程序都必须有而且仅有一个名为 main 的函数。任何程序都是从 main 函数的第一条语句开始执行，main 函数是程序的入口点。main 之前的 void 表示函数没有返回值。函数名后面的小括号中可以放置函数的形式参数列表，本例中的 main 函数没有任何参数。

第 4 行到第 7 行是由一对花括号括住的函数体，函数体是若干条语句的集合，每条 C++语句都要以一个分号"；"作为结束标志，本例的 main 函数中包含两条语句。cout 是一个在头文件 iostream 中预定义的输出流类的对象，代表计算机的标准输出设备——显示器。cout 后面的"<<"是一个插入操作符，功能是把紧随其后的双引号中的字符串输出到显示器上。程序运行结果如图 1.1 所示。

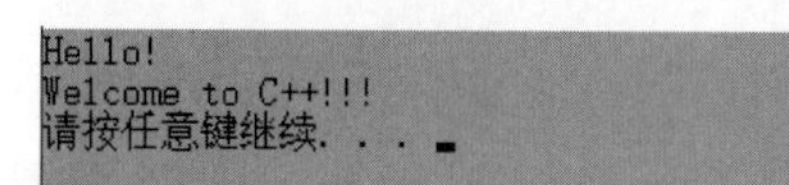

图 1.1 程序运行结果

一个由高级语言编写的程序从开始编码到可以运行需要经过以下几步。

(1) 编辑程序：可在普通的文本编辑器(如 Windows 记事本)或一些专业开发软件(如 Visual Studio 2015 或 Turbo C++等)提供的编辑器中对程序进行编码。这种由高级语言编码的程序称为源程序。

(2) 编译：使用编译程序对源程序进行编译。目的是将由高级语言编写的源程序翻译成计算机硬件可以识别的二进制机器指令。

(3) 连接：这一步是使用连接程序对源程序进行连接。目的是把程序中调用的所有库函数都连接到程序之中，和经过编译的源程序一起创建一个目标程序。目标程序可以是一个可执行文件，也可以是一个其他格式的文件。

目前有很多软件支持 C++程序的开发，例如 Microsoft Visual Studio 2015、Microsoft Visual C++、Borland C++、Watcom C++、Turbo C++等。本书中的程序都是采用 Visual Studio 2015 编写的。附录中详细介绍了如何创建并执行一个 C++应用程序。

通过上面的例子可以看到，即使是创建一个简单的程序，一般也需要分为分析、编写代码、编译、连接等几步。如果程序的执行结果存在错误，还需要进行调试和修改。

小结

程序设计语言是编写程序的工具,可分为机器语言、汇编语言、面向过程的高级语言和面向对象的高级语言。C++语言是由C语言发展、进化而来的面向对象的程序设计语言。

面向对象的编程方法在当今的程序设计领域占据主导地位。从软件工程的角度来看,和面向过程的结构化程序设计技术相比,面向对象编程方法具有更好的模块化、更高级的抽象性、更好的信息隐藏性、低耦合、高内聚、更好的代码可重用性等优点。

面向对象程序设计技术的基本特征是:抽象、封装、继承和多态。

创建一个可运行的程序,至少需要分析、编码、编译、连接等几个步骤。

习题

1.1 面向对象程序设计方法有哪些基本特征?

1.2 从着手开始编写一个程序,到形成一个可执行文件,通常需要经过哪几个步骤?

1.3 C++程序的入口点是什么?

第2章 基本数据类型和运算符

计算机程序最基本的功能是处理数据。目前计算机应用已经遍及社会生活的各个领域,人们使用计算机来处理各式各样的问题,计算机对这些问题的处理归根结底都要转换为对数据进行处理。作为一种功能强大的编程语言,C++提供了丰富的数据类型和处理数据的运算符。本章介绍C++基本数据类型和用于数据处理的C++运算符。

2.1 基本概念

本节先给出一个程序实例,然后介绍几个编程的基本概念。

2.1.1 程序实例

例 2.1

```
#include <iostream>
using namespace std;
int j = 1000;                          //j是一个全局变量
void main()
{
    cout <<"您好!现在我们开始学习第2章"<< endl;
    int i;                             //i是一个整数变量
    i = 10;
    const float f = 10.25;             /* f是一个实型常量 */
    cout <<"j是一个全局变量\nj = "<< j << endl;
    cout <<"i = "<< i << endl;
    cout <<"i是整型变量,i的值可以改变!\n";
    i = 100;
    cout <<"i = "<< i << endl;
    cout <<"f是实型常量,f的值不能改变\n";
    cout <<"f = "<< f << endl;
}
```

例2.1程序的运行结果如图2.1所示。

2.1.2 C++字符集

字符集就是在程序设计中除字符数据外可以使用的全部字符的集合。C++语言的字符

```
您好！现在我们开始学习第2章
j是一个全局变量
j=1000
i=10
i是整型变量,i的值可以改变!
i=100
f是实型常量，f的值不能改变
f=10.25
请按任意键继续. . .
```

图 2.1　例 2.1 程序的运行结果

集由以下字符构成。

(1) 大小写英文字母：A～Z,a～z。

(2) 数字字符：0～9。

(3) 特殊字符：

空格 ! # % ^ & * _ + - = ～ < > / \ ' " . , () [] {}

例如,在例 2.1 的程序中,包含如下三条输出语句。

cout <<"您好！现在我们开始学习第 2 章"<< endl;

cout <<"i 是整型变量,i 的值可以改变!\n";

cout <<"f 是实型常量,f 的值不能改变\n";

以上三条语句中双引号引住的部分是由多个字符数据常量组成的字符串常量,其中可以包含 C++字符集以外的汉字字符,而程序的其他部分都是由字符集中的字符组成。

2.1.3 C++关键字

关键字是 C++系统预定义的一些具有特别意义的单词,例如,在例 2.1 的程序中,int、float、const、using、namespace、void 都是 C++关键字。其中,int 代表整数类型,float 代表浮点数类型。关键字在程序中不能代表其他含义。下面按字母顺序列出 C++中的常用关键字。

```
auto bool break case catch char class const const_cast continue
default delete do double dynamic_cast else enum explicit extern
false float for friend goto if inline int long mutable namespace
new operator private protected public register reinterpret_cast return
short signed sizeof static static_cast struct switch template this
throw true try typedef typeid typename union unsigned using
virtual void volatile while
```

2.1.4 标识符

标识符是编程时由程序员自己声明的单词,作用是给程序中的变量、函数等实体命名。标识符不能是 C++关键字。例如,例 2.1 程序中的变量名 i 和 f 都是标识符。C++标识符的构成规则如下。

(1) 标识符的第一个字符必须是大小写、英文字母或下画线;

(2) 标识符由大小写字母、数字字符 0～9 或下画线组成;

(3) 标识符不能和 C++关键字相同。

例如,i, car1, dog,_123boy 等都是合法的标识符; 而 1girl,No.1 是不合法的标识符。

C++标识符区分大小写。例如,I 和 i 是两个不同的标识符; boy 和 Boy 也是两个不同的标识符。

2.1.5 程序注释

程序注释是程序中出现的解释性的文字字符串,不是程序的可执行语句; 其作用是对源程序进行注解和说明,提高程序的可阅读性,以便于程序的修改和维护。

C++程序中,注释是以符号"//"开头的一行字符串,或者是由符号"/ * "和" * /"括住的一行或多行字符串。注释可以跟在一条语句之后,也可以单独占据一行或多行。

程序编译时,编译器会忽略所有注释,也就是说,注释文字不会被编译器创建到目标程序之中,所以注释的多少不会影响程序的大小。

例 2.1 程序中的"//j 是一个全局变量""//i 是一个整数变量"和"/ * f 是一个实型常量 * /"都是程序注释。

2.2 基本数据类型

作为一种功能强大的编程语言,C++提供了丰富的数据类型供编程者使用。C++基本数据类型包括整型、浮点型、字符型和布尔型。C++语言标准本身并没有规定每种数据类型的字节长度,数据的字节长度是由具体的 C++编译器规定的。同一种类型的数据在不同的编译器中可能具有不同的长度。本章将要介绍的基本数据类型的字节长度都是基于 Visual Studio 2015 编译系统(32 位或 64 位系统)的。

2.2.1 整数类型

C++的整数类型包括短整型(short int)、普通整型(int)、长整型(long int)、长长整型(long long int)。

短整型分为有符号短整型和无符号短整型,分别用关键字 short int 和 unsigned short int 表示,int 可以省略。短整型数据占 2 字节存储空间。

普通整型分为有符号和无符号两种,分别用关键字 int 和 unsigned int 表示。普通整型数据占 4 字节存储空间。

长整型分为有符号长整型和无符号长整型,分别用关键字 long int 和 unsigned long int 表示,int 可以省略。和 int 类型相同,长整型数据也占 4 字节存储空间。

C++ 11 标准中出现了一种新的整数类型——长长整型,长长整型分为有符号长长整型和无符号长长整型,分别用关键字 long long int 和 unsigned long long int 表示,int 可以省略。长长整型数据占据 8 字节的存储空间。

2.2.2 浮点类型

实数在计算机中用浮点型表示,C++的浮点类型包括普通浮点型和双精度浮点型。

普通浮点型用关键字 float 表示，占 4 字节存储空间。双精度浮点型用关键字 double 表示，占 8 字节存储空间。

C++ 11 中定义了一种新的、数据的表示范围和表示精度都不低于 double 类型的浮点数类型——long double 类型。在目前常用的编译器中，这种类型数据的长度是 8 字节。

2.2.3 字符类型

字符型用关键字 char 表示，占 1 字节存储空间。字符在计算机中以编码形式存储，编码有多种类型，C++系统采用 ASCII 码存储字符数据；ASCII 码用 1 个字节中的低 7 位作为字符数据的编码，最高位恒为 0。例如，字符'A'的 ASCII 码为"01000001"，其对应的十进制整数值为 65；字符'a'的 ASCII 码值为 97。

可以看到，char 型数据本质上就是整数类型，通常把 char 类型作为单字节整数类型使用。char 型数据作为整数使用时叫作有符号单字节整数，最高位为"0"时，表示正数；最高位为"1"时，表示负数。

无符号字符类型用关键字 unsigned char 表示，只能表示单字节正整数。与 char 类型相同，也占 1 字节存储空间；与 char 类型不同的是，字节中的 8 位全部是有效数据位，不包含符号位。

2.2.4 布尔类型

布尔型数据用来进行逻辑判断，其取值只能是 true(真)或 false(假)，占 1 字节存储空间。

对于不同的编译系统，同种数据类型的字节数可能不同。以上所述的各种数据类型的字节数都是以 Visual Studio 2015 编译系统为标准的。

各种数据类型的字节数和取值范围如表 2.1 所示。

表 2.1 C++基本数据类型

数据类型	字节数/B	取值范围
bool	1	true，false
char	1	−128～127
unsigned char	1	0～255
short	2	−32 768～32 767
unsigned short	2	0～65 535
int	4	−2 147 483 648～2 147 483 647
unsigned int	4	0～4 294 967 295
long	4	−2 147 483 648～2 147 483 647
unsigned long	4	0～4 294 967 295
long long	8	$-2^{63}\sim2^{63}-1$
unsigned long long	8	$0\sim2^{64}-1$
float	4	$3.4\times10^{-38}\sim3.4\times10^{38}$
double	8	$1.7\times10^{-308}\sim1.7\times10^{308}$
long double	8	$1.7\times10^{-308}\sim1.7\times10^{308}$

2.3 变量和常量

2.3.1 变量

变量是程序中存储数据的单元，占有一定长度的存储器空间，在程序执行过程中其值可以改变。变量的命名规则和标识符相同。在例2.1的程序中，i是一个变量，用来存放一个整数，在VC++ 6.0中占用4字节内存空间。程序执行期间，i的值被改变。

变量要**先定义，后使用**。变量定义语句的格式如下所示：

```
[存储类型]  数据类型  变量名1,变量名2,…,变量名n;
```

变量定义的功能是根据存储类型和数据类型为变量分配存储空间。如例2.1中的语句：

```
int i;
```

这条语句定义了一个存储类型为auto，数据类型为整数的变量i。其中，关键字auto被省略了。**使用变量前要给变量赋初值**。如例2.1中的语句：

```
i = 10;
```

这条语句把数值10存放到属于变量i的存储空间中，即把数值10赋予变量i。

可以使用如下语句定义两个双精度类型的变量a和b：

```
double a,b = 10.25;
```

在上面的语句中，定义变量b的同时，就给它赋了初值，这叫作**变量初始化**。

C++ 11中新增了一种变量初始化的方法——列表初始化。这种方法可将用于初始化的变量或值放在大括号{}之中。例如：

```
int i{10};            //把i的值初始化为10
int j{i};             //用变量i的值初始化变量j
int k{};
```

上面第一条语句把变量i的值初始化为10，第二条语句用变量i的值初始化变量j，第三条语句中使用了空的大括号，表示把变量k的值初始化为0。

如上所述，每个变量都有数据类型。例如，例2.1程序中的变量i是整数类型(int)。

变量的值存放在存储器中。根据存储地点的不同，变量又分为不同的存储类型。C++变量的存储类型分为自动型和持续型两大类。

自动型变量的特点是：变量的存储空间在程序运行时被自动分配。当包含该变量的函数开始运行时，系统自动为该变量分配存储空间；当包含该变量的函数模块运行结束时，其存储空间被系统回收，该变量随之被自动销毁。以下是C++ 98\03标准定义的两种自动类型的变量。

(1) auto型：这种类型的变量被存放在称为“栈”的内存空间中。定义这种变量时，关键字auto可以省略；程序中在函数或模块内部声明的变量，如果不做其他声明，都属于这种存储类型的变量。如例 2.1 程序中的变量 i。

(2) register 型：称为寄存器型变量。这种类型的变量被直接存放在计算机中央处理器(CPU)的寄存器中，特点是变量的访问速度较快。定义寄存器变量时，要使用关键字 register。例如：

```
register int i;
```

C++ 11 标准对 auto 和 register 这两个关键字的含义进行了修改，首先关键字 auto 不再用来定义自动类型的变量，而是用来表示变量类型自动推定。例如：

```
auto i = 10;
```

上面语句中定义了一个变量 i，但没有使用表示数据类型的关键字，而是使用了关键字 auto，关键字 auto 表示自动类型推定，即让编译器根据用来初始化变量的数值常量的类型自动地推定变量的类型。在上面的语句中，使用 int 型常量 10 来初始化变量 i，所以变量 i 的数据类型被推定为普通整型 int。

C++ 11 仍然保留了关键字 register，但把它标记为过时的关键字。

持续性变量的特点是：变量从被定义时开始，系统为其分配存储空间；在程序的整个运行过程中一直存在，直到程序运行结束才被销毁。持续型变量包括以下两种。

(1) 全局变量：是程序中在任何函数之外声明的变量，存放在程序的静态存储区之中。程序开始执行时，系统给全局变量分配存储空间，程序执行完毕释放存储空间。在程序执行期间，全局变量占据固定的存储单元，而不是由系统动态分配。如例 2.1 程序中的变量 j 就是一个全局变量。

(2) static 型：称为静态变量，存放在程序的静态存储区中。程序执行时，从定义静态变量开始，系统为其分配存储空间；在程序的整个运行过程中静态变量一直存在，直到程序运行结束才被销毁。定义静态变量时要使用关键字 static。如以下语句所示：

```
static int i;
```

2.3.2 常量

常量就是在程序的执行过程中其值保持不变的量。程序中的常量又分为数值常量和符号常量。

1. 数值常量

数值常量就是直接出现在程序中的各种不同数据类型的数值字面量。如例 2.1 中的数值 10、100、1000、10.25、'a'、"您好！现在我们开始学习第 2 章"等。数值常量包括整型常量、浮点常量、字符常量、字符串常量和布尔常量。

1) 整型常量

整型常量包括十进制整数、八进制整数和十六进制整数。

十进制整型常量的表示形式与普通的十进制整数相同，如 10、100、10.25、25.3 等。

八进制整型常量的表示形式是以数字 0 开头的八进制数，如 010、023、075 等。

十六进制整型常量的表示形式为一个以数字字符 0 和字母字符 x 开头的十六进制数，

如 0x10、0xA2 等。

整型常量的数据类型默认为 int 型，加字母后缀 L(或 l)表示长整型，加字母后缀 U(或 u)表示无符号整型。

2) 浮点常量

浮点常量以两种形式出现在程序中：一般形式的浮点常量和指数形式的浮点常量。

例如，10.25、25.3、1000.00 都是普通形式的浮点常量；1025E－2、0.253E＋2、－5.76E＋1 就是指数形式的浮点常量，分别表示实数 10.25、25.3 和－57.6。

浮点常量默认的数据类型为 double 型，可以加字母后缀 f 或 F 将其转换为 float 型。例如 10.25f、1000.00F。

3) 字符常量和字符串常量

字符常量是出现在程序中的以单引号括住的单个字符，如'a'、'G'等。

字符串常量是出现在程序中的以双引号括住的、由一个或多个字符组成的字符序列。如例 2.1 程序中的"您好！现在我们开始学习第 2 章"、"i＝"等。

有些字符不能直接从键盘输入或无法显示，例如表示“回车”的字符和表示“换行”的字符。那么，在程序中如何表示这些字符呢？C++提供了一种特殊的表示方法——转义序列。如例 2.1 的程序中的语句：

```
cout <<"j 是一个全局变量\nj = "<< j << endl;
```

其中的'\n'就是一个转义字符，叫作换行符。功能是完成输出操作中的换行。

表 2.2 列出了常用的转义字符的编码、ASCII 码值和名称。

表 2.2 C++转义字符序列

转义字符的 C++编码	ASCII 码值	字符名称
\n	10	换行符
\t	9	水平制表符
\v	11	垂直制表符
\r	13	回车
\b	8	退格
\a	7	响铃
\\	92	反斜杠
\?	63	问号
\'	39	单引号
\"	34	双引号

4) 布尔常量

布尔常量就是程序中出现的 false 和 true。

2. 符号常量

有一些常量在程序中频繁出现，可以用一个固定的标识符来命名这些常量，称为符号常量。例如，用标识符 PI 来代表圆周率 3.14159。这样既可以使该常量的含义清晰，也有利于编程者更新该常量代表的值。例如，编程者如果想将圆周率的值修改为 3.1415，则只需修改符号常量 PI 的定义,而不需要逐个修改出现在程序中的每个圆周率的值。

C 语言中使用预编译指令#define 定义符号常量。例如：

```
#define PI 3.14159
```

这样定义的符号常量不占用存储器空间,编译器在编译程序时也不进行类型检查,只是将程序中出现的所有符号 PI(不包括被双引号括住的字符串中的 PI)用 3.14159 取代。

C++语言提供了定义符号常量的新的方法——使用关键字 const。语法形式如下：

```
const 数据类型 符号常量名 = 常量值;
```

例如：

```
const double PI = 3.14159;
```

这样定义的符号常量像变量一样占用存储器空间,而且编译器要对该常量进行类型检查。

2.4 简单的输入和输出

学习和使用过 C 语言的朋友都知道,C 语言采用一组标准库函数来实现数据的输入和输出。在 C 程序中,要实现数据的格式化输入和输出,就必须在调用函数时指定参数的格式;这迫使程序员必须记忆大量的格式操作符;编写输入/输出的程序语句是一件非常烦琐的工作,而且容易出错。C++对 C 做了改进和发展,在 C++中采用面向对象的机制来实现输入和输出。在本节中,只介绍简单的控制台输入和输出。

为了平台独立性,C++语言中也没有实现输入和输出功能的语句,C++使用标准输入/输出流类库来实现数据的输入和输出。标准输入/输出流类库中定义了许多输入/输出流类和预定义的输入/输出流对象,要使用它们就必须包含定义它们的头文件。以下介绍用于控制台输入和输出的流对象：cout 和 cin。

1. 标准输出流对象 cout

cout 是流类库中预定义的对象,它是标准输出流类 ostream 的对象,代表标准输出设备——显示器。所以可使用 cout 向显示器输出数据。例如,例 1.1 和例 2.1 中的语句：

```
cout <<"Welcome to C++!!!\n";          //向显示器输出字符串
cout <<"i = "<< i << endl;             //向显示器输出变量 i 的值
```

语句中的“<<”称为插入运算符,功能是把要输出的数据信息插入到输出流中。

cout 是在头文件 iostream 和 iostream.h 中定义的,所以要在程序中使用 cout,就要使用如下指令包含该头文件。

```
#include <iostream.h>
```

或者

```
#include <iostream>
```

```
using namespace std;
```

2. 标准输入流对象 cin

cin 也是流类库中预定义的对象，它是标准输入流类 istream 的对象，代表标准输入设备——键盘。所以可使用 cin 从键盘输入数据。例如：

```
cin >> i >> j;                    //从键盘输入变量 i 和 j 的值
```

语句中的“>>”称为提取运算符，功能是从输入流中提取数据，赋值给程序中的变量。

cin 对象也是在头文件 iostream 和 iostream.h 中定义的。

cout 和 cin 的功能非常强大，不仅可以实现简单变量的输入和输出，还可以操作字符数组，实现字符串的输入和输出；利用格式化标志，还可以实现数据信息的格式化输入和输出。这些内容将在后面的章节中介绍。

2.5 C++运算符和表达式

作为一种功能强大的程序设计语言，C++提供了丰富的运算符，包括算术运算符、关系运算符、逻辑运算符、位运算符和其他运算符几类。程序中由运算符连接而成的运算式称为表达式。每个表达式都有一个固定的取值，称为表达式的值。

运算符具有优先级和结合性。当多个运算符出现在同一个表达式中时，运算的先后顺序由运算符的优先级决定。当优先级相同的运算符在表达式中连续出现时，若运算顺序是先左后右，则其结合性是自左向右；若运算顺序是先右后左，则其结合性是自右向左。

根据所需操作数的个数，运算符又可以分成一元运算符、二元运算符和三元运算符。只需一个操作数的运算符叫作一元运算符；需要两个操作数的运算符叫作二元操作符；同理，需要三个操作数的运算符称为三元运算符。

2.5.1 赋值运算符和赋值表达式

赋值运算符在程序中被频繁使用，所以在介绍其他各种运算符之前，先对其进行简要介绍。

＝(赋值运算符)使用在赋值表达式中，赋值表达式的一般形式如下：

```
变量 = 表达式
```

＝(赋值运算符)的功能是把其右边的表达式的值赋给其左边的变量，整个赋值表达式的值为变量被赋值后的值。例如，表达式 a＝10＋3 的功能是把值 13 赋给变量 a，整个赋值表达式 a＝10＋3 的值也是 13。这里赋值运算符＝并不是等于的意思。赋值运算符的结合性为自右向左。

2.5.2 算术运算符和算术表达式

常见的 C++的算术运算符包括＋(加)、－(减)、*(乘)、/(除)、%(取模)。这几个运算符都是二元运算符。*(乘)、/(除)和%(取模)运算符的优先级相同,结合性为自左向右;+(加)、-(减)运算符的优先级相同,结合性为自左向右。*、/和%运算符的优先级高于+、-运算符。%运算符称为取模运算符或取余运算符,只能用于整数运算,表达式 a%b 的值是 a 除以 b 的余数。例如,表达式 10%3 的值为 1。

除了以上 5 个运算符,C++算术运算符还包括算术赋值运算符和自加/自减运算符。

算术赋值运算符包括+=、-=、*=、/=、%=。它们都是二元运算符,优先级低于+、-运算符;结合性为自右向左。表达式 a+=b 等价于表达式 a=a+b,即把 a+b 的值赋值给变量 a,整个表达式的值为赋值后变量 a 的值。其他 4 个算术赋值运算符的使用方法和+=类似。

++和--称为自加和自减运算符,它们是一元运算符。每一个运算符又分为前置和后置两种,前置是指运算符放在操作数前面,后置则相反。无论前置或后置,自加和自减运算符的功能都是将作为操作数的变量的值加 1 或减 1,再把运算后的值赋给该变量。例如,若整型变量 i 的值为 10,则表达式++i 或 i++都将使 i 的值变成 11。但是,自加和自减运算符的前置和后置是有区别的,以++运算符为例,若整型变量 i 的值为 10,则前置自加表达式++i 是一个左值,代表变量 i 本身,其值为 11,而后置表达式 i++是一个右值,且为 11。目前读者只需知道两个表达式的值不同即可,关于左值和右值的概念将在以后的章节介绍。所以编程时,要根据需要选择前置或后置运算符。例 2.2 说明了前置++运算符和后置++运算符在使用时的区别。

例 2.2 前置++运算符和后置++运算符。

```
#include <iostream>
using namespace std;
void main()
{
    int i,j,k,s = 10;
    k = 10;
    i = ++k + s;
    k = 10;
    j = k++ + s;
    cout <<"i = "<< i << endl;
    cout <<"j = "<< j << endl;
}
```

图 2.2 为例 2.2 程序的运行结果。

```
i=21
j=20
```

图 2.2 例 2.2 程序的运行结果

main 函数执行第 3 条语句 i=++k+s;,由于前置++运算符的优先级高于+运算符,所以先执行表达式++k,结果是把变量 k 的值 10 加 1,并赋值给 k,k 的值为 11,表达式++k 的值也是 11;再执行 i=++k+s,即用表达式++k 的值 11 加变量 s 的值 10,并把和赋值给变量 i,所以变量 i 的值为 21。

第 4 条语句再把变量 k 赋值成 10。接着执行第 5 条语句 j=k+++s;,由于后置++

运算符的优先级高于前置＋＋运算符，所以这个表达式等价于 j＝(k＋＋)＋s，而不是 j＝k＋(＋＋s)。先计算表达式 k＋＋，结果 k 的值为 11，而表达式 k＋＋的值仍然是 k＋1 前的值 10；再执行 j＝k＋＋＋s，即用表达式 k＋＋的值加变量 s 的值，并把和赋值给变量 j，所以变量 j 的值为 20。

＋＋和－－运算符的优先级高于乘/除运算符，而后置自加和自减运算符的优先级高于前置自加和自减运算符。后置自加和自减运算符的结合性为自左向右，前置自加和自减运算符的结合性为自右向左。

在这些算术运算符中，加法运算符＋和减法运算符－还可以作为数值的正负号来使用，这时它们是一元运算符。乘法运算符 * 还可以作为解引用操作符用于指针类型的数据，将在以后介绍。

2.5.3　关系运算符和关系表达式

关系运算符是二元运算符，用来比较两个值的大小。值的类型可以是任何 C++的内置数据类型，如 char、int、float 等。C++关系运算符包括＝＝(等于)、!＝(不等于)、<(小于)、>(大于)、<＝(小于或等于)、>＝(大于或等于)几种。由关系运算符连接操作数构成的表达式叫关系表达式。关系表达式的值为 bool 类型。例如，关系表达式 i>＝0 用来判断变量 i 的值是否大于或等于 0，若是则表达式的值为 true，否则表达式的值为 false。关系运算符的结合性为自左向右。

注意表示等于的关系运算符是＝＝，而不是＝。

另外，关系运算符不能串接使用，形如 i>j>k 的关系表达式是错误的。

2.5.4　逻辑运算符和逻辑表达式

逻辑运算符用于判断复杂的逻辑关系。C++的逻辑运算符包括！(逻辑非)、&&(逻辑与)、||(逻辑或)。逻辑运算符的操作数为关系表达式，逻辑运算符连接关系表达式构成逻辑表达式。逻辑表达式的值也是 bool 类型。

逻辑运算符！是一元运算符，表示逻辑非。例如，若变量 i 的值为 1，则逻辑表达式！(i>0)的值应为 false。

逻辑运算符 && 和||是二元运算符，分别表示逻辑与和逻辑或。例如，若变量 i 的值为 1，变量 j 的值为－1，则逻辑表达式(i>0)&&(j>0)的值为 false，而逻辑表达式(i>0)||(j>0)的值为 true。

若 A 和 B 是两个关系表达式，则逻辑表达式！A、A&&B、A||B 的取值如表 2.3 所示。

表 2.3　三种逻辑运算的真值表

A	B	!A	A&&B	A||B
true	true	false	true	true
true	false	false	false	true
false	true	true	false	true
false	false	true	false	false

2.5.5 位运算符

任何信息在计算机内部都是以二进制形式存储的。C++提供的位运算符可以对整型数据的二进制位进行操作。这是其他普通的高级语言所不具备的功能。C++位运算符的功能和用法如表 2.4 所示。

表 2.4 C++位运算符的功能和用法

<table>
<tr><th>位运算符</th><th>功　能</th><th>用　法</th></tr>
<tr><td>~</td><td>按位取反</td><td>~opr</td></tr>
<tr><td>&</td><td>按位与</td><td>opr1 & opr2</td></tr>
<tr><td>|</td><td>按位或</td><td>opr1 | opr2</td></tr>
<tr><td>^</td><td>按位异或</td><td>opr1 ^ opr2</td></tr>
<tr><td><<</td><td>左移位</td><td>opr1 << opr2</td></tr>
<tr><td>>></td><td>右移位</td><td>opr1 >> opr2</td></tr>
</table>

表 2.4 中的 opr、opr1、opr2 代表整型操作数。

1. 按位取反运算符~

运算符~是一元运算符,功能是将操作数按位取反。即原来是 0 的位,取反后变为 1;原来是 1 的位,取反后变为 0。例如,单字节整数 38 的二进制数为 00100110,则表达式~38 的二进制值为 11011001。

2. 按位与运算符&

运算符 & 是一个二元运算符,功能是将两个操作数对应的每一个二进制位进行逻辑与操作。例如,单字节整数 38 和 26 的二进制数分别为 00100110 和 00011010,则表达式 38&26 的二进制值为 00000010。可以看到,当两个操作数的对应位都为 1 时,按位与结果的对应位为 1,否则,结果的对应位为 0。

3. 按位或运算符|

运算符|是一个二元运算符,功能是将两个操作数对应的每一个二进制位进行逻辑或操作。例如,单字节整数 38 和 26 的二进制数分别为 00100110 和 00011010,则表达式 38|26 的二进制值为 00111110。可以看到,只有当两个操作数的对应位都为 0 时,按位或结果的对应位才为 0,否则,结果的对应位都为 1。

4. 按位异或运算符^

运算符^是一个二元运算符,功能是将两个操作数对应的每一个二进制位进行逻辑异或操作。例如,单字节整数 38 和 26 的二进制数分别为 00100110 和 00011010,则表达式 38^26 的二进制值为 001111100。可以看到,当两个操作数的对应位不同时(不都是 1 或不都是 0),结果的对应位为 1;当两个操作数的对应位相同时(都是 1 或都是 0),结果的对应位为 0。

5. 左移位运算符<<

运算符<<是一个二元运算符，若 opr1 和 opr2 是两个整型数据，则表达式 opr1 << opr2 的功能是把整数 opr1 向左移动 opr2 位。左移后，低位部分补 0，而移出的高位部分被舍弃。例如，表达式 2 << 3 使 2 的二进制数 00000010 向左移动 3 位变成 00010000，所以表达式的值为 16。

6. 右移运算符>>

运算符>>是一个二元运算符，若 opr1 和 opr2 是两个整型数据，则表达式 opr1 >> opr2 的功能是把整数 opr1 向右移动 opr2 位。右移后，右边移出的低位部分被舍弃。如果 opr1 是无符号整数，则左边移入的高位部分补 0；如果 opr1 是带符号整数，则左边移入的高位部分补符号位或补 0，VC++ 6.0 是采用补符号位的方法。例如，表达式 8 >> 3 使 8 的二进制数 00001000 向右移动 3 位变成 00000001，所以表达式的值为 1。

例 2.3 的程序使用整数移位和按位与的功能，将一个无符号短整数按二进制形式输出。

例 2.3　从键盘输入一个无符号短整数，并按二进制形式输出。

```
#include < iostream >
using namespace std;
void main()
{
    unsigned short i;
    cout <<"请从键盘输入一个小于 65536 的正整数"<< endl;
    cin >> i;
    for(int j = 15;j > = 0;j -- )
    {
        if(i&(1 << j))
            cout <<"1";
        else
            cout <<"0";
    }
    cout << endl;
}
```

程序首先定义了一个短整型变量 i，并提示用户从键盘输入一个正整数给 i 赋值。main 函数第 2 条语句中的 cout 是一个系统预定义的输出流类对象，代表标准输出设备——显示器。

语句 cin >> i;的功能是从键盘输入一个正整数给 i 赋值，其中的 cin 是一个系统预定义的输入流类对象，代表标准输入设备——键盘。

语句 for(int j=15;j>=0;j——)及其后花括号中的语句构成一个循环执行的结构。程序执行时，花括号中的部分被循环执行，循环执行的次数由整型变量 j 来控制，j 的初始值为 15，循环每次执行后 j 自减 1，循环执行的条件是 j>=0，所以共循环 16 次，循环体内是一个 if…else 判定语句，每次循环都向屏幕输出整数 i 的二进制数的第 j 位。

那么如何判断整数 i 的第 j 个二进制位是 0 还是 1 呢？首先表达式(1 << j)把整数值 1 的二进制值左移 j 位产生一个整数，其二进制值的第 j 位为 1，其余位都为 0。例如，当 j 为

15 时,表达式(1 << j)的值为 1000000000000000;当 j 为 10 时,表达式(1 << j)的值为 0000010000000000。

表达式 i&(1 << j)用 i 和(1 << j)的值做按位与运算,来判断 i 的二进制数的第 j 位的值。由于(1 << j)的二进制值只有第 j 位为 1,其余位都为 0,所以当 i 的第 j 位为 1 时,表达式 i&(1 << j)的值大于 0;当 i 的第 j 位为 0 时,表达式 i&(1 << j)的值等于 0。

图 2.3 为例 2.3 程序的运行结果。

```
请从键盘输入一个小于65536的正整数
56
0000000000111000
```

图 2.3 例 2.3 程序的运行结果

2.5.6 逗号运算符和逗号表达式

C++中,逗号不仅可以作为分隔符用于变量定义语句和函数的参数列表中,还可以作为运算符把多个表达式连接成一个逗号表达式。逗号表达式形式如下:

```
表达式 1,表达式 2,… ,表达式 n
```

逗号表达式的值为表达式 n 的值。例如,j=(i=2+3,i * 4)中小括号中的部分就是一个逗号表达式,j 的值为 20。

2.5.7 条件运算符和条件表达式

条件运算符?是 C++中唯一一个三元运算符,它可以完成简单的判断功能,条件表达式的形式如下:

```
表达式 1 ?表达式 2 :表达式 3
```

若表达式 1 的值非零或为 true,则整个条件表达式的值为表达式 2 的值;若表达式 1 的值为零或为 false,则整个条件表达式的值为表达式 3 的值。例如语句:

```
i = j > 0 ? 10 : 0;
```

若 j=5,则语句执行后 i 的值为 10。

2.5.8 sizeof 运算符

sizeof 运算符的功能是计算一个对象或某种类型占存储器的字节数。例如,sizeof(int)的值为 4;若 i 是一个 int 型变量,则 sizeof(i)的值也为 4。

2.5.9 其他运算符

上述运算符中,有的运算符根据使用地点的不同,还会具有其他的含义和用法,例如,* 和 & 运算符和指针一起使用时,分别是解引用和取地址运算符。除了上述运算符外,C++还包含一些非常常用的运算符,包括 new 运算符、delete 运算符、::运算符、->运算符、static_cast 运算符、dynamic_cast 运算符等。这些运算符将在以后相应的章节中介绍。

C++中各种运算符的优先级和结合性如表 2.5 所示。

表 2.5　C++运算符的优先级和结合性

优先级	运　算　符	结合性
1	::（域解析运算符）	左→右
2	.　→　[ ]　( )　后置＋＋　后置－－	左→右
3	sizeof 前置＋＋　前置－－　*（解引用）　&（取地址）　＋（正号）　－（负号）　!　new　delete	右→左
4	（强制类型转换）	右→左
5	*　/　%	左→右
6	＋　－	左→右
7	<<（位左移）　>>（位右移）	左→右
8	<　>　<=　>=	左→右
9	==　!=	左→右
10	&（按位与）	左→右
11	^（按位异或）	左→右
12	|（按位或）	左→右
13	&&	左→右
14	||	左→右
15	? :（条件运算符）	右→左
16	=　*=　/=　%=　+=　-=　<<=　>>=　&=　|=　^=	右→左
17	,	左→右

2.6　数据类型转换

2.5 节介绍了 C++的各种运算符。其中，算术运算符、关系运算符、逻辑运算符、位运算符等二元运算符要求两个操作数的数据类型必须相同。当一个表达式中的各操作数的数据类型不同时，就需要进行数据类型转换，把不同类型的数据转换为相同类型，然后再计算表达式的值。数据类型转换分为隐式类型转换和强制类型转换两种形式。

1. 隐式类型转换

隐式类型转换是不需要程序员指定，而是由 C++编译器在编译程序时自动进行的。隐式类型转换的转换规则是：把低精度的数据类型转换为高精度的数据类型。这样的转换是安全的，即不会造成数据丢失。各种数据类型的精度高低顺序如表 2.6 所示。

例如下面的几条语句：

```
int i = 10;
long j = 20;
double k;
k = i * j;
```

表达式 k=i * j 中，变量 i、j、k 的类型都不相同。编译器首先把变量 i 转换成 long 型，再把 i * j 运算结果转换成 double 类型，两次转换都是隐式进行的。

表 2.6 数据类型精度高低序列表

数据类型	精度序列
long double	精度最高
double	↓
float	
unsigned long long	
long long	
unsigned long	
long	
unsigned	
int	
short	
char	精度最低

2. 强制类型转换

强制类型转换是程序员利用类型说明符和小括号,在程序中显式地把某个操作数或表达式的值从一种类型转换为另一种类型。其语法形式如下:

```
(类型说明符) 操作数或表达式
```

或

```
类型说明符(操作数或表达式)
```

在计算表达式的值时,有些时候希望把高精度的数据转换成低精度的数据,这时必须采用强制类型转换。例如:

```
int s,i = 10;
long j = 20,k = 30;
s = i + (int)(j * k);
```

执行语句 s=i+(int)(j * k);时,首先把 j * k 乘法的结果强制转换成 int 类型,再和 i 相加并把和赋值给变量 s。需要注意 j * k 必须加小括号,这是因为用于类型转换的小括号运算符的优先级高于乘号。

使用小括号进行强制类型转换是 C++从 C 语言继承的语法格式,C++中引入了 4 个强制类型转换操作符,为强制类型转换提供规范的格式。它们是:static_cast、dynamic_cast、const_cast 和 reinterpret_cast。本书中将介绍其中 static_cast 和 dynamic_cast 两个类型转换操作符,本节介绍 static_cast 操作符,dynamic_cast 操作符将在第 9 章中介绍。对于其他两种类型转换操作符,有兴趣的读者可以查阅相关的书籍和资料。

static_cast 操作符可用于将数据从一种数值类型转换为另一种数值类型。使用 static_cast 操作符的语法格式如下:

```
static_cast <数据类型>(数值表达式)
```

上式使用 static_cast 操作符,将小括号中表达式的值转换为尖括号中的数据类型。

例如：

```
double d = 1234.5678;
int i = 10 * static_cast < int >(d);
```

上面的语句中使用 static_cast 操作符将实型变量 d 的值强制转换为整数，然后再乘以 10，并将乘积赋值给整型变量 i。

2.7 缩窄转换

C++ 11 引入了**缩窄转换**的概念。如前所述，强制类型转换可以把精度高的、数值范围大的数据转换成精度低的、数值范围小的数据，这时就面临缩窄转换的风险。例如：

```
int i = 50000;
short j = i;
```

上面第一条语句定义 int 型变量 i 并把它的值初始化为 50000，第二条语句定义了 short 型变量 j，并用变量 i 的值对它进行初始化。short 型变量能表示的最大正整数为 32 767，于是上面的第二条语句就发生了**缩窄转换**，它试图把一个大得多的值存储到一个没有那么大的空间中，那么结果会怎么样呢？

例 2.4　缩窄转换。

```
#include < iostream >
using namespace std;
void main()
{
    int i = 50000;
    short j = i;
    cout << "j = " << j << endl;
}
```

例 2.4 的程序发生缩窄转换，并输出转换后的变量的值。例 2.4 程序的运行结果如图 2.4 所示。

```
j=-15536
```

图 2.4　例 2.4 程序的运行结果

从例 2.4 的执行结果可以看出，缩窄转换会导致数据丢失。类似这样的语句可以通过编译，但执行时会出现因为数据丢失所引发的程序异常。

缩窄转换并非只会在整数类型的数值转换时发生，只要是试图把精度高的、数值范围大的数据转换成精度低的、数值范围小的数据，都有可能引发缩窄转换。例如，用 double 型的数值初始化 float 型变量；用 float 型的值初始化 int 型变量。

C++ 11 新引入的列表初始化方法(2.3 节)可以在变量初始化时避免缩窄转换的发生。例如：

例 2.5　使用列表初始化避免发生缩窄转换。

```
#include <iostream>
using namespace std;
void main()
{
    int i = 50000;
    short j{i};
    cout << "j = " << j << endl;
}
```

例2.5的程序对例2.4的程序稍作修改,使用C++ 11新引入的列表初始化方法来初始化变量j。由于存在引发缩窄转换的可能性,程序会出现编译错误。这就从根本上避免了因缩窄转换引发程序异常的因素。

小结

数据是程序处理的对象,C++提供了丰富的数据类型和运算符供编程者使用。

C++基本数据类型是编译系统内置的数据类型,包括布尔型(bool)、字符型(char)、整型(int)、浮点型(float)、双精度浮点型(double)和长双精度浮点型(long double);其中,整型数据又分为短整型(short int)、普通整型(int)、长整型(long int)和长长整型(long long int)几种,而每种整型数据又分为有符号整数和无符号整数(unsigned)。

变量是程序中存储数据的单元,每个变量都有确定的数据类型,变量的值在程序中可以被修改。

常量是指程序中不能被修改的数值,包括出现在程序中的数值字面量和符号常量两种类型。和C语言不同,C++使用关键字const定义符号常量。

在C++控制台应用程序中,对象cin和cout用来实现键盘输入和屏幕输出。

C++提供了丰富的运算符用于数据处理,主要包括赋值运算符、算术运算符、关系运算符、逻辑运算符和位运算符等几类。运算符具有优先级和结合性。由运算符和操作数连接而成的式子称为表达式。

对于二元和三元运算符而言,要求其操作数的类型一致,如果参与运算的操作数类型不一致,则要先进行数据类型转换。C++的数据类型转换包括隐含类型转换和强制类型转换两种;隐含类型转换是在程序编译时由编译器自动完成的;而强制类型转换是由程序员在程序语句中利用类型转换运算符显式实现的。

当试图用一个高精度的、数值范围大的数据初始化一个低精度类型的变量时,有可能会出现缩窄转换。C++ 11新引入的列表初始化方法禁止进行缩窄转换。

习题

2.1 在C++程序中,以下________是合法的标识符。

A. Cat.100　　B. 321day　　C. _100num　　D. int

2.2　在基于 32 位系统的 VC++ 6.0 编译器中,以下数据类型各占多少字节?

A. char　B. int　C. float　D. long　E. double

2.3　C++系统采用什么编码存储字符数据?该编码的长度是多少?

2.4　写出定义以下变量的程序语句。

(1) ASCII 码值为 65 的字符型变量。

(2) 值为 10000 的无符号整型变量。

(3) 一个双精度浮点型变量。

2.5　在程序中经常出现的标识符 cout 和 cin 是什么?它们有什么功能?

2.6　程序中可能出现各种形式的数值常量,请写出以下语句的输出结果。

(1) cout << 0144;

(2) cout << 0x64;

(3) cout << 0xB3L;

(4) cout << 1234E-2;

(5) cout <<(char)65;

2.7　C++中如何定义符号常量?和 C 语言定义符号常量的方法有什么不同?

2.8　假设 var1 和 var2 都是整型,写出以下 C++表达式的值。

(1) 11/3

(2) 11%3

(3) var1=(var2=10)+5

(4) var1=(var2=10)++

2.9　写出下面语句段的输出结果。

```
int i = 5, j = 10;
i * =  - - j;
cout <<"i = "<< i << endl;
```

2.10　假设 i,j,k 是整型变量,而且 i=5,j=10,k=20,写出下列表达式的值。

(1) i<j&&j>k

(2) i<j||j>k

(3) !i>k

(4) !(i>j)&&(j>k)

2.11　假设 i 和 j 是整型变量,i 的值为 10,j 的值为 3。请写出下列语句的输出结果。

(1) cout <<(i & j);

(2) cout <<(i | j);

(3) cout <<(i ^ j);

(4) cout <<(i << j);

(5) cout <<(i >> j);

(6) cout <<(~i | i);

2.12　请写出下列语句的输出结果。

```
cout <<"Hello!\r"<<"Welcome to C++!\n";
```

2.13 假设i和j是整型变量,执行下列语句后,i的值是多少?

```
i = (j = 10, j * 3) ;
```

2.14 假设i和j是整型变量,j的值为10,则执行下列语句后,i的值是多少?

```
i = j < 10?1:2 ;
```

2.15 下面表达式的结果是什么类型?

(1) (10L+20) * 0.5

(2) (10L+20) * (1/2)

(3) static_cast < float >(1.234) * 10L

控制语句

使用高级语言编写的程序是由控制语句组成的。普通的语句都是顺序执行的,即按照先后顺序一条一条地执行。除此之外,C++还提供了两种结构的控制语句——选择结构和循环结构。

3.1 选择结构

选择结构的语句是用于根据条件控制程序的执行流向,是程序中最常用的语句。C++的选择结构包含以下几种语句:if-else 选择语句、嵌套的 if-else 语句、if-else if 语句和 switch 语句。

3.1.1 if-else 选择语句

if-else 选择语句的语法结构为:

```
if (表达式)语句 1;
else 语句 2;
```

执行顺序为:首先求出表达式的值,如果表达式的值为 true 或为非零值,则执行语句 1;若表达式的值为 false 或 0,则执行语句 2。图 3.1 为 if-else 语句的流程图。

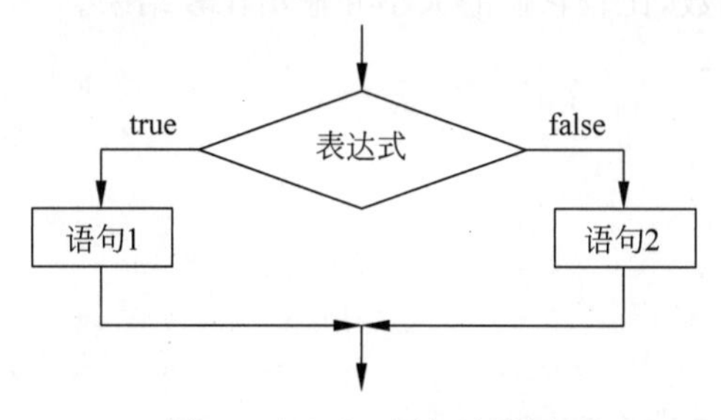

图 3.1 if-else 语句流程图

if-else 语句中的语句 1 和语句 2 可以是一条语句,也可以是由花括号括住的多条语句。语句 2 可以为空,当语句 2 为空时,else 可以省略。

例 3.1 输入两个数,判断是否相等,并输出判断结果。

```
#include<iostream>
```

```
using namespace std;
void main()
{   int i,j;
    cin >> i >> j;
    if(i == j)
        cout <<"i == j"<< endl;
    else
        cout <<"i!= j"<< endl;
}
```

图 3.2 为例 3.1 程序的运行结果。

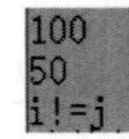

图 3.2　例 3.1 程序的运行结果

3.1.2　嵌套的 if-else 语句

如果在 if 或 else 后面的语句中又出现了 if-else 语句，这种结构就是嵌套的 if-else 语句。其语法形式为：

```
if(表达式 1)
   if(表达式 2)  语句 1
   else      语句 2
else
   if(表达式 3)  语句 3
   else      语句 4
```

其中的语句 1、2、3、4 可以是由花括号括住的多条语句。

嵌套的 if-else 语句构成了一个梯级选择结构，可以完成复杂的逻辑判断，使用非常频繁。使用时需注意 else 和 if 的匹配问题，即确定 else 和哪个 if 属于同一个逻辑层次。匹配的原则是：else 和它前面的最近一个没有被花括号括住的 if 相匹配。

例 3.2　输入两个整数，比较它们的大小并输出比较结果。

```
#include < iostream >
using namespace std;
void main()
{   int i,j;
    cin >> i >> j;
    if(i!= j)
        if(i > j)
            cout <<"i > j"<< endl;
        else
            cout <<"i < j"<< endl;
    else
        cout <<"i = j"<< endl;
}
```

例 3.2 程序的运行结果如图 3.3 所示。

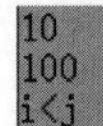

```
10
100
i<j
```

图 3.3　例 3.2 程序的运行结果

3.1.3　if-else if 语句

if-else if 语句语法形式如下：

```
if (表达式 1)    语句 1;
else if (表达式 2)    语句 2;
else if (表达式 3)    语句 3;
      ⋮
else    语句 n
```

这是一种常用的选择结构，它和如下梯级结构的嵌套 if-else 语句是等价的，只是为了容易理解和书写格式清晰而使用的另一种写法。

```
if (表达式 1)    语句 1;
else
    if (表达式 2)    语句 2;
    else
        if (表达式 3)    语句 3;
        ⋮
        else    语句 n
```

例 3.3　用 if-else if 语句编程实现例 3.2 的问题。

```
#include <iostream>
using namespace std;
void main()
{   int i,j;
    cin >> i >> j;
    if(i == j)      cout <<"i = j"<< endl;
    else if(i < j)  cout <<"i < j"<< endl;
    else            cout <<"i > j"<< endl;
}
```

3.1.4　switch 语句

对于深层嵌套的选择结构，如果所有的选择都依赖于同一个整型或字符型的变量或表达式的取值，则可以用 switch 语句来代替 if-else 或者 else-if 的梯级结构。switch 语句的语法形式如下：

```
switch(变量名或表达式)
{
    case    常量表达式 1: 语句 1; break;
    case    常量表达式 2: 语句 2; break;
                ⋮
```

```
    case   常量表达式 n: 语句 n; break;
    default:   语句 n+1;
}
```

switch 的执行顺序是：首先求出变量或表达式的值，然后用该值分别和各 case 后的常量表达式的值相比较，若找到一个和该值相等的常量表达式，则执行其后的语句，语句执行完毕后，再由 break 语句直接退出由花括号括住的 switch 语句体；如果没有找到相等的常量表达式，则执行 default 后的语句，语句执行完毕后退出 switch 语句体。图 3.4 为 switch 语句的流程图。

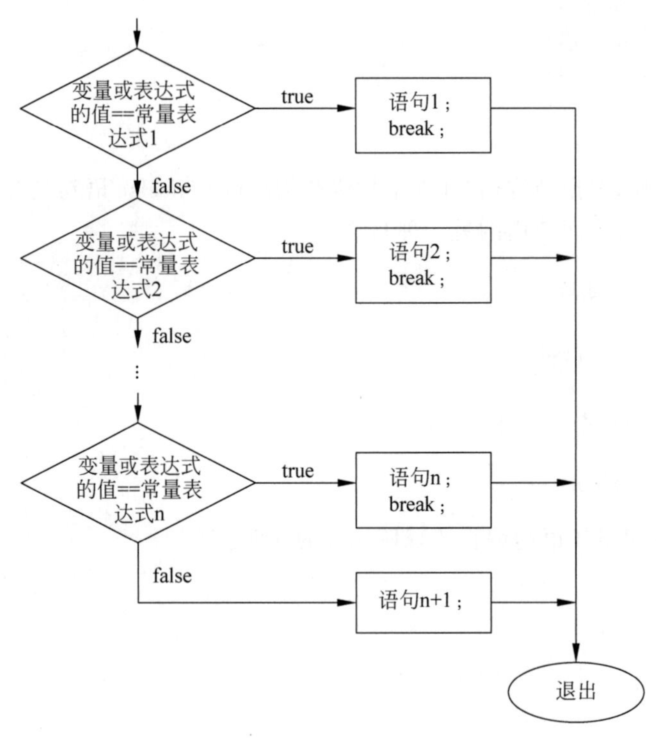

图 3.4 switch 语句流程图

使用 switch 语句时，需注意以下几点。

(1) switch 后的变量或表达式的类型必须是整型或字符型。

(2) 各 case 后的语句 1、语句 2、…、语句 n 和 default 后的语句 n+1 可以是一条语句也可以是多条语句；如果是多条语句，也不使用大括号{}括住。

(3) 各个 case 后的常量表达式的值都不能相同。

(4) 每个 case 后面的 break 语句都可以没有。如果条件变量或表达式的值和某个 case 后的常量表达式的值相等，而且该 case 后面没有 break 语句，则以该 case 为入口点开始执行后面的语句，直到遇到第一个 break 语句跳出 switch 语句体，若其后的所有 case 都没有 break 语句，则一直执行到 switch 的结束点。

(5) 当多个 case 分支后的语句完全相同时，则可以把它们组合成一个 case 分支。

例 3.4 输入一个'A'～'D'的大写字符表示考试成绩的等级，并按照该等级输出对应的百分制的分数段。

```
#include<iostream>
using namespace std;
void main()
{   char grade;
    cout<<"请输入一个 A 到 D 的大写字母\n";
    cin>>grade;
    switch(grade)
    {
      case 'A':   cout<<"85~100\n"; break;
      case 'B':   cout<<"70~84\n";   break;
      case 'C':   cout<<"60~69\n";   break;
      case 'D':   cout<<"60 以下\n"; break;
      default :    cout<<"输入的字母错误\n";
    }
}
```

例 3.4 程序的运行结果如图 3.5 所示。

```
请输入一个A到D的大写字母
C
60~69
```

图 3.5 例 3.4 程序的运行结果

3.2 循环结构

循环结构的语句根据条件重复地执行程序中的某一条或某一段语句,也是程序中最常用的语句。C++包含以下几种循环结构的控制语句: while 循环语句、do-while 循环语句和 for 循环语句。

3.2.1 while 循环语句

while 是最常用的循环语句,其语法形式为:

```
while(表达式)
  循环体语句;
```

其中,循环体语句部分可以是一条语句,也可以是由花括号括住的多条语句。

执行顺序如下。

(1) 先计算并判断表达式的值,若为 0 或 false,则跳转到第(4)步。

(2) 若表达式的值非零或为 true,则执行循环体中的语句。

(3) 返回第(1) 步。

(4) 退出循环体,接着执行循环体后的语句。

图 3.6 为 while 语句的流程图。

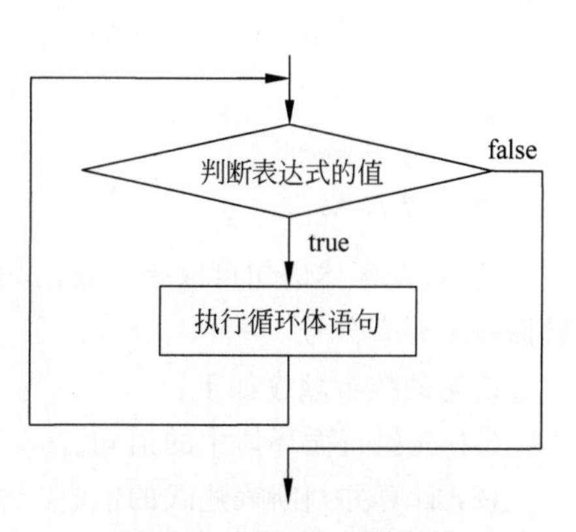

图 3.6 while 语句流程图

例 3.5 输入一个正整数 n,求其阶乘 n!(n!=1×2×3×…×(n-1)×n)。

```
#include<iostream>
using namespace std;
void main()
{   unsigned short n;
    int i=1;
    unsigned long result=1;
    cout<<"请输入一个不大于 30 的正整数\n";
    cin>>n;
    while(i<=n)
    {
        result*=i;
        i++;
    }
    cout<<n<<"!= "<<result<<endl;
}
```

程序中先提示用户输入一个不大于 30 的正整数,这是因为阶乘值的增大速度非常快,虽然使用了无符号长整型(unsigned long)作为阶乘结果的数据类型,但是当 n 的值大于 33 后,n 的阶乘值就将溢出。

变量 result 用来存放计算结果,其初始值为 1。

循环的条件为 i<=n,变量 i 的初值为 1,每次循环中首先用 i 乘以 result,并把乘积再赋值给 result,然后执行 i++。当最后退出循环时,result 中的值就是 n 的阶乘。图 3.7 为例 3.5 程序的运行结果。

```
请输入一个不大于30的正整数
6
6!=720
```

图 3.7 例 3.5 程序的运行结果

注意:使用 while 语句实现循环时,在循环体中应该包含改变循环条件表达式值的语句。否则,会造成无限循环。

3.2.2 do-while 循环语句

do-while 语句的语法形式如下:

```
do
    循环体语句;
while(表达式);
```

其中,循环体语句可以是一条语句,也可以是由花括号括住的多条语句。while 语句的后面一定要有分号。

语句的执行顺序如下。

(1) 先执行循环体中的语句。

(2) 计算并判断表达式的值。

(3) 若表达式的值非零或为 true,则跳转到第(1) 步。否则退出循环,接着执行后面的语句。

图 3.8 是 do-while 语句的流程图。

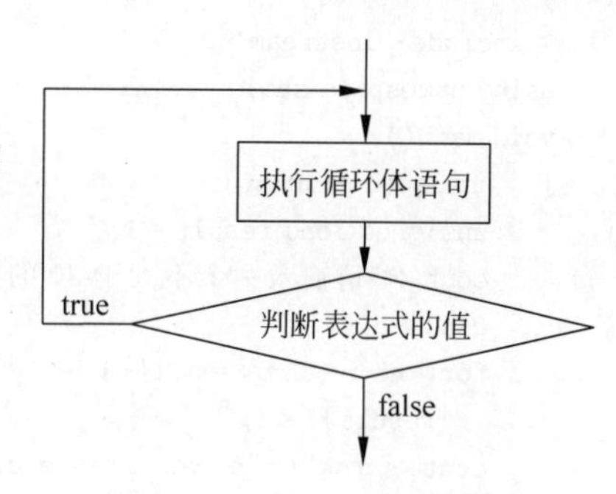

图 3.8 do-while 语句流程图

例 3.6 使用 do-while 语句实现例 3.5 中求正整数阶乘的程序。

```
#include <iostream>
using namespace std;
void main()
{   unsigned short n;
    int i = 1;
    unsigned long result = 1;
    cout <<"请输入一个不大于 30 的正整数\n";
    cin >> n;
    do
    {
       result * = i;
       i++;
    }
    while(i < = n);
    cout << n <<"!= "<< result << endl;
}
```

while 循环语句和 do-while 循环语句的功能在多数情况下是等价的,然而它们也存在区别。while 语句和 do-while 语句的区别是:while 语句是先判断循环条件,后执行循环体语句;而 do-while 语句是先执行循环体语句,后判断循环条件。如果循环条件表达式的初始值就为零或 false,则 while 循环的循环体语句一次也不执行,而 do-while 循环的循环体语句执行了一次。

3.2.3 for 循环语句

for 循环语句的语法形式为:

```
for(表达式 1; 表达式 2; 表达式 3)
   循环体语句;
```

其中,表达式 1 通常用来初始化循环控制变量的值,所以又叫循环控制变量初始化表达式;表达式 2 用来判断是否满足循环条件,又叫循环条件表达式;表达式 3 通常用来修改循环控制变量的值。循环体语句可以是一条语句也可以是由花括号括住的多条语句。

for 语句的执行顺序如下。

(1) 计算表达式 1 的值。

(2) 计算并判断表达式 2 的值,若表达式 2 的值非零或为 true,则接着执行第(3)步;否则跳转到第(4)步。

(3) 执行循环体语句,计算表达式 3 的值。返回第(2)步。

(4) 退出循环,接着执行后面的语句。

图 3.9 是 for 语句的流程图。

例 3.7 用 for 循环语句实现例 3.5 中求正整数阶乘的程序。

```
#include<iostream>
using namespace std;
void main()
{   unsigned short n;
    unsigned long result = 1;
    cout <<"请输入一个不大于 30 的正整数\n";
    cin >> n;
    for(int i = 1;i <= n;i++)
       result *= i;
    cout << n <<"!= "<< result << endl;        }
```

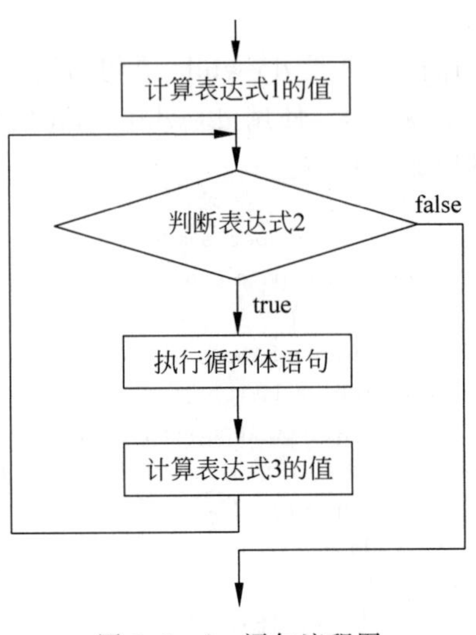

图 3.9 for 语句流程图

for 语句通常用于已知循环次数的情况。

for 语句的用法非常灵活,for 后面的三个表达式哪个都可以被省略,也可以同时被省略。虽然表达式可以省略,但是不能省略用于分隔它们的分号。最简单的 for 语句如下所示:

```
for(; ; )
{ … }
```

这样的 for 循环语句和下面的 while 循环语句是等价的,它们都是无限循环(死循环)。

```
while(true)
{ … }
```

如果省略表达式 1,则在程序中 for 循环语句的前面,应该有对循环控制变量或循环条件的初始化语句;如果省略表达式 3,则应该在循环体中包含修改循环控制变量和循环条件的语句,以防止出现死循环。

例 3.8 省略表达式 1 和 3 的 for 循环语句。

```
#include<iostream>
using namespace std;
void main()
{
    int i = 0;
    for(;i <= 2;)
    {
        cout <<"Welcome to C++\n";
        i++;
    }
}
```

程序的功能是使用 for 循环语句输出三行字符串“Welcome to C++”。for 语句中省略了表达式 1 和表达式 3,在 for 语句的前面初始化循环控制变量 i 的值为 1;而循环体内部的语句 i++在每次循环执行时,修改循环控制变量 i 的值。这样的 for 循环等价于一个类似的 while 循环。图 3.10 为例 3.8 程序的运行结果。

```
Welcome to C++
Welcome to C++
Welcome to C++
```

图 3.10 例 3.8 程序的运行结果

C++ 11 新引入了一种基于范围的 for 循环语句，用这种 for 循环语句访问数组和集合中的元素时，比使用传统的 for 循环语句书写更加方便，程序更容易理解。本书将在第 4 章中结合数组介绍这种基于范围的 for 循环语句。

3.2.4 嵌套的循环语句

如果在循环体语句中又出现了循环结构语句，就形成了嵌套的循环结构。通常把嵌套的循环语句称为多重循环语句。在嵌套的循环结构中，外部的循环叫外层循环；而被包含在其他循环内部的循环叫内层循环。这里外层和内层都是相对而言的。

例 3.9 输出一个由星号 * 组成的三角形图案。

```
#include <iostream>
using namespace std;
void main()
{
    for(int i = 1;i <= 5;i++)
    {
        for(int j = 0;j <= 10 - i;j++)
            cout <<' ';
        for(int k = 1;k <= (2 * i - 1);k++)
            cout <<'*';
        cout << endl;
    }
}
```

图 3.11 为例 3.9 程序的运行结果。

图 3.11 例 3.9 程序的运行结果

程序中包含嵌套的循环结构。外层的 for 循环语句负责输出星号的行数。内层的第一个 for 循环语句负责输出每行中星号前面的空格字符；内层的第二个 for 循环语句负责输出每行中的星号。

3.1.2 节中介绍过选择结构 if 语句的嵌套，本节又介绍了循环语句的嵌套结构。选择结构和循环结构也可以相互嵌套。

C++ 11 中新增了一种基于范围的 for 循环语句，这种循环语句常用于遍历数组或容器中的元素，在第 4 章中将详细介绍这种 for 循环语句。

3.3 其他流控制语句

以上几节介绍了 C++中实现选择和循环结构的语句。本节先介绍两个选择和循环结构中常用的有条件转移语句——break 语句和 continue 语句；然后介绍无条件转移语句——goto 语句。

3.3.1 break语句和continue语句

break语句在介绍switch语句时,已经见到过了。它用在switch语句和循环语句中,功能是:立即从包含它的switch语句体或包含它的最内层的循环体中退出,开始顺序执行后面的语句。

continue语句用在循环语句中,功能是:立即结束本次的循环执行,转到判断循环条件的语句判断是否进行下一次循环。

例3.10和例3.11揭示了break语句和continue语句用在循环语句中的区别。

例3.10 在循环中使用break语句。

```
#include<iostream>
using namespace std;
void main()
{
    int i = 0;
    while(i<10)
    {
        if(i++ == 5) break;
        cout <<"欢迎学习 C++\n";
    }
}
```

例3.11 在循环中使用continue语句。

```
#include<iostream>
using namespace std;
void main()
{
    int i = 0;
    while(i<10)
    {
        if(i++ == 5) continue;
        cout <<"欢迎学习 C++\n";
    }
}
```

以上两例的程序几乎完全相同,唯一的区别是:例3.10程序的循环中使用了break语句,而例3.10程序的循环中使用了continue语句。

例3.10中,当i的值为5时,执行break语句,马上退出循环体,程序运行结束。结果是只输出了5行字符串。

例3.11中,当i的值为5时,执行continue语句,马上退出本次循环,循环体中后面的语句被跳过。但是,循环并没有终止,从i=6开始继续执行下一次循环。结果是输出了9行字符串。

break语句和continue语句只能使程序控制转到一个确定的地方,所以可以把它们叫作有条件的转移语句。

3.3.2 goto 语句

C++还有一个功能更加强大的转移语句——goto 语句。它和语句标号相配合，可以使控制转移到程序中的任何地方，所以叫无条件转移语句。goto 语句的使用会使程序的结构变得杂乱无章，违反了结构化程序设计的原理，所以应尽可能少用或不用 goto 语句。

小结

C++语言的控制语句形式简洁、功能强大，主要包括选择结构和循环结构两种类型。两种结构的控制语句可以相互嵌套，完成复杂的控制逻辑。

选择结构的语句用于根据条件控制程序的执行流向。C++的选择结构包含以下几种语句：if-else 选择语句、嵌套的 if-else 语句、if-else if 语句和 switch 语句。

循环结构的语句根据条件重复地执行程序中的某一条或某一段语句。C++包含以下几种循环结构的控制语句：while 循环语句、do-while 循环语句和 for 循环语句。

除了选择结构和循环结构的语句之外，C++还包括几个特殊的流控制语句，它们是 break 语句、continue 语句和 goto 语句。

习题

3.1 编写一段程序，提示用户输入一个英文字母，使用 if 语句判断用户输入的字母是大写字母还是小写字母，然后输出相关信息。

3.2 以下程序段输出若干行字符串“How are you!”，行数由用户输入的整数决定，如果用户输入 0，则输出一行字符串“Hello!”，请找出下面程序中存在的语法错误。

```
int n;
cout <<"请输入一个整数: ";
cin >> n;
if(n = 0)
    cout <<"Hello!\n";
else
    for(int i = 0;i < n;i++);
        cout <<"How are you!\n";
```

3.3 编写一段程序，连续输入若干个学生的考试成绩，根据成绩判断其所在的等级，并输出相关信息。判断成绩等级的规则如下：

$$\text{等级}=\begin{cases}\text{A 级} & 90\leqslant \text{分数}\leqslant 100\\ \text{B 级} & 80\leqslant \text{分数}<90\\ \text{C 级} & 70\leqslant \text{分数}<80\\ \text{D 级} & 60\leqslant \text{分数}<70\\ \text{E 级} & \text{分数}<60\end{cases}$$

例如，如果第 3 个学生的成绩为 82 分，则应输出一行字符串“学生 3 的成绩为 B 等”。

要求使用 while 循环和 switch 选择语句。

3.4 编写程序,输出右边的由星号组成的倒三角形。

```
*********
 *******
  *****
   ***
    *
```

3.5 请举例说明 break 语句和 continue 语句各自的用法和区别。

第4章 复合数据类型

本章介绍几种常用的C++复合数据类型，包括数组、指针、引用、枚举和结构类型。

4.1 数组

数组是一系列相同类型对象的集合，组成数组的对象叫作数组的元素。数组在存储器中是连续存放的。数组可以是一维的，也可以是多维的；一维数组的元素只有一个下标，n维数组元素有n个下标。

4.1.1 数组的定义和初始化

数组可以由除void型以外的任何类型构成。以下为数组定义语句的格式：

数据类型　标识符[常量表达式1][常量表达式2]…；

语句中的数据类型代表数组元素的类型，可以是除void以外的任何类型(包括简单数据类型和抽象数据类型)。标识符是由编程者指定的数组名，数组名是一个常量，代表数组元素在存储器中的初始地址，即数组中第一个元素在存储器中的地址。

常量表达式1、常量表达式2、……必须是无符号整数类型(unsigned int)，用来指定数组各维的长度。数组中所有元素的个数是各常量表达式的乘积。例如，下面的语句定义了一个包含10个元素的一维整数数组i。

```
int i[10];
```

可以通过下标来访问数组中的元素。例如：

```
i[0] = 10;
```

上面的语句把整数值10赋给数组i的第一个元素i[0]。

注意数组的下标是从0开始的，故数组i的第一个元素是i[0]，i[1]是数组的第二个元素，i[9]是数组i的最后一个元素。一维数组通常用来处理数学中的向量。下面的语句定义了一个二维数组：

```
float f[10][10];
```

上面的语句定义了一个包含 10×10=100 个元素的 float 类型的二维数组。数组的第一维和第二维下标的个数都是 10,数组的第一个元素是 f[0][0],最后一个元素是 f[9][9]。通常把二维数组的第一维称为行,把二维数组的第二维称为列。二维数组对应于数学中的矩阵。二维数组在存储器中是按行序优先连续存放的,即先连续存放第一行元素 f[0][0]、f[0][1]、f[0][2]、…、f[0][9],再连续存放第二行元素 f[1][0]、f[1][1]、…、f[1][9],…所以二维数组可以被理解为一个一维数组,其中的每个元素又是一个一维数组。C++通常这样理解 n 维数组:n 维数组是一个一维数组,其中的每个元素是一个 n−1 维数组。

定义数组的同时给数组的全部或部分元素赋值叫作数组初始化。例如:

```
int a[10] = {12,3,34,64,9,56,21,76,5,1};
int b[3][3] = {1,0,0,0,1,0,0,0,1};
```

上面第一条语句定义了一个整型一维数组,同时对数组进行初始化;第二条语句定义了一个 3 行 3 列的二维数组,同时对数组进行初始化。初始化二维数组时按行序优先进行,即 b[0][0]=1、b[0][1]=0、b[0][2]=0、b[1][0]=0、b[1][1]=1、b[1][2]=0、b[2][0]=0、b[2][1]=0、b[2][2]=1。第二条语句也可以写为:

```
int b[3][3] = {{1,0,0},{0,1,0},{0,0,1}};
```

数组初始化时也可以只给数组中的一部分元素赋初值,例如:

```
float f[5] = {2.5,1.0};
int b[3][3] = {{1,0,0},{0},{0,0,1}};
```

上面第一条语句定义了一个包含 5 个元素的一维 float 类型的数组,同时对数组的前两个元素赋初值。第二条语句定义并初始化了一个整型二维数组,但没有给元素 b[1][1]和 b[1][2]赋初值。

如果定义数组时为数组的全部元素进行初始化,则数组元素的个数不用给出。例如:

```
int a[ ] = {12,3,34,64,9,56,21,76,5,1};
```

上面的语句定义并初始化了一个包含 10 个元素的整数数组。C++编译器根据花括号中数据的个数确定数组元素的个数。

定义二维或多维数组时,如果同时初始化全部元素,则可以省略第一维下标的个数。例如:

```
int b[ ][3] = {1,0,0,0,1,0,0,0,1};
```

上面的语句定义并初始化了一个三行三列的二维整型数组。

C++ 11 引入了通用的初始化方法——列表初始化。列表初始化可以用来初始化任意类型的变量,也包括数组在内。在 C++ 11 之前,C++就允许使用列表来初始化数组,C++ 11 做了以下几点改变。

(1) 在使用列表初始化数组时,可以省略赋值号=,例如:

```
int a[]{1,2,3,4,5,6};
```

这条语句定义了一个包含 6 个元素的整型数组 a,并把它的元素初始化为 1,2,3,4,5,6。

(2) 可用空的列表把数组中的所有元素初始化为0。例如：

```
double ax[10]{};
```

上面的语句定义了一个包含10个元素的double型数组ax,并把其中的所有元素初始化为0。

(3) 在使用C++ 11的列表初始化方法初始化数组时,编译器会禁止进行缩窄转换(有些编译器会提出警告)。例如：

```
int a[4]{1,2,3.3,4.0};
```

上面的语句定义一个包含4个元素的int型数组,并把其元素初始化为1,2,3.3,4.0。其中,初始化下标为2和3的数组元素时,使用了缩窄转换。程序会因此编译失败。有些编译器虽可以编译成功,但会提出警告。

4.1.2 使用数组

在程序设计中,数组是一种常用的复合数据类型。以下是使用数组的两个例子。

例4.1 对数组中一列无序的数据进行排序,排序后数组元素按从小到大的顺序存放。

```
#include < iostream >
using namespace std;
void main()
{
    int a[10] = {12,3,34,64,9,56,21,76,5,1};
    int t;
    cout <<"排序前的数组: ";
    for(int k = 0;k < 10;k++)
    {
        cout << a[k]<<"  ";
    }
    cout << endl;
    for (int i = 0;i < 9;i++)
        for (int j = 0;j < 9 - i;j++)
        {
            if(a[j]> a[j + 1])
            {
                t = a[j];
                a[j] = a[j + 1];
                a[j + 1] = t;
            }
        }
    cout <<"排序后的数组: ";
    for(int l = 0;l < 10;l++)
    {
        cout << a[l]<<"  ";
    }
    cout << endl;
}
```

以上程序使用冒泡法对数组元素进行排序,例 4.1 程序的运行结果如图 4.1 所示。冒泡法的排序思想是:在还没有排序的数组元素中找出一个最大的放到未排序元素的最后,这称为一次冒泡。对于包含 n 个元素的无序数组,共需进行 n－1 次冒泡。每次冒泡的过程是:从第一个元素开始,依次比较两个相邻的元素,将大的换到后面,一次冒泡的结果是把无序列中的最大值换到了无序序列的最后。程序中的二重 for 循环语句对数组进行排序。外层循环控制冒泡的次数,内层循环完成一次冒泡的比较过程。程序的运行结果如图 4.1 所示。

```
排序前的数组:  12  3  34  64  9  56  21  76  5  1
排序后的数组:  1  3  5  9  12  21  34  56  64  76
```

图 4.1　例 4.1 程序的运行结果

例 4.2　从键盘输入一个 3 行×3 列的整数矩阵,输出该矩阵并求出主对角线元素的和。

```
#include <iostream>
using namespace std;
void main()
{
    int a[3][3],i,j,s = 0;
    cout <<"请输入矩阵的值: ";
    for(i = 0;i < 3;i++)
        for(j = 0;j < 3;j++)
        {
            cin >> a[i][j];
            if(i == j)
                s += a[i][j];
        }
    cout <<"输出矩阵: \n";
    for(i = 0;i < 3;i++)
    {
        for(j = 0;j < 3;j++)
            cout << a[i][j]<<"  ";
        cout << endl;
    }
    cout <<"矩阵主对角线元素的和为: "<< s << endl;
}
```

程序中使用二维整型数组存放和操作矩阵。例 4.2 程序的运行结果如图 4.2 所示。

```
请输入矩阵的值:  1 2 3 4 5 6 7 8 9
输出矩阵:
1  2  3
4  5  6
7  8  9
矩阵主对角线元素的和为:  15
```

图 4.2　例 4.2 程序的运行结果

4.1.3　使用基于范围的 for 循环语句访问数组元素

C++ 11 新增了一种基于范围的 for 循环语句,这种语句主要用于访问某个容器中的元素。其语法形式为:

```
for(变量类型 变量名:容器名)
  循环体语句;
```

其中,容器名是某个数组名或 C++标准模板库中的某种容器对象的名字,变量类型是容器中元素的数据类型,变量名用于在循环体中访问容器中的元素。

例 4.3　使用基于范围的 for 循环语句依次遍历数组中的每个元素,输出它们的值。

```
#include <iostream>
using namespace std;
void main()
{
    int ar[]{1,2,3,4,5,6};
    cout << "数组 ar: ";
    for (int var : ar)
    {
        cout << var << " ";
    }
    cout << endl;
}
```

例 4.3 的程序中先定义了一个整型数组 ar,并使用 C++ 11 新引入的列表初始化方法对数组进行初始化。然后使用基于范围的 for 循环语句依次输出数组中的每个元素。例 4.3 程序的运行结果如图 4.3 所示。

```
数组ar: 1 2 3 4 5 6
```

图 4.3　例 4.3 程序的运行结果

4.1.4　字符数组和字符串

字符数组的每个元素是一个字符,例如,下面的语句定义了一个包含 20 个字符的字符数组。

```
char str[20];
```

C++语言没有提供内置的字符串类型,可以使用字符数组处理字符串。

普通的字符数组并不是字符串,例如:

```
char str[] = {'W', 'l', 'e', 'c', 'o', 'm', 'e', ' ', 't', 'o', ' ', 'C', '+', '+'};
```

上面的语句只是定义并初始化了一个包含 14 个字符的普通的字符数组,而不能构成 C++字符串。若想使字符数组构成一个字符串,则必须在初始化字符数组或给字符数组赋值时,使其中的某个字符元素的值为空字符'\0'。例如:

```
char str[] = {'W', 'l', 'e', 'c', 'o', 'm', 'e', ' ', 't', 'o', ' ', 'C', '+', '+', '\0'};
```

空字符'\0'的 ASCII 码值为 0,它并不是字符串中的有效字符,其作用是作为字符串的结束标志。例如,上边的语句定义的字符数组 str 表示字符串"Welcome to C++",实际包含 15 个字符。又如:

```
char str[] = {'W', 'l', 'e', 'c', 'o', 'm', 'e', '\0', ' ', 't', 'o', ' ', 'C', '+', '+'};
```

上面语句中定义的字符数组 str 虽然包含 15 个元素,但表示的字符串是“Welcome”。

那么普通的字符数组和 C++字符串在使用上有什么区别呢?

首先,为了方便地处理字符串,C 和 C++语言专门定义了一组用于操作字符串的库函数。例如,函数 strcat 用来连接两个字符串;函数 strcpy 用于把一个字符串复制给另一个字符串;函数 strcmp 用来比较两个字符串;等等。这些函数处理的都是字符串而不是普通的字符数组,即只有构成字符串的字符数组才能作为这些函数的参数;而普通的字符数组则不能使用这些函数,使用普通字符数组表示字符串时,只能逐个字符地进行处理。字符串处理函数的相关知识,请查阅 C 语言的相关教材,在此不做深入介绍。

其次,字符串可以作为一个整体进行输入和输出操作,而普通的字符数组则必须逐个字符进行输出。例如:

```
char str[20];
cin >> str;            //从键盘输入字符串
cout << str;           //向显示器输出字符串
```

执行“cin >> str ;”语句时,将从键盘向字符数组输入一个字符串,也就是说,C++系统将在用户输入的最后一个有效字符后面,自动向字符数组中添加一个空字符'\0',使字符数组 str 表示一个字符串。而语句“cout << str ;”将一个字符串输出到显示器上。相反,如果 str 是一个普通的字符数组,则不能用数组名直接输出字符串,而必须利用循环语句逐个输出数组中的字符。例如:

```
char str[20] = {'W', 'l', 'e', 'c', 'o', 'm', 'e', '\0', ' ', 't', 'o', ' ', 'C', '+', '+'};
                       //普通的字符数组
cout << str ;          //错误的输出语句
```

为了更加方便地处理字符串,C++系统预定义了一个名为 string 的类,相关知识在以后章节中介绍。

4.2 指针

4.2.1 定义和使用指针

指针是指向某种类型对象的复合数据类型,指针型数据中存放的是它所指向的对象的存储器地址(内存地址)。定义指针变量的语法形式为:

```
数据类型  * 标识符;
```

其中,数据类型代表指针指向的数据的类型;标识符是指针变量的名字;标识符前面的星号“ * ”是定义指针的标志,代表定义的是一个指针,而不是普通的变量。

例如:

```
int   * ptr1;
float * ptr2;
```

第 1 条语句定义了一个指向整型变量的指针 ptr1，第 2 条语句定义了一个实型指针 ptr2。

可以定义任何类型的指针变量，包括所有的内置数据类型、复合数据类型和后面将要介绍的抽象数据类型。

使用指针前必须给它赋初值，使它确实地指向某个对象。否则它的初值不确定，如果正好等于系统存储区的地址或其他程序的存储地址，则对它的操作可能引发严重的后果。

使用符号“&”给指针变量赋值。这里符号“&”称为取地址运算符，功能是取得某个对象或变量的存储器地址。例如：

```
int i , *ptr1;
ptr1 = &i;
```

第 1 条语句定义了一个整型变量 i 和一个整型指针 ptr1，第 2 条语句将变量 i 的地址赋值给指针 ptr1，使 ptr1 指向变量 i。指针和它所指向的变量的关系如图 4.4 所示。这里假设整型变量 i 在存储器中的地址为 1000，指针变量 ptr1 的内存地址为 2000，则指针变量 ptr1 中存放的是它所指向的变量 i 的内存地址 1000。

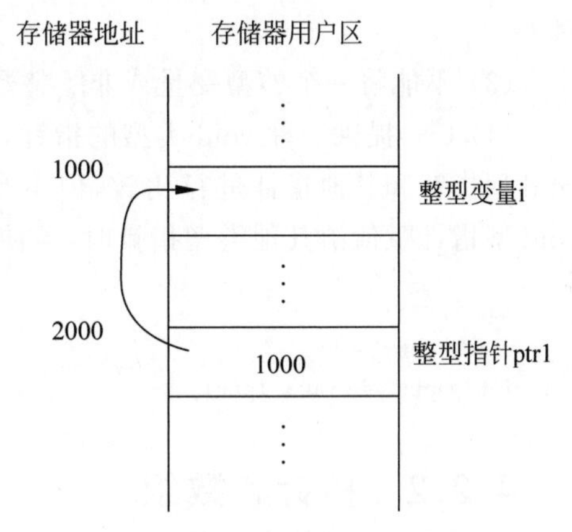

图 4.4 指针变量和它指向的变量

也可以将一个指针赋值给另一个指针，使两个指针指向同一个变量。

为指针赋值后，就可以使用指针和引用操作符“*”来操作它所指向的对象，语法形式为：

```
*指针名
```

这时表达式“*指针名”和指针所指向的对象或变量名是等价的。

例 4.4 使用指针操作它所指向的变量。

```
#include <iostream>
using namespace std;
void main()
{
    float f, *ptr1, *ptr2;
    ptr1 = &f;
    ptr2 = ptr1;
    *ptr1 = (float)123.45;
    cout <<"变量 f 的值为: "<< *ptr2 << endl;
}
```

main 函数的第 1 条语句定义了一个 float 类型的变量 f 和两个 float 类型的指针 ptr1 和 ptr2。

语句 ptr1=&f;使用取地址运算符 & 把变量 f 的地址赋值给指针 ptr1，使 ptr1 指向变量 f。

语句 ptr2=ptr1;把指针 ptr1 赋值给指针 ptr2，这时两个指针都指向了变量 f。

语句 *ptr1=(float)123.45;中赋值号左边的 *ptr1 等价于变量 f，其中的星号 * 在这里叫作解引用操作符,和定义指针时的星号含义不同。这条语句利用指针 ptr1 给它所指向的变量 f 赋值。

最后一条语句使用指针 ptr2 输出变量 f 的值。这里的表达式 * ptr2 也等价于变量名 f。

使用指针时应注意以下几点。

(1) 一种类型的指针不能指向另一种类型的变量。例如,如果 f 是 float 类型的变量,ptr1 是 int 型指针,则如下语句是非法的。

```
ptr1 = &f;
```

(2) 可以把数值 0 赋值给任何类型的指针变量,表示该指针为空指针,即不指向任何对象。

(3) 不能将一个整型变量或非零整数常量直接赋值给指针变量。

(4) C++提供一种 void 类型的指针,可以保存任何类型变量(对象)的地址。可以使用 void 型指针和其他指针进行比较,但不允许使用 void 型指针操作它所指向的对象。当把 void 型指针赋值给其他类型指针时,需使用强制类型转换。例如:

```
int i;
void * ptr1 = &i;
int * ptr2 = (int * )ptr1;
```

4.2.2 指针和数组

1. 指针的算术运算和关系运算

指针变量也可以参与部分算术运算和关系运算。

指针可以和整数进行加减法运算。若 ptr 是一个指针,n 是一个整型常量或变量,则表达式 ptr+n 和 ptr−n 并不是把 ptr 中存放的地址值和 n 作简单的加法或减法运算,表达式 ptr+n 和 ptr−n 仍然是一个相同类型的指针。指针 ptr+n 指向连续存储在 ptr 所指向的对象(变量)后面的第 n 个相同类型的对象(变量);指针 ptr−n 指向连续存储在 ptr 所指向的对象(变量)前面的第 n 个相同类型的对象(变量)。例如有如下语句:

```
int  i, * ptr;
ptr1 = &i;
```

现在假设 ptr 中存放的地址值为 1000,即变量 i 的内存地址值为内存的第 1000 号字节。则表达式 ptr+5 仍然是一个整型指针,指针 ptr+5 指向的内存地址不是 1005,而应该是 $1000+4\times5=1020$,这是因为一个 int 类型的数据在内存中占 4 字节,而指针 ptr+5 指向连续存放在变量 i 后面的第 5 个整数。同理,指针 ptr−2 的值为 $1000-4\times2=992$,指向连续存放在变量 i 前面的第 2 个整数,如图 4.5 所示。

由于数组元素在存储器中是连续存放的,以及指针加减法运算的性质,使得利用指针可以方便地访问数组元素。

除了可以和整数进行加减法运算,指针还可以进行一些简单的关系运算。通过比较指针是否等于 0,可以判断指针的值是否为空。两个相同类型的指针也可以进行比较,这

种比较运算常用于使用指针操作数组元素。设 ptr1 和 ptr2 是两个相同类型的指针,如果 ptr1==ptr2 为 true,则说明 ptr1 和 ptr2 指向同一个数组元素；如果 ptr1<ptr2 为 true,则说明 ptr1 指向的元素在数组中位于 ptr1 所指元素的前面；若 ptr1>ptr2 为 true,则说明 ptr1 指向的元素在数组中位于 ptr1 所指元素的后面。

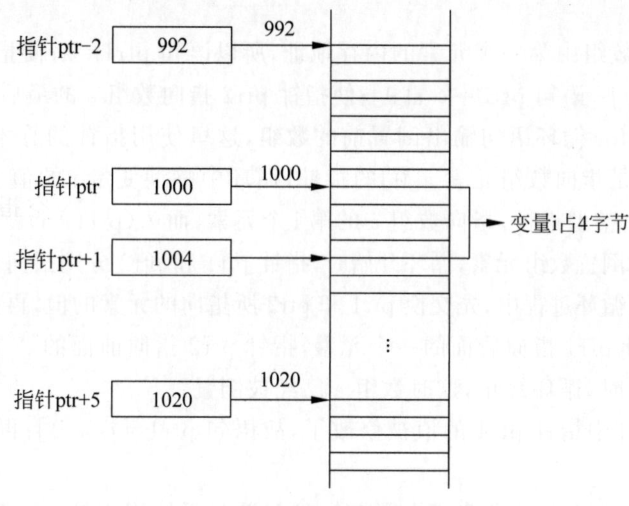

图 4.5　指针的算术运算

2. 使用指针访问数组元素

数组元素在存储器中是连续存放的。组名是一个地址常量(指针常量),其值为数组中第一个元素的地址。数组的这些性质以及指针算术运算的特点,使得利用指针可以方便地访问数组元素。

例 4.5　用指针操作数组。要求先输出数组,然后将数组倒置(第一个元素值和最后一个元素值交换,第二个元素值和倒数第二个元素值交换,……),再输出倒置后的数组。

```
#include <iostream>
using namespace std;
void main()
{
    int *ptr1, *ptr2,t;
    int a[] = {1,2,3,4,5,6,7,8,9,10};
    ptr1 = a;
    ptr2 = &a[9];
    for(int i = 0;i < 10;i++)
        cout << *(ptr1 + i)<<" ";
    cout << endl;
    while(ptr2 > ptr1)
    {
        t = *ptr1;
        *ptr1 = *ptr2;
        *ptr2 = t;
        ptr1++;
        ptr2--;
```

```
    }
    ptr1 = &a[0];
    for(int j = 0;j < 10;j++)
        cout << ptr1[j]<<" ";
    cout << endl;
}
```

由于数组名是数组中第一个元素的内存地址,所以语句 ptr1=a;使指针 ptr1 指向数组 a 的第一个元素 a[0];语句 ptr2=&a[9];使指针 ptr2 指向数组 a 的最后一个元素 a[9]。

程序中第一个 for 循环语句输出倒置前的数组,这里使用指针的算术运算访问数组中的每个元素。ptr1 是指向数组元素 a[0]的指针,循环中整型变量 i 的值分别为 0、1、2、…、9,故 ptr1+i 是一个整型指针,指向数组 a 的第 i 个元素,而 *(ptr1+i)就是数组元素 a[i]。

while 循环用来倒置数组元素,循环开始时,指针 ptr1 和 ptr2 分别指向数组 a 的第一个和最后一个元素,每次循环过程中,先交换 ptr1 和 ptr2 所指向的元素的值,再执行操作 ptr1++ 和 ptr2--,使指针 ptr1 指向后面的一个元素,指针 ptr2 指向前面的一个元素。直到条件 ptr2 > ptr1 为 false 时,循环终止,这时数组 a 已经被倒置。

由于 while 循环中指针 ptr1 的值被修改了,故语句 ptr1=&a[0];再次令 ptr1 指向数组元素 a[0]。

程序最后的 for 循环输出倒置后的数组。这里演示了使用指针访问数组元素的另一种方法——可以像使用数组名一样使用指针访问数组元素。其实数组名和指针的区别仅在于:数组名是一个指针常量,而指针通常是指指针变量。例 4.5 程序的运行结果如图 4.6 所示。

```
1 2 3 4 5 6 7 8 9 10
10 9 8 7 6 5 4 3 2 1
```

图 4.6 例 4.5 程序的运行结果

4.2.3 数组指针和指针数组

数组指针和指针数组这两个词组非常相似,只是把数组和指针两个词的先后顺序做了调换,但是它们的含义却大不相同,以下分别介绍。

1. 数组指针

数组指针是指向数组的指针。定义数组指针的语法形式为:

```
数据类型(*标识符)[常量表达式1][常量表达式2]…;
```

其中,数据类型为指针所指向的数组的类型;标识符是指针的名字,星号 * 表示定义一个指针;* 标识符外面的小括号是必不可少的,表示定义了一个数组指针而不是指针数组;常量表达式的个数表示指针所指向的数组的维数,每个常量表达式的值表示数组每一维的长度。

在 4.2.2 节中,学习了使用指针访问一维数组。若 ptr 是一个整型指针,a 为整型一维数组,则可以使用如下语句使指针指向数组首地址。

```
ptr = a;
```

那么对于多维数组这样的操作是否正确呢？例如，若 ptr 是一个整型指针，a 为整型二维数组，则语句 ptr=a;在逻辑上是错误的。

同一维数组一样，多维数组名也是一个地址常量(指针常量)，它也代表数组的第一个元素在存储器中的地址。但是 C++认为多维数组也是一个一维数组，而数组元素的类型是一个数组，而不是简单数据类型。例如，C++认为二维数组也可以看成是一个一维数组，其中的每个元素都是一个一维数组。所以必须使用数组指针来访问多维数组的元素。以二维数组为例，若 a 为 3 行×3 列的二维整型数组，ptr 是指向包含 3 个元素的一维整型数组的指针，则如下语句是正确的。

```
ptr = a;
```

例 4.6 从键盘输入一个 3 行×3 列的整数矩阵，输出该矩阵并求出主对角线元素的和。要求用指针访问数组元素。

```
#include <iostream>
using namespace std;
void main()
{
    int a[3][3],i,j,s = 0;
    int ( * ptr)[3];
    ptr = a;
    cout <<"请输入矩阵的值: ";
    for(i = 0;i < 3;i++)
        for(j = 0;j < 3;j++)
        {
            cin >> * ( * (ptr + i) + j);
            if(i == j)
                s += * ( * (ptr + i) + j);
        }
    cout <<"输出矩阵: \n";
    for(i = 0;i < 3;i++)
    {
        for(j = 0;j < 3;j++)
            cout << ptr[i][j]<<" ";
        cout << endl;
    }
    cout <<"矩阵主对角线元素的和为: "<< s << endl;
}
```

程序中的语句 int (* ptr)[3];定义了一个数组指针，该数组是一个包含 3 个元素的一维整型数组。

语句 ptr=a;表示用指针 ptr 指向二维数组 a。

第一个二重 for 循环语句用来输入二维数组中的每个元素，并求出主对角线元素的和。表达式 * (* (ptr+i)+j)用来访问二维数组第 i 行第 j 列的元素，等价于 a[i][j]。以下对表达式 * (* (ptr+i)+j)进行分析。

ptr+i 是一个一维数组指针，指向二维数组的第 i 行；表达式 * (ptr+i)等价于 a[i]，是数组 a 的第 i 个元素,是一个一维整型数组;a[i]是一维整型数组名,所以是一个整型指针常量,而 *(ptr+i)是一个整型指针变量,指向 a 的第 i 行的第一个整型元素;故表达式 *(ptr+i)+j 也是一个整型指针变量,指向数组 a 的第 i 行、第 j 列的元素;所以表达式 *(*(ptr+i)+j)就是数组 a 的元素 a[i][j]。

程序中的第二个二重 for 循环语句用来以矩阵形式输出二维数组。这里演示了使用数组指针访问多维数组元素的另一种方法——像使用数组名一样使用数组指针访问多维数组元素。这时 ptr[i][j]等价于 a[i][j]。

程序的运行结果如图 4.7 所示。

```
请输入矩阵的值: 1 2 3 4 5 6 7 8 9
输出矩阵:
1 2 3
4 5 6
7 8 9
矩阵主对角线元素的和为: 15
```

图 4.7 例 4.6 程序的运行结果

2. 指针数组

指针数组是一个数组,其中的每个元素都是相同类型的指针。定义指针数组的语法形式如下:

```
数据类型 *标识符[常量表达式1][常量表达式2]…;
```

定义指针数组的语法形式和定义数组指针的语法形式非常相似,只是去掉了"*标识符"外面的小括号,使用时不能混淆。例如:

```
float *ptr[10];
```

上面的语句定义了一个包含 10 个 float 类型指针的指针数组,数组中的任何一个元素 ptr[i]($0 \leq i \leq 9$)都是一个 float 类型的指针。

4.2.4 使用操作符 new 和 delete 进行动态存储分配

普通的变量或数组的定义,是在程序被编译时,由编译器为该变量或数组分配存储空间,这样的存储分配称为自动存储分配或静态存储分配(定义对象时使用了关键字 static)。这样的存储分配方式有时会给编程带来不便。例如,采用自动存储分配或静态存储分配定义的数组,其大小(数组中元素的个数)一经定义就无法改变。然而通常的情况是:在编程时无法确定数组大小,这样只能将数组的存储空间定义得很大以满足需求,如果程序实际运行时需要处理的元素的个数很少,则会造成极大的存储空间浪费。

C++提供了动态分配存储空间的方法,即在程序运行过程中,根据实际需要为变量(对象)或数组分配存储空间。这种存储分配方法称为动态存储分配。每个程序运行时,操作系统都会为其分配一块可用的内存空间,用来存放动态创建的对象,这块存储空间称为程序的**自由存储区或堆**。C++使用操作符 new 和 delete 来完成动态存储分配,其语法形式如下。

(1) 动态创建变量的语法:

```
指针名 = new 数据类型;
```

(2) 动态创建数组的语法：

```
指针名 = new 数据类型[表达式 1][表达式 2]…;
```

例如：

```
int * ptr1 = new int;
float * ptr2 = new float[10];
```

第一条语句中，操作符 new 动态创建了一个整型变量，并把它的内存地址赋值给指针 ptr1。第二条语句中，操作符 new 动态创建了一个包含 10 个元素的实型数组，并把数组首地址赋值给指针 ptr2。

可以使用由圆括号括住的初值表对动态创建的变量进行初始化。例如：

```
float * ptr1 = new float(123.45);
```

但是不能使用初始化列表对动态创建的数组进行初始化，下面的语句是非法的。

```
int * ptr2 = new int[3](1,2,3);  //错误的动态创建语句
```

在程序中由操作符 new 为对象动态分配的存储空间，在程序运行结束前应该用 delete 操作符动态释放。否则，虽然程序已经运行结束了，但这些存储空间仍然不能被其他程序使用，导致内存泄露。使用 delete 释放内存的语法形式如下。

(1) 释放动态创建的变量的语法：

```
delete 指针名;
```

(2) 释放动态创建的数组的语法：

```
delete []指针名;
```

例 4.7 根据输入的数组长度动态创建整型数组。给数据元素赋值，并输出数组。

```
#include <iostream>
using namespace std;
void main()
{
    int length, i, * ptr1;
    cout <<"请输入数组的长度: ";
    cin >> length;
    ptr1 = new int[length];
    for(i = 0;i < length;i++)
        * (ptr1 + i) = i * 10;
    for(i = 0;i < length;i++)
        cout << ptr1[i]<<" ";
    cout << endl;
    delete[] ptr1;
}
```

程序中根据用户输入的长度 length，动态创建整型数组。例 4.7 程序的运行结果如图 4.8 所示。

```
请输入数组的长度: 10
0 10 20 30 40 50 60 70 80 90
```

图 4.8　例 4.7 程序运行结果

4.3 引用

4.3.1 C++ 98 中的引用

引用是 C++中的一种复合数据类型。一个引用变量并不是一个独立存在的变量，而是一个已经存在的相同类型变量的别名(另一个名字)。定义引用变量的语法形式如下：

```
数据类型 & 标识符 = 变量名;
```

其中，标识符是引用变量的名字；这里符号"&"既不是取地址运算符，也不是按位与运算符，它表示定义的变量是一个引用类型的变量；赋值号右边的变量名是一个已经存在的、数据类型相同的变量。例如：

```
int  i;
int  &j = i;
```

上面第 2 条语句定义了一个整型引用变量，它引用了整型变量 i，即 j 是 i 的别名。这样定义后，访问变量 j 和访问变量 i 是等价的。

定义引用变量的同时必须对它初始化，以下的语句是非法的。

```
int  i;
int  &j;
j = i;
```

也就是说，引用一经定义，就已经是某个变量的别名，不能用它再去引用其他的变量。

请看下面这组语句：

```
int  i,  j = 10;
int  &k = i;
k = j;
```

上边第 2 条语句定义了整型引用变量 k，并用 k 引用变量 i；第 3 条语句是将变量 j 的值赋值给 k 引用的变量，而不是用 k 去引用变量 j，这样赋值后，变量 i、j、k 的值都是 10，而 i 和 k 是同一个变量。

例 4.8　使用引用类型的变量。

```
#include <iostream>
using namespace std;
void main()
{
    int i = 10;
    int &j = i;
    j = 100;
```

```
    cout <<"i = "<< i << endl;
    cout <<"变量 i 的内存地址为: "<< &i << endl;
    cout <<"变量 j 的内存地址为: "<< &j << endl;
}
```

例 4.8 程序的运行结果如图 4.9 所示。

```
i=100
变量i的内存地址为: 00F3F900
变量j的内存地址为: 00F3F900
```

图 4.9　例 4.8 程序的运行结果

从程序的运行结果可以看出，当修改了引用变量 j 的值后，j 所引用的变量 i 的值也随之被修改，说明使用 j 和使用 i 是等价的。

程序的最后两条语句分别输出变量 i 和 j 的内存地址。从运行结果可以看到，两个变量的地址是相同的，说明它们其实是一个变量，j 是变量 i 的别名。

本节中介绍的引用在 C++ 11 标准中被称为左值引用，在此基础上，C++ 11 新增了一种复合数据类型——右值引用。

4.3.2　左值和右值

C++ 11 中引入了左值和右值的概念。什么是左值和右值呢？从字面意义上来看，左值是指可以出现在赋值号左边的变量或表达式，如程序中定义的变量都属于左值。除此之外，用关键字 const 修饰的常量虽然不能出现在赋值号左边，但它们具有自己的地址，也属于左值。

右值是除 const 常量之外，不能出现在赋值号左边的值。例如，数学表达式和多数函数的返回值(有些函数的返回值是左值引用类型)。例如：

```
int i,j,k;
double xVar;
k = i + j;
```

上面的三条语句中，变量 i,j,k,xVar 都是左值，而表达式 i+j 是右值。

4.3.3　左值引用和右值引用

4.3.1 节中介绍的 C++ 98 标准中的引用类型在 C++ 11 中被称为左值引用。C++ 11 引入了一种新的引用类型——右值引用。左值引用可以引用左值，但不能引用右值；而右值引用只能引用右值，而不能引用左值。

定义右值引用的语法形式为：

```
数据类型 && 标识符 = 右值;
```

例如：

```
int i,j;
int &ri = i;                //左值引用
int &rj = j;                //左值引用
```

```
int &&rs = i + j;              //右值引用
```

上面的第 2 条和第 3 条语句定义了两个左值引用 ri 和 rj，ri 引用变量 i，rj 引用变量 j；第 4 条语句定义了一个右值引用 rs，并用 rs 引用右值 i+j。

例 4.9 左值引用与右值引用。

```
#include <iostream>
using namespace std;
void main()
{
    int i = 10, j = 20;
    int &ri = i;
    int &rj = j;
    int &&rs1 = i + j;
    cout << "rs1 = "<< rs1 << endl;
    cout << "修改变量 i 和 j 的值\n";
    i = 50;
    j = 50;
    cout << "i + j = " << ri + rj << endl;
    cout << "rs1 = " << rs1 << endl;

    int &&rs2 = i + j;
    cout << "rs2 = " << rs2 << endl;
    cout << "修改右值引用 rs 的值\n";
    rs2 = 50;
    cout << "i + j = " << ri + rj << endl;
    cout << "rs2 = " << rs2 << endl;
}
```

```
rs1=30
修改变量i和j的值
i+j=100
rs1=30
rs2=100
修改右值引用rs的值
i+j=100
rs2=50
```

图 4.10 例 4.9 程序的运行结果

例 4.9 程序的运行结果如图 4.10 所示，根据程序的运行结果，可以看到左值引用和右值引用的区别，以及右值引用的一些重要特征。

程序中先定义了两个 int 型变量 i 和 j，并把它们的值初始化为 10 和 20；接着定义了两个左值引用变量 ri 和 rj，分别引用变量 i 和 j；语句“int &&rs1 = i + j;”定义了一个右值引用变量 rs1，并用它引用右值 i+j；接着输出右值引用变量 rs1 的值，不出所料，rs1 的值为 30。下一步把变量 i 和 j 的值都修改成 50，然后再次输出右值引用 rs1 的值；从程序的执行结果可知，右值引用变量 rs1 的值没有改变，还是 30。

程序接下来定义了第 2 个右值引用变量 rs2，并用它引用右值 i+j。此时 i 和 j 的值分别是 50 和 50，所以右值引用 rs2 的值是 100。下面把右值引用 rs2 的值修改成 50，然后再分别输出 i+j 的值和 rs2 的值。

从例 4.9 程序的执行结果可以得出以下几点结论。

(1) C++ 11 中的左值引用和 C++98 中的引用相同，就是它所引用的左值对象的别名，可以通过它来访问它引用的对象。

(2) 右值引用所引用的是右值表达式当时的值，不会随着右值表达式中某个变量值的改变而改变。事实上,C++编译器会把右值表达式的值保存在一个无名的临时变量中,并用右值引用去引用这个临时变量。

(3) 可以通过右值引用修改它引用的临时变量的值。

左值引用通常用来作为函数的形式参数,右值引用主要用于 C++ 11 的移动语义。这样做的目的都是为了提高程序的执行效率。这些内容将会在以后的章节中介绍。

4.4 枚举和结构

本节介绍两种常用的复合数据类型:枚举类型和结构类型。

4.4.1 枚举

枚举是一种由编程者自定义的数据类型。如果一个变量只有几种可能的取值,则可以定义为枚举类型。例如,要用变量表示一个星期中的某天,则变量的值只可能是星期一、星期二、……、星期日七个值中的某一个,这时就可以定义一个枚举类型。声明枚举类型的语法形式如下:

```
enum 枚举类型名{变量值列表};
```

其中,enum 是 C++关键字;由花括号括住的变量值列表中罗列出枚举变量所有可能的取值。例如:

```
enum Weekday{sun, mon, tue, wed, thu, fri, sat};
```

声明了枚举类型后,就可以定义枚举类型的变量了。定义枚举变量的语法形式为:

```
enum 枚举类型名 标识符;
```

或

```
枚举类型名 标识符;
```

例如:

```
enum Weekday aday;
```

也可以把声明枚举类型和定义枚举类型变量合为一步,这时可以不用声明枚举类型名。语法形式为:

```
enum {变量值列表}标识符;
```

例如:

```
enum {sun, mon, tue, wed, thu, fri, sat} aday;
```

变量 aday 的值只能是 sun 到 sat 之一。例如:

```
aday = tue;
```

声明枚举类型时,变量值列表中的标识符是一些符号常量,每一个都对应一个确定的整数值。第一个符号常量的值为 0,第二个符号常量的值为 1,以此类推。例如:sun=0,mon=1,…,sat=6。

也可以在声明枚举类型时自行指定符号常量的值,指定的值必须是整数。例如:

```
enum Weekday{sun, mon, tue = 5, wed, thu, fri, sat};
```

其中,sun=0,mon=1,tue=5,wed=6,…,sat=9。

不能把一个整数值直接赋值给一个枚举类型的变量。如下语句是错误的:

```
aday = 2;
```

但是可以通过强制类型转换将整数值赋值给枚举类型的变量。例如:

```
aday = ( Weekday )2;
```

枚举类型变量之间可以进行关系运算。

例 4.10 从键盘输入两个 0~6 的整数,代表一周中的两天,比较是否为同一天,并输出结果。

```
#include < iostream >
using namespace std;
void main()
{   enum Weekday{sun, mon, tue, wed, thu, fri, sat};
    Weekday day1,day2;
    int in1,in2;
    cout <<"请输入两个 0 到 6 的整数: ";
    cin >> in1 >> in2;
    day1 = (Weekday)in1;
    day2 = (Weekday)in2;
    if(day1 == day2)
    {   cout <<"您输入的都是";
        switch(day1)
        {   case sun: cout <<"星期日\n"; break;
            case mon: cout <<"星期一\n"; break;
            case tue: cout <<"星期二\n"; break;
            case wed: cout <<"星期三\n"; break;
            case thu: cout <<"星期四\n"; break;
            case fri: cout <<"星期五\n"; break;
            case sat: cout <<"星期六\n"; break;
        }
    }
    else
    {   cout <<"您输入的两天分别是";
        switch(day1)
        {   case sun: cout <<"星期日和"; break;
            case mon: cout <<"星期一和"; break;
            case tue: cout <<"星期二和"; break;
            case wed: cout <<"星期三和"; break;
            case thu: cout <<"星期四和"; break;
            case fri: cout <<"星期五和"; break;
            case sat: cout <<"星期六和"; break;
```

```
        }
        switch(day2)
        {   case sun: cout <<"星期日\n"; break;
            case mon: cout <<"星期一\n"; break;
            case tue: cout <<"星期二\n"; break;
            case wed: cout <<"星期三\n"; break;
            case thu: cout <<"星期四\n"; break;
            case fri: cout <<"星期五\n"; break;
            case sat: cout <<"星期六\n"; break;
        }
    }
}
```

例 4.10 程序的运行结果如图 4.11 所示。

```
请输入两个0到6的整数: 5 2
您输入的两天分别是星期五和星期二
```

图 4.11 例 4.10 程序的运行结果

4.4.2 结构

结构是一种可以由编程者自定义的复合数据类型。在结构体中,可以把各种不同类型的变量组合在一起,构成一个整体来表示某种事物的个体。声明结构类型的语法形式如下:

```
struct  结构名
{
   数据类型 1  标识符 1;
   数据类型 2  标识符 2;

数据类型 n  标识符 n;
};
```

其中,struct 是 C++关键字;花括号括住的部分叫结构体;结构体中的标识符分别代表结构的成员,可以分别属于不同的数据类型。例如,下面的结构用来表示企业员工的信息。

```
struct employee
{
   int    num;          //员工编号
   char   name[20];     //员工姓名
   char   sex;          //员工性别
   int    age;          //员工年龄
   char   dept[20];     //所在部门
   int    grade;        //员工级别
   float  accumPay;     //月薪总额
}
```

声明了结构类型后,就可以定义和使用结构变量了。定义结构变量的语法和定义简单类型变量的语法相同,形式如下:

```
结构名 标识符;
```

例如：

```
employee  anemplo;
```

结构变量可以使用点操作符访问结构体成员。例如：

```
anemplo.num = 1010;
anemplo.sex = 'm';
```

也可以在定义结构变量的同时对其进行初始化,例如：

```
employee  anemplo = {1010 , "李明" , 'm ',35 , "人事部", 2, 3000.0};
```

或

```
employee  anemplo {1010 , "李明" , 'm ',35 , "人事部", 2, 3000.0};  //C++ 11 标准
```

可以定义结构数组,其中的每个元素都是一个结构变量。例如：

```
employee anemploarray[3];
```

例 4.11 定义并初始化一个结构数组,存放企业人事部门的员工信息,输出该部门等级高于 3 级的员工的姓名和月薪信息。

```
#include <iostream>
using namespace std;
struct employee
{
   int    num;          //员工编号
   char   name[20];     //员工姓名
   char   sex;          //员工性别
   int    age;          //员工年龄
   char   dept[20];     //所在部门
   int    grade;        //员工级别
   float  accumPay;     //月薪总额
};
void main()
{
    employee emarray[4] = {{1010,"李明",'m',35,"人事部",4,3500.0},
                           {1011,"赵强",'m',28,"人事部",3,3200.0},
                           {1012,"李楠",'f', 25,"人事部",2,2900.0},
                           {1013,"张子良",'m',23,"人事部",1,2600.0}};
    cout <<"姓名    月薪总额\n";
    for(int i = 0;i < 4;i++)
    {
        if(emarray[i].grade >= 3)
            cout << emarray[i].name <<"     "<< emarray[i].accumPay << endl;
    }
}
```

例 4.11 程序的运行结果如图 4.12 所示。

图 4.12 例 4.11 程序的运行结果

小结

复合数据类型是编程者自定义的数据类型，包括数组类型、指针类型、引用类型、枚举类型、结构类型和类类型等。本章着重介绍了数组、指针、引用、枚举和结构类型，类类型将在以后的章节中介绍。

数组是一组相同类型元素的集合。数组可以是一维的，也可以是多维的；一维数组的元素只有一个下标，n维数组元素有n个下标。字符数组中的每个元素都是一个字符，C++可以使用字符数组处理字符串，作为字符串的字符数组中必须包含值为空字符'\0'的元素。另外，C++系统还预定义了一个类string来处理字符串，相关内容在以后章节中介绍。

指针类型变量中存放的是其他类型变量的内存地址。定义指针变量时必须指明数据类型，这是它指向数据的数据类型。可以通过指针变量间接地操作它所指向的数据。C++还提供了一种无类型(void)指针，使用时应进行强制类型转换。

C++使用new操作符配合特定类型的指针来实现动态存储分配；动态分配的内存空间在程序运行结束前应使用delete操作符释放。

数组指针是指向数组的指针；而指针数组是一个数组，其中的每一个元素都是相同类型的指针。

引用类型的变量是另一种相同类型变量的别名，可以将引用变量看成是它所引用的变量的一个副本。定义引用变量的同时应对其进行初始化，即必须确定它所引用的变量。可以通过引用变量间接访问被它引用的变量。

C++ 11把C++中原有的引用类型称为左值引用，同时引入了一种新的引用类型——右值引用。左值引用只能引用程序中的左值，右值引用可以引用程序中的右值。

枚举是由用户自定义的复合数据类型，如果一个变量只有几种可能的取值，则可以定义为枚举类型。

结构也是一种常用的复合数据类型，它是一种不同类型数据的集合，这些数据用来描述同一种事物的不同的属性。

习题

4.1 编写程序，声明并初始化一个包含10个元素的整型数组，找出其中的最大值。

4.2 编写程序，声明并初始化一个4行3列的二维单精度浮点型数组，找出其中的最大值。

4.3 编写程序，将一个有序数组按逆序存放，例如，若原数组为1、2、4、5、8、10，则逆序后的数组为10、8、5、4、2、1。

4.4 编写程序，定义一个字符数组，用来接收用户从键盘输入的字符串，首先去掉其中的非字母字符，然后将其中所有的大写英文字母转换成与其相应的小写字母，并将转换后的结果输出。

4.5 请找出下面程序段中存在的错误。

```
int *p;
*p = 100;
cout << *p << endl;
```

4.6 编写程序,首先定义并初始化一个一维整型无序数组,然后对该数组排序。要求排序过程中使用指针来操作数组。

4.7 编写程序,首先定义并初始化一个整型二维数组用来表示一个 4 行×4 列的矩阵,然后将上三角矩阵中的元素和与其相应的下三角阵中的元素相交换,并输出交换后的矩阵。要求使用指针操作数组元素。

4.8 找出下面程序段中存在的错误,并进行修改。

```
char *chptr;
cin >> chptr;
cout << chptr << endl;
```

4.9 编写程序,首先从键盘输入两个字符串,然后比较两个字符串的大小。要求使用指针操作字符串。

4.10 请写出下面程序段的输出结果。

```
int i;
int &j = i;
j = 100;
cout << i;
```

4.11 编写程序,动态创建一个一维字符数组,数组的长度由用户输入,从键盘输入一行字符串存放到该数组中,并判断是否是回文字符串。回文字符串是指从左向右读和从右向左读字符串的内容相同。例如,字符串 qWeRReWq 就是一个回文字符串。

4.12 编写程序,声明一个表示颜色的枚举(enum)类型 Color,包含白(White)、黑(Black)、红(Red)、黄(Yellow)、蓝(Blue)、绿(Green)六种颜色。定义一个 Color 类型的变量 col,在屏幕上输出字符串“请输入大写字母选择您最喜欢的颜色:W(白)、B(黑)、R(红)、Y(黄)、B(蓝)、G(绿)”,然后根据用户输入的字母,给变量 col 赋值,再根据 col 的值输出相关信息。例如,如果用户输入大写字母“R”,则 col 的值应为 Red,并输出字符串“您最喜欢红色!谢谢!”;若用户输入的大写字母不在上面的集合中,则输出字符串“对不起,这里没有您喜欢的颜色!”。

4.13 编写程序,首先定义一个表示公司雇员的结构(struct)类型 employee,包含 5 个成员,分别是:字符数组 name[20]用来存放雇员的姓名,int 型变量 empNo 用来存放雇员的员工号,float 型变量 salary 用来存放雇员的月薪,float 型变量 hourlyPay 用来存放每小时工作的酬金,整型变量 workHours 用来存放雇员每月工作的总时间(以小时为单位)。其中,salary=hourlyPay×workHours。创建一个 employee 类型的数组表示若干个公司员工,分别从键盘输入每个员工的姓名和月工作时数,员工的工号根据输入的顺序自动生成,并假设员工每小时工作的酬金数为 50 元,根据上面的公式计算出每个员工的月薪。最后分别输出每个员工的月薪总额,例如,“第 001 号员工李强的月薪为 2000 元”。

函数是 C++最基本的程序模块。本章介绍如何定义并使用函数。

5.1 定义和调用函数

5.1.1 函数的定义

如果在一个程序中不同的地方，需要经常执行一组相同的语句来完成一种相对独立的功能，则可以把这组语句定义为一个独立的程序模块——函数，需要执行时，只要用函数名对其进行调用即可。

使用函数是为了达到代码重用的目的，避免重复存储完全相同的代码，节省存储器空间；同时也可以减少编程时的重复劳动，提高编程效率；并使程序结构清晰、易读，易于修改，符合结构化程序设计原理。

定义函数的语法形式如下：

```
类型说明符 函数名(形式参数列表)
{
    语句序列;
}
```

例如：

```
int max(int j1, int j2)
{
    int r;
    r =  j1 > = j2? j1:j2;
    return r;
}
```

上面的程序语句定义了一个函数 max，功能是返回两个整型参数中较大的一个。

以下是对函数定义的几点说明。

(1) 有的函数执行结束时，要向调用它的程序返回一个值，这种函数称为有返回值的函数。函数定义中的类型说明符就是函数返回值的数据类型。如上面定义的 max 函数的返回值类型为 int 型。函数的返回值可以是除数组外的其他任何类型，如整型、浮点型、字符型、布尔型、指针型，甚至可以是结构和类的对象。如果一个函数有返回值，则在函数内部必须使用返回语句(return)把值返回到程序中调用函数的地方。

(2) 如果一个函数没有返回值,则可以用关键字 void 作为类型说明符。这样的函数称为无返回值函数或 void 型函数。C++程序中的 main 函数通常就是一个 void 型函数。

(3) 函数名是一个标识符。一个程序中,除 main 函数和 C++库函数外,其他的函数都是由编程者命名的,如上面定义的函数 max。

(4) 函数名后的小括号中是函数的形式参数列表。函数的参数是函数被调用时,由调用它的程序传递给函数的数据。通常把出现在函数定义中的参数称为**形式参数**(简称形参),如 max 函数的参数 j1 和 j2。形式参数列表可以为空,表示函数没有参数。非空的形参列表的语法形式如下:

```
数据类型说明符 1 参数 1,数据类型说明符 2 参数 2,…,数据类型说明符 n 参数 n
```

数据类型说明符指定了形参的数据类型。形参可以是 C++中的任何数据类型。在函数内部可以像使用变量一样来使用形式参数。

(5) 函数定义中包含函数名的第一行语句称为函数头;函数名后面由花括号括住的语句序列叫作函数体。

5.1.2 函数的调用

函数被定义后,就可以对函数进行调用了。调用函数的语法形式如下:

```
函数名(实际参数列表)
```

函数名后面的小括号中是实际参数列表,把调用函数时向函数传递的参数称为**实际参数**(简称实参)。实参可以是常量、变量或表达式。

函数调用既可以是一条单独的语句,也可以是表达式中的一部分。

在其内部发生函数调用的函数称为主调函数;被调用的函数称为被调函数。

例如:

```
void main()
{
    int i1,i2,lar;
    cout <<"请输入两个正整数: ";
    cin >> i1 >> i2;
    lar = max(i1,i2);
    cout <<"整数"<< i1 <<"和"<< i2 <<"中较大的一个是: "<< lar;
    cout << endl;
}
```

main 函数中的语句 lar=max(i1,i2);调用了前面定义的 max 函数。这里 main 函数是主调函数,max 函数是被调函数。程序执行到语句 lar=max(i1,i2);时发生了函数调用,程序控制转移到 max 函数中,开始执行 max 函数;max 函数执行结束后,程序控制又转回到 main 函数中调用函数的地方,首先把 max 函数的返回值赋值给变量 lar,然后开始顺序执行后面的语句。

C++允许函数进行嵌套调用(一个被调函数内部又发生了函数调用),而且不限制函数嵌套调用的层次。

5.1.3 函数原型

函数原型用来声明已经定义的函数。在一个程序文件中,如果函数的定义出现在程序中所有函数调用的前面,则可以不使用函数原型;如果函数的定义出现在函数调用语句的后面,或者是在同一个程序的其他源文件中,则在函数调用前,必须使用函数原型对函数进行声明。

声明函数原型的语法形式如下:

```
类型说明符 函数名(数据类型说明符 1 参数 1,数据类型说明符 2 参数 2,…,数据类型说明符 n 参数 n);
```

或

```
类型说明符 函数名(数据类型说明符 1 ,数据类型说明符 2 ,…,数据类型说明符 n );
```

第一种形式类似函数定义中的函数头,唯一的不同是声明函数原型是一条语句,所以后面需要加分号;而函数头后面不能加分号。

和第一种声明形式相比,第二种形式只是在形参列表中去掉了所有形参的名字。例如,max 函数的函数原型为:

```
int max(int j1, int j2);
```

或

```
int max(int , int );
```

函数原型的作用是:告诉 C++ 编译器函数的返回值类型、参数的个数以及每个参数的数据类型等信息,以便编译器可以检查函数的调用语句形式是否和函数的定义形式相匹配。

例 5.1 创建一个函数比较两个整数的大小,并返回其中较大的一个。从键盘输入两个正整数,比较两个数的大小,并输出其中较大的一个。

```
#include <iostream>
using namespace std;
int max(int,int);
void main()
{
    int i1,i2,lar;
    cout <<"请输入两个正整数: ";
    cin>> i1 >> i2;
    lar = max(i1,i2);
    cout <<"整数"<< i1 <<"和"<< i2 <<"中较大的一个是: "<< lar;
    cout << endl;
}
int max(int j1, int j2)
{
   int r;
   r=  j1 >= j2? j1:j2;
```

```
    return r;
}
```

例 5.1 程序的运行结果如图 5.1 所示。

```
请输入两个正整数: 100 50
整数100和50中较大的一个是: 100
```

图 5.1 例 5.1 程序的运行结果

例 5.2 编写一个函数求出并返回一个整数各位数字的和,在 main 函数中输入一系列整数,分别输出它们各位数字的和,直到输入 0 时,程序结束。

```
#include <iostream>
using namespace std;
int digsum(int val)
{   int s = 0;
    while(val!= 0)
    {
        s += val % 10;
        val/ = 10;
    }
    return s;
}
void main()
{
    int in;
    cout <<"请输入一个正整数: ";
    cin >> in;
    while(in!= 0)
    {
        cout <<"整数"<< in <<"的各位数字的和为: "<< digsum(in)<< endl;
        cout <<"请输入一个正整数: ";
        cin >> in;
    }
}
```

例 5.2 程序的运行结果如图 5.2 所示。

```
请输入一个正整数: 100
整数100的各位数字的和为: 1
请输入一个正整数: 745
整数745的各位数字的和为: 16
请输入一个正整数: 999
整数999的各位数字的和为: 27
请输入一个正整数: 56878432
整数56878432的各位数字的和为: 43
请输入一个正整数: 0
```

图 5.2 例 5.2 程序的运行结果

例 5.3 创建一个函数,用辗转取余法求两个整数的最大公约数和最小公倍数。

算法思想为:若 i 和 j 为两个正整数,则令 i1=i,j1=j。

(1) 令 res=i1%j1;

(2) 若 res 等于 0,则 i 和 j 的最大公约数是 j1,最小公倍数是 i×j÷j1。

否则,令 i1=j1;j1=res;返回第 1 步继续执行。

程序实现如下。

```
#include <iostream>
using namespace std;
void divandmul(int,int);
void main()
{   int i,j;
    cout <<"请输入两个正整数: ";
    cin >> i >> j;
    if(i > 0 && j > 0)
        divandmul(i,j);
    else
        cout <<"输入错误\n";
}
void divandmul(int i,int j)
{
    int i1 = i,j1 = j,res = i1 % j1;
    while(res!= 0)
    {
        i1 = j1;
        j1 = res;
        res = i1 % j1;
    }
    cout << i <<"和"<< j <<"的最大公约数为:"<< j1 << endl;
    cout << i <<"和"<< j <<"的最小公倍数为:"<< i * j/j1 << endl;
}
```

例 5.3 程序的运行结果如图 5.3 所示。

```
请输入两个正整数: 18 42
18和42的最大公约数为:6
18和42的最小公倍数为:126
```

图 5.3 例 5.3 程序的运行结果

例 5.4 函数的嵌套调用。设计三个函数分别求一个实数的乘方、圆的面积和圆柱体的体积。在 main 函数中输入圆柱体的底面半径和高,调用函数计算并输出圆柱体的体积。

```
#include <iostream>
using namespace std;
const double PI = 3.14159;
double cylinderArea(double, double);
double circleArea(double);
double power(double, int);
void main()
{
    double radius, height, vol;
    cout << "请输入圆柱体的底面半径和高: ";
    cin >> radius >> height;
    vol = cylinderArea(radius, height);
    cout << "圆柱体的体积为: " << vol << endl;
}
double cylinderArea(double radius, double height)
```

```
{
    return circleArea(radius) * height;
}
double circleArea(double radius)
{
    return power(radius, 2) * PI;
}
double power(double x, int i)
{
    double prod = 1.0;
    for (int j = 0;j < i;j++)
        prod * = x;
    return prod;
}
```

例 5.4 程序的运行结果如图 5.4 所示。

```
请输入圆柱体的底面半径和高：10.0 5.0
圆柱体的体积为：1570.8
```

图 5.4 例 5.4 程序的运行结果

5.2 传递参数

函数调用时,主调函数通过向被调函数传递参数,把数据传递给被调函数。参数传递的方式有两种：**传值传递**和**引用传递**。

5.2.1 传值传递

定义函数时,形式参数的数据类型只要不是引用类型(4.2 节),则参数的传递方式就是传值传递。参数传值传递的特点是：主调函数中的实际参数和被调函数中的相应的形式参数是两个相互独立的量,即各自具有自己的存储空间。当发生函数调用时,实参的值被复制给相应的形参,而后,它们之间的联系断裂。所以当被调函数中形参的值改变时,主调函数中的实参不会随之改变。

例 5.5 参数的传值传递。

```
#include < iostream >
using namespace std;
void swap(int par1, int par2);
void main()
{
    int i{ 10 }, j{ 20 };
    cout << "调用函数 swap 前: i = " << i << " j = " << j << endl;
    swap(i, j);
    cout << "调用函数 swap 后: i = " << i << " j = " << j << endl;
}
void swap(int par1, int par2)        //传值传递参数
{
```

```
    cout << "swap 函数内,形参值交换前: par1 = " << par1 << " par2 = " << par2 << endl;
    int temp = par1;
    par1 = par2;
    par2 = temp;
    cout << "swap 函数内,形参值交换后: par1 = " << par1 << " par2 = " << par2 << endl;
}
```

函数 swap 的功能是交换两个形式参数 par1 和 par2 的值,并在交换前后分别输出两个参数的值。main 函数中,定义并初始化了两个整型变量 i 和 j,然后以 i 和 j 作为实际参数调用函数 swap,并在调用前后分别输出 i 和 j 的值。

程序的运行结果如图 5.5 所示。

```
调用函数swap前: i=10 j=20
swap函数内, 形参值交换前: par1=10 par2=20
swap函数内, 形参值交换后: par1=20 par2=10
调用函数swap后: i=10 j=20
```

图 5.5　例 5.5 程序的运行结果

从程序的运行结果可以看到,虽然在函数 swap 内部交换了两个形参 par1 和 par2 的值,但 main 函数中的两个实参的值并没有被交换。正如"传值传递"方式的名字,实参只是把值传递给相应的形参,而后它们就互不相干了,形参的改变不会影响到实参。传值传递是信息从实参到形参的单向传递(不包括指针)。

5.2.2 引用传递

在函数的定义中,如果形式参数为引用类型,则参数的传递方式就是引用传递。正如我们所知道的:一个引用类型的变量是另一个变量的别名(4.3.1 节),引用类型的形式参数也是相应的实际参数的别名,它们其实是同一个变量,即在内存中占用同一块存储空间。所以如果在被调函数中形参的值发生了改变,则主调函数中实参的值也会随之改变。

例 5.6　参数的引用传递。

```
#include <iostream>
using namespace std;
void swap(int &par1, int &par2);
void main()
{
    int i = 10, j = 20;
    cout <<"调用函数 swap 前: i = "<< i <<" j = "<< j << endl;
    swap(i, j);
    cout <<"调用函数 swap 后: i = "<< i <<" j = "<< j << endl;

}
void swap(int &par1, int &par2)         //引用传递参数
{
    cout <<"swap 函数内,形参值交换前: par1 = "<< par1 <<" par2 = "<< par2 << endl;
    int temp = par1;
    par1 = par2;
    par2 = temp;
    cout <<"swap 函数内,形参值交换后: par1 = "<< par1 <<" par2 = "<< par2 << endl;
```

```
}
```

本例的程序和例 5.5 的程序基本相同,唯一的区别是:函数 swap 的定义中使用符号 & 把两个形参 par1 和 par2 定义为引用类型,此时参数的传递方式为引用传递。由于 swap 函数的形参 par1 和 par2 分别是 main 函数中作为实参的变量 i 和 j 的别名,所以交换 par1 和 par2 的值就等价于交换 i 和 j 的值。例 5.6 程序的运行结果如图 5.6 所示。

```
调用函数swap前: i=10 j=20
swap函数内, 形参值交换前: par1=10 par2=20
swap函数内, 形参值交换后: par1=20 par2=10
调用函数swap后: i=20 j=10
```

图 5.6　例 5.6 程序的运行结果

在参数的引用传递方式中,信息是双向传递的。本节讨论的引用就是 C++ 11 中的左值引用。

5.3 局部变量和全局变量

在函数内部或由花括号括住的复合语句内部定义的变量就是局部变量。例如,例 5.6 中 main 函数内定义的整型变量 i,j 是 main 函数的局部变量,swap 函数内定义的变量 temp 是 swap 函数的局部变量。

在程序中变量有效的区域称为变量的作用域。局部变量的作用域就是定义它的函数或复合语句块,所以称它们具有**局部作用域**。例如,例 5.6 中 main 函数内的变量 i 和 j 只能在 main 函数内部使用,而变量 temp 只能在 swap 函数内部使用。在不同的函数和复合语句中可以定义同名的局部变量,它们相互独立互不影响。如果在嵌套的复合语句中定义了同名的局部变量,则内层的局部变量屏蔽了外层的局部变量。

例 5.7　定义和使用局部变量。

```
#include <iostream>
using namespace std;
void main()
{
    float val = (float)123.456;
    {
        int val = 100;
        cout <<"整型变量 val 的值为"<< val << endl;
    }
    cout <<"实型变量 val 的值为"<< val << endl;
}
```

main 函数中定义了 float 类型的局部变量 val,而在内层的由花括号括住的复合语句中定义了同名的 int 型局部变量 val,则在内层花括号中,内层定义的 int 型局部变量 val 屏蔽了外层定义的 float 型同名变量,即在内层花括号内部,外部定义的 float 型变量 val 不可见。例 5.7 程序的执行结果如图 5.7 所示。

在程序的运行过程中,一个变量从被定义时开始,直到它被销毁为止的这段时期叫作该变量的生存期。根据生存期的不同,局部变量又分为自动局部变量和静态局部变量。

```
整型变量val的值为100
实型变量val的值为123.456
```

图 5.7 例 5.7 程序的执行结果

没有使用关键字 static 定义的局部变量都是自动变量。当程序调用一个函数或开始执行一个代码块时,就会创建其中的自动局部变量,为其分配存储空间。随着函数运行结束,自动局部变量也被自动销毁,**所以称自动变量具有动态生存期**。例如,例 5.6 中 swap 函数内定义的变量 temp,函数 swap 开始执行时,变量 temp 被创建,函数 swap 运行结束时,它的生存期也随之结束。函数形参具有和自动局部变量相同的作用域和生存期。

如果使用关键字 static 来定义局部变量,则该变量为静态局部变量。静态变量一经定义,就一直存在,直到整个程序运行结束。程序执行过程中,一个函数第一次被调用执行时,创建其中的静态局部变量,为它们分配存储空间;函数执行结束,其中定义的静态局部变量仍然存在;该函数再次被调用执行时,由于其中的静态变量已经存在,故不需要重新定义。所以称静态局部变量具有**静态生存期**,即从第一次被定义时开始,直到整个程序运行结束。

例 5.8 使用静态局部变量统计函数被调用的次数。

```
#include <iostream>
using namespace std;
int fun();
void main()
{
    int i, j = 0;
    cout <<"请输入一个整数: ";
    cin >> i;
    while(i!= 0)
    {
        j = fun();
        cout <<"请输入一个整数: ";
        cin >> i;
    }
    cout <<"函数 fun 被调用了"<< j <<"次\n";
}
int fun()
{
    static int c = 0;
    c++;
    return c;
}
```

程序运行时提示用户输入整数,用户输入一个非零整数,函数 fun 就会被调用一次,直到用户输入 0 为止,程序最后输出调用函数 fun 的次数。

函数 fun 第一次运行时,定义了静态整型局部变量 c,并初始化为 0,然后执行自加语句使 c 的值变为 1,最后返回变量 c 的值。函数 fun 运行结束后,静态变量 c 仍然存在而且保持原值不变,以后函数 fun 每次被调用都不再重新定义该变量,也就是说,在程序的执行过程中,静态变量 c 只是在函数 fun 第一次运行时被定义,直到整个程序运行结束才被销毁。并且每次运行函数 fun 时都令变量 c 执行自加 1 操作,故 c 的值就是函数 fun 被调用的次

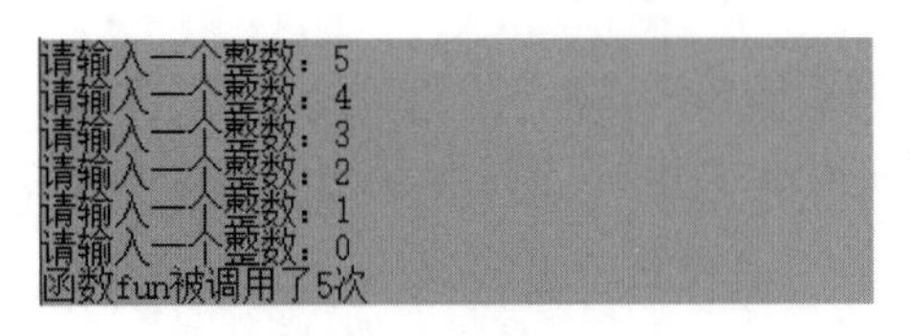

图 5.8 例 5.8 程序的运行结果

数。变量 c 虽然在程序的执行过程中一直存在，但是由于它是函数 fun 的局部变量，所以只在函数 fun 中可以使用。例 5.8 程序的运行结果如图 5.8 所示。

如果在定义变量 c 的语句中去掉关键字 static，程序将有怎样的运行结果呢？请读者思考。

程序中在任何函数之外定义的变量称为全局变量。全局变量的作用域是定义该变量的整个程序文件。全局变量的生存期就是程序的整个运行期。可以定义和全局变量同名的局部变量，则在该局部，局部变量屏蔽了同名的全局变量。

C++是多文件程序结构，可以使用关键字 extern 声明在其他文件中定义的全局变量，使其在本文件中可用。

程序中定义的全局变量和静态局部变量存放在存储器的静态存储区之中。它们具有相同的生存期和存储方式，但它们的作用域不同。

由于全局变量在定义它的程序文件的所有函数中都可见(除非定义了同名的局部变量)，不利于数据隐藏，降低了程序的安全性，所以应尽可能少地使用全局变量。

5.4 函数调用的实现

为了能更好地理解和掌握函数，本节简要介绍系统实现函数调用的方法。

一个程序执行时，操作系统会在存储器中分配一块空间供程序使用。通过学习 4.2.4 节，得知这块存储空间中应该包含一块称为“堆”的子空间，用来存放程序中采用 new 操作符动态创建的变量或对象。除了“堆”，这块存储空间中还有一块叫作“栈”的子空间专门用来实现函数调用。

“栈”是一种后进先出的顺序存储结构，数据的存取只能从栈顶进行，先存入的数据被逐步压向栈底，最后存入的数据位于栈顶，取数据时，也只能先读取栈顶数据，栈顶数据被弹出栈后，才能顺序读取下边的数据，如图 5.9 所示。

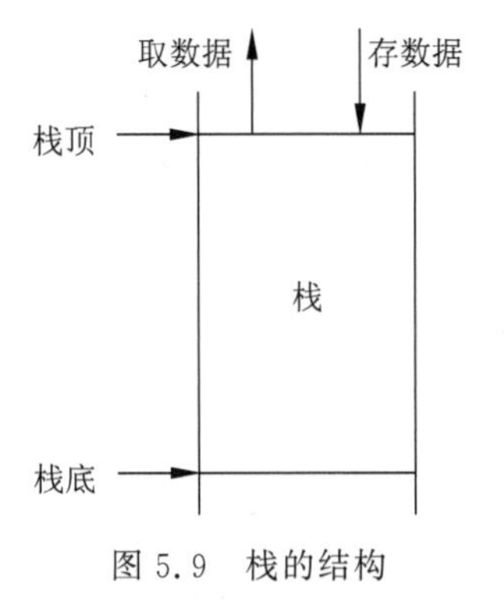

图 5.9 栈的结构

一个函数被调用时，系统首先在“栈”顶为其开辟一块空间，用来存放函数的形式参数和函数中定义的非静态局部变量(自动局部变量)，由于函数执行结束后，要返回到主调函数中并从函数调用的下一条指令开始继续执行，所以在这块“栈”空间中还要保存函数调用时的现场信息(系统寄存器的值)和返回地址；然后控制转到被调函数并开始执行；函数运行结束时，系统根据“栈”中保存的现场信息和返回地址恢复主调函数的执行现场，返回到主调函数中继续执行；分配给被调函数的“栈”空间被自动释放。在程序的执行过程中，“栈”空间的分配和释放是动态进行的。

如果一个程序运行时，在 main 函数中调用了函数 fun1，而在函数 fun1 中又调用了函数 fun2，则该程序运行时，“栈”的动态分配如图 5.10 所示。

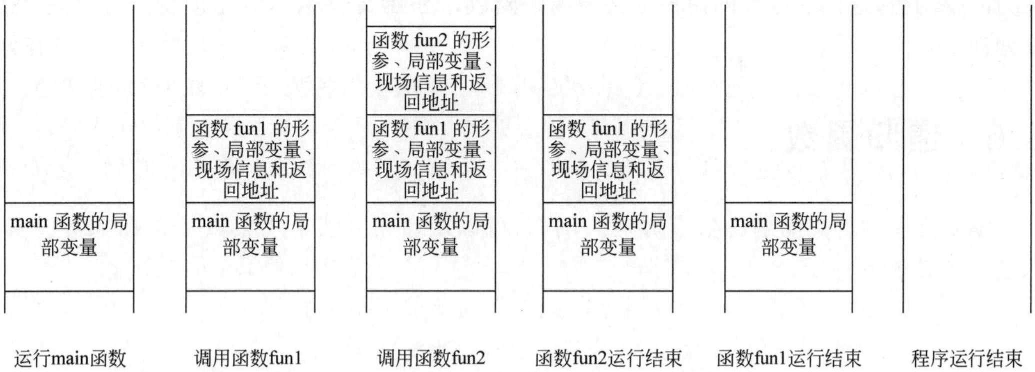

		函数 fun2 的形参、局部变量、现场信息和返回地址			
	函数 fun1 的形参、局部变量、现场信息和返回地址	函数 fun1 的形参、局部变量、现场信息和返回地址	函数 fun1 的形参、局部变量、现场信息和返回地址		
main 函数的局部变量	main 函数的局部变量	main 函数的局部变量	main 函数的局部变量	main 函数的局部变量	
运行main函数	调用函数fun1	调用函数fun2	函数fun2运行结束	函数fun1运行结束	程序运行结束

图 5.10 函数调用时"栈"空间的分配和释放

5.5 内联函数

使用函数的根本目的是实现代码重用，其好处是既节省了存储空间，也提高了编程效率。

通过 5.4 节的学习，了解了函数调用的实现过程：函数被调用时，系统首先在"栈"中为函数分配一块空间，并执行入栈指令把函数调用的现场信息、返回地址和参数压入"栈"中；然后还要执行指令(call)使控制转移到函数中，开始执行函数；函数执行结束返回时，还要执行指令传递函数返回值、恢复主调函数的执行现场并将控制转移回主调函数。所有这些指令都降低了程序的执行速度。也就是说，函数调用会带来额外的开销，降低程序的执行速度。

如果一个函数非常短而且在程序中需要频繁调用，那么对空间的节省并不明显，而多次函数调用所付出的代价却十分显著。那么该如何解决上述矛盾呢？方法是使用内联函数。

可以使用关键字 inline 把一些功能简单、规模较小并且需要频繁调用的函数定义为内联函数。语法如下：

```
inline 返回值类型 函数名(形参列表)
{
   函数体;
}
```

例如：

```
inline int max(int num1,int num2)
{  if(num1 > num2)   return num1;
   else   return num2;
}
```

C++编译器处理内联函数调用的方法是：**把内联函数的函数体直接嵌入到发生函数调用的地方，以取代函数调用语句，而不进行常规的函数调用**。

使用内联函数既可以达到代码重用的目的，也可以避免函数调用时的额外开销，提高程序的执行速度。但是需要注意，不要把较长的函数、包含循环语句和 switch 语句的函数定义为内联函数,这样的函数即使被定义为内联函数,C++编译器也不会把它们作为内联函数来处理。

5.6 递归函数

递归是一种解决问题的数学方法。例如,可以用递归方法求正整数 n 的阶乘 $n!$。$n!$ 的递归定义如下:

$$n! = \begin{cases} n \times (n-1)! & (\text{当 } n > 0 \text{ 时}) \quad (5.1) \\ 1 & (\text{当 } n = 0 \text{ 时}) \quad (5.2) \end{cases}$$

以上两式给出了 $n!$ 的递归定义。当 n 大于 0 时,$n! = n \times (n-1)!$;同理 $(n-1)! = (n-1) \times (n-2)!$;……这是一个**回溯**的过程,目的是把规模较大的问题逐步化简为**相同类型的**规模较小的问题。当 n 等于 0 时,$n! = 0$,这时就回到了源头,这是**回溯终止的条件**,也就是说,当问题足够小时,可以容易地得到问题的解,从而终止回溯。根据式(5.1)可以从 $0!$ 递推出 $1! = 1 \times 0! = 1$,再从 $1!$ 推出 $2!$,……,最后求出 $n!$。这是一个**递推**的过程,从小问题的解逐步推出规模较大的问题的解,最后得到原始问题的解。可以看到,用递归的方法解决问题主要包含回溯和递推两个过程。

C++使用递归函数解决递归问题。**如果一个函数直接或间接地调用了函数自己,则这个函数就是递归函数**。例如,可以定义一个求 n! 的递归函数 fac。

```
long fac ( int n)
{
   if(n == 0) return 1;
   else   return n * fac (n - 1);        //递归调用函数本身
}
```

图 5.11 中以 n=4 为例,模拟函数 fac 的调用过程,揭示递归函数的执行原理。

图 5.11 中的矩形表示一次函数调用,矩形间向下的箭头从主调函数指向被调函数,矩形右侧水平方向的箭头表示一次函数调用结束后返回到主调函数。从图中可以看出,每一次递归函数调用执行结束后,总是返回到函数中调用它的地方继续向后执行。

递归函数的逐级调用就是从繁到简的回溯过程;而到达回溯终止条件后,函数开始逐级返回,这是由简到繁的递推过程。

例 5.9 编写一个函数判断一个字符串的子串是否是回文字符串,回文字符串是指从左向右读和从右向左读都一样的不含空格的字符串。函数有三个参数,一个字符数组用来存储字符串,两个整型参数分别表示子串的起始位置和结束位置。

分析:设函数 int pal(char[] ch,int s,int e)是判断回文的函数。每次执行时,首先判断 ch[s]和 ch[e]是否相等,若相等,则以字符数组 ch、整数 s+1 和 e−1 为参数进行递归调用;若不相等,说明子串不是回文字符串,返回 0。递归调用的终止条件是 $s \geq e$,说明子串是回文字符串,返回 1。

源程序如下。

```
#include < iostream >
using namespace std;
```

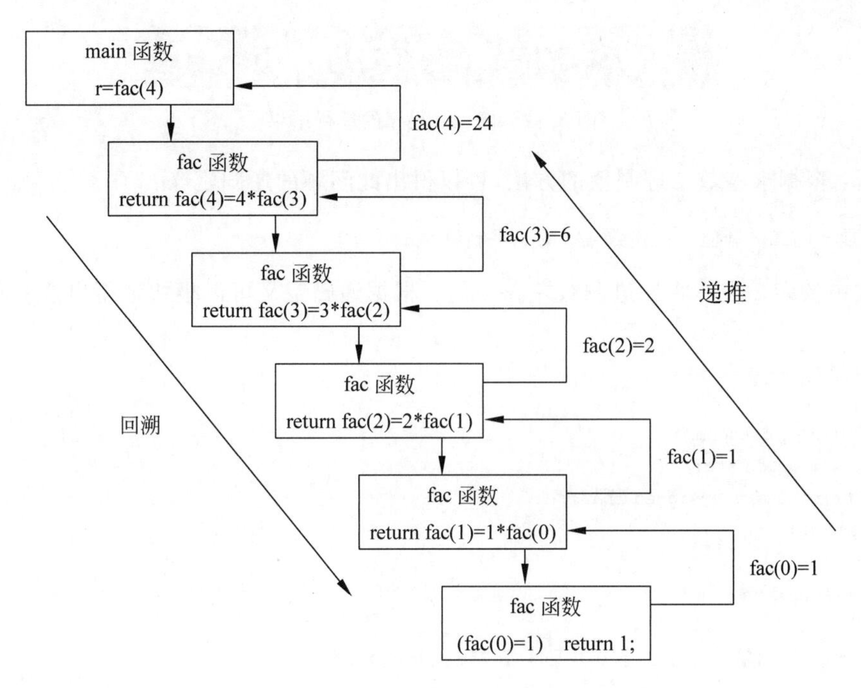

图 5.11 递归函数 fac 的调用过程

```
int pal(char a[], int s,int e);
int main()
{   char ch[100];
    int s,e;
    cout <<"请输入一行字符串: ";
    cin >> ch;
    cout <<"请输入两个不大于字符串长度的整数: ";
    cin >> s >> e;
    if(s >= e)
    {
        cout <<"输入错误\n"<< endl;
        return 0;
    }
    else if(pal(ch,s,e))
        cout <<"从第"<< s <<"个字符到第"<< e <<"个字符的子串是回文字符串\n";
    else
        cout <<"从第"<< s <<"个字符到第"<< e <<"个字符的子串不是回文字符串\n";
    return 1;
}
int pal(char a[], int s,int e)
{   if(s >= e)   return 1;
    else if(a[s] == a[e]) return pal(a,s + 1,e - 1);
    else return 0;
}
```

例 5.9 程序的运行结果如图 5.12 所示。

例 5.10 编写一个递归函数,输出一个单字节正整数 n 的二进制值。

```
请输入一行字符串: qwertyuioppoiuytrasf
请输入两个不大于字符串长度的整数: 5 14
从第5个字符到第14个字符的子串是回文字符串
```

图 5.12　例 5.9 程序的运行结果

分析：根据求整数二进制值的方法，可以得出此问题的递归定义：

正整数 n 的二进制值 = 正整数 n/2 的二进制值 × 2 + n % 2

上式中的乘 2 表示将二进制数左移 1 位。根据递归定义可以很快地得出这个问题的递归算法。

源程序如下。

```
#include <iostream>
using namespace std;
void printBinary(unsigned char);
void main()
{
    unsigned char ch;
    int i;
    cout <<"请输入一个大于 0 并且小于 256 的正整数: ";
    cin >> i;
    if(i > 0&&i < 256)
    {
        ch = i;
        cout <<"正整数"<<(int)ch <<"的二进制值为:";
        printBinary(ch);
        cout << endl;
    }
    else
        cout <<"您输入的整数不在规定范围!"<< endl;
}
void printBinary(unsigned char n)        //递归函数,输出正整数 n 的二进制值
{
    if(n!= 0)
    {
        printBinary(n/2);                /* 用 n/2 为参数递归调用本函数,输出 n/2 的二进制值 */
        cout <<(int)n % 2;               //输出 n 的二进制值的最右边一位
    }
}
```

递归函数 printBinary 输出参数 n 的二进制值。递归调用的终止条件是 n=0，当 n≠0 时，先以 n/2 为参数递归调用本函数输出 n/2 的二进制值，再输出 n 的二进制值的最右一位 n%2。例 5.10 程序的运行结果如图 5.13 所示。

```
请输入一个大于0并且小于256的正整数: 66
正整数66的二进制值为:1000010
```

图 5.13　例 5.10 程序的运行结果

请读者思考，能否将递归函数 printBinary 中的语句 printBinary(n/2)；和 cout << (int)n%2；交换位置？如果将它们交换位置，将输出什么？

例 5.11 汉诺塔问题。有 A、B、C 三根柱子,在 A 柱上套着 n 个盘子,盘子的大小互不相同,且大盘在下小盘在上,如图 5.14(a)所示。现在要借助 B 柱子把这 n 个盘子从 A 柱移动到 C 柱,如图 5.14(b)所示。移动的规则是: ①每次只能移动一个盘子; ②移动中的任何时刻,在三个柱上的盘子必须大盘在下、小盘在上。请找出最佳的移动步骤。

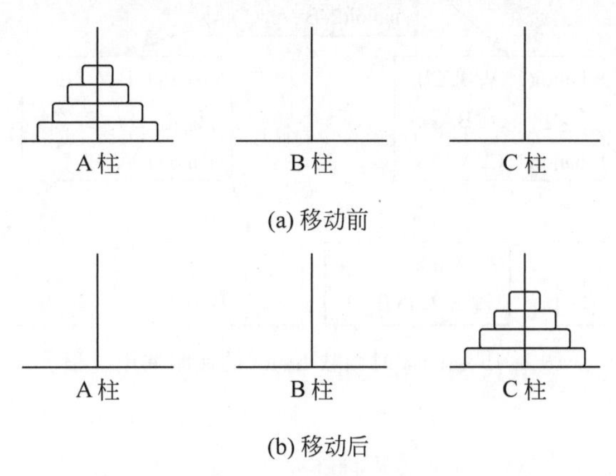

图 5.14 汉诺塔问题

分析: 把 n 个盘子从 A 柱借助 B 柱移动到 C 柱可以分为以下三个步骤进行。

(1) 把 A 柱上面的(n−1)个盘子从 A 柱借助 C 柱移动到 B 柱;

(2) 把 A 柱上剩下的一个盘子移动到 C 柱;

(3) 把 B 柱上的(n−1)个盘子借助 A 柱移动到 C 柱。

以上三步采用递归的方法对问题进行了分解。而递归终止条件应该是 n 等于 1,即 1 个盘子可以从 A 柱直接移动到 C 柱。

通过上面的分析,可以容易地写出移动盘子的函数。

```
void hanoi(int n,char a,char b,char c)
{
    if(n == 1) cout << a <<" to "<< c << endl;
    else
    {
        hanoi(n - 1,a,c,b);
        cout << a <<" to "<< c << endl;
        hanoi(n - 1,b,a,c);
    }
}
```

函数的参数 n 存储盘子个数,三个字符型的参数 a、b、c 用来存储代表三个柱子的大写字母'A''B''C'; 函数 hanoi 中首先判断是否满足递归调用的终止条件(n==1),如果满足条件,则把 a 柱上的一个盘子直接移动到 c 柱上,函数运行结束,返回到上次调用处继续执行; 如果不满足递归终止条件,则按上面的分析分三步进行,其中包含两次递归调用。以 n=4 为例,函数递归调用的过程如图 5.15 所示。

图 5.15 中的矩形代表一次函数调用,箭头代表函数调用的方向,箭头末端是函数调用语句,箭头指向调用的函数。图 5.15 中的标号①②…⑦代表程序输出的顺序,即移动盘子的顺序。完整的程序代码如下。

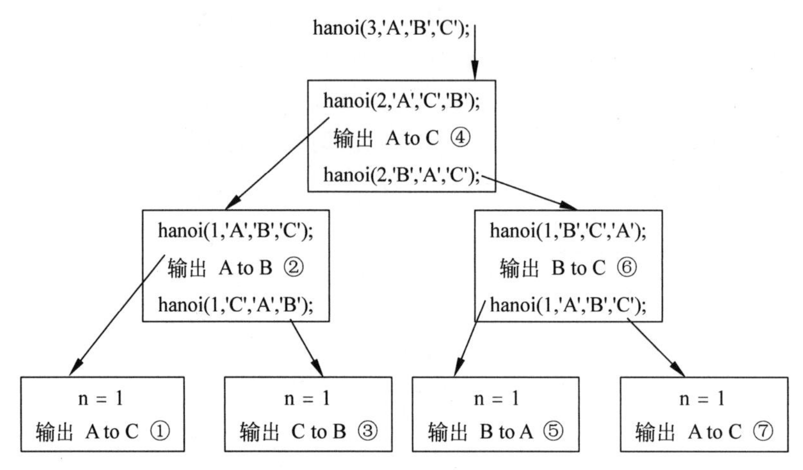

图 5.15 n=3 时函数 hanoi 的递归调用过程

```
#include <iostream>
using namespace std;
void hanoi(int n,char a,char b,char c);
void main()
{
    int n;
    cout <<"请输入盘子的个数: ";
    cin >> n;
    cout <<"移动盘子的步骤如下: \n";
    hanoi(n,'A','B','C');
}
void hanoi(int n,char a,char b,char c)
{
    if(n == 1) cout << a <<" to "<< c << endl;
    else
    {
        hanoi(n - 1,a,c,b);
        cout << a <<" to "<< c << endl;
        hanoi(n - 1,b,a,c);
    }
}
```

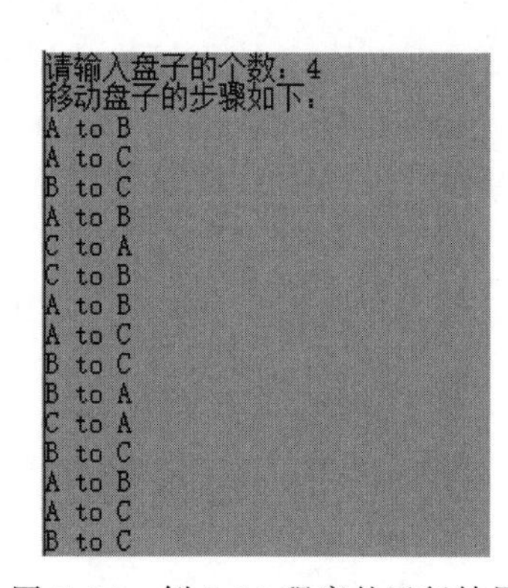

图 5.16 例 5.11 程序的运行结果

例 5.11 程序的运行结果如图 5.16 所示。

5.7 参数的默认值

可以在定义或声明函数时,为其参数指定默认值。则在调用函数时,可以传递参数,也可以不传递参数;如果没有传递参数,则在函数中使用参数的默认值。

例 5.12 参数默认值。

```
#include <iostream>
using namespace std;
```

```
const float PI = (float)3.14159;
float area(float radius = 1.0);
void main()
{
    float radius;
    cout <<"请输入圆的半径: ";
    cin >> radius;
    if(radius == 0.0)
        cout <<"半径为 1 的圆的面积为: "<< area()<< endl;
    else
        cout <<"半径为"<< radius <<"的圆的面积为: "<< area(radius)<< endl;
}
float area(float radius)
{
    return PI * radius * radius;
}
```

程序中声明函数 area 时指定其参数 radius 的默认值是 1.0。main 函数中提示用户输入圆的半径,如果用户的输入值为 0,则调用函数 area 时不传递实参,这时函数 area 使用参数 radius 的默认值。程序运行结果如图 5.17 所示。

```
请输入圆的半径: 0
半径为1的圆的面积为: 3.14159
```

图 5.17 例 5.12 程序的运行结果

注意: *必须按照从右向左的顺序为函数的参数声明默认值,即在具有默认值的参数的右边不能有不带默认值的参数。这是因为 C++ 编译器在编译函数调用时,总是按从左向右的顺序匹配实参和形参。例如,下边的函数声明语句是错误的。*

```
void fun1(int val1 = 1, int val2);
void fun2(int val1 = 1, int val2, int val3 = 3);
```

5.8 指针函数和函数指针

5.8.1 指针函数

如果一个函数的返回值是指针类型,则称为指针函数。定义指针函数的语法为:

```
数据类型 * 函数名(形参列表)
{
  函数体;
}
```

用指针作为函数的返回值的好处是:可以从被调函数向主调函数返回大量的数据。

需要注意:**不要把函数内在“栈”中创建的局部变量的指针作为函数的返回值**。因为随着函数运行结束,在“栈”中创建局部变量都将被自动销毁,存储它们的内存空间被系统回收以作他用。如果将指向这些局部变量的指针返回主调函数,则该指针就指向了一块未知的内存空间,对该指针的操作将导致严重的后果。

例 5.13 不要把“栈”中局部变量的指针作为函数返回值。

```
#include <iostream>
using namespace std;
int * fun();
void main()
{
    int * ptr;
    ptr = fun();
    cout <<" * ptr =  "<< * ptr << endl;
}
int * fun()
{
    int varinStack;              //在"栈"中创建变量
    int * ptr = &varinStack;
    * ptr = 5;
    cout <<" * ptr =  "<< * ptr << endl;
    return ptr;
}
```

这段程序虽然可以正常地编译、运行,但却存在严重的逻辑错误。因为变量 varinStack 是一个在“栈”中定义的函数局部变量,函数 fun 运行结束后,变量 varinStack 其实已不存在,而它的指针却被返回给 main 函数,在 main 函数中操作该指针容易引发严重的后果。读者可以运行程序并观察运行结果。

虽然不能返回“栈”中的局部变量的指针,但是可以把函数中使用 new 操作符在“堆”中动态创建的变量的指针作为函数的返回值。因为在“堆”中创建的变量只要不使用 delete 操作符释放其存储空间,它就一直存在。

例 5.14 把“堆”中变量的指针作为函数返回值。

```
#include <iostream>
using namespace std;
int * fun();
void main()
{
    int * ptr;
    ptr = fun();
    cout <<" * ptr =  "<< * ptr << endl;
    delete ptr;
}
int * fun()
{
    int * ptr = new int;              //在"堆"中动态创建变量
    * ptr = 5;
    cout <<" * ptr =  "<< * ptr << endl;
    return ptr;
}
```

本例中的程序对例 5.13 中的程序稍做修改,函数 fun 中采用 new 操作符在“堆”中动态创建了一个整型变量,并将该变量的指针作为函数的返回值。例 5.14 程序的运行结果如图 5.18 所示。

```
*ptr= 5
*ptr= 5
```

图 5.18 例 5.14 程序的运行结果

那么能否把函数的静态局部变量的指针作为指针函数的返回值呢?请读者思考。

5.8.2 函数指针

指针不仅可以指向变量,还可以指向函数,**指向函数的指针称为函数指针**。定义函数指针的语法如下:

```
数据类型( * 指针名)(形参列表);
```

其中,数据类型代表指针所指函数的返回值类型,形参列表是指针所指函数的形参列表。例如:

```
int ( * fptr)(int,int);
```

上边的语句定义了一个函数指针 fptr,它可以指向带两个整型参数且返回值类型为整型的任意函数。

定义了函数指针后,就可以为它赋值,使它指向某个特定的函数,给函数指针赋值的语法如下:

```
函数指针名 = 函数名;
```

因为函数名代表存储函数的内存地址,所以给函数指针赋值时不需要取地址运算符 &。

函数指针指向某个函数后,就可以像使用函数名一样使用函数指针来调用函数了。

例 5.15 使用函数指针调用函数。

```
#include <iostream>
using namespace std;
float areaofRectangle(float width,float height);
float areaofTriangle(float heml,float height);
void main()
{
    float ( * fptr)(float,float);             //定义函数指针 fptr
    float area,worh,height;
    cout <<"请输入矩形的宽和高: ";
    cin >> worh >> height;
    fptr = areaofRectangle;                   //指向函数 areaofRectangle
    area = fptr(worh,height);                 //使用函数指针调用函数 areaofRectangle
    cout <<"矩形面积为: "<< area << endl;
    cout <<"请输入三角形的底和高: ";
    cin >> worh >> height;
    fptr = areaofTriangle;                    //指向函数 areaofTriangle
    area = fptr(worh,height);                 //使用函数指针调用函数 areaofTriangle
    cout <<"三角形面积为: "<< area << endl;
}
float areaofRectangle(float width,float height)
```

```
{
    return width * height;
}
float areaofTriangle(float heml,float height)
{
    return (heml * height)/2;
}
```

例 5.15 程序运行结果如图 5.19 所示。

```
请输入矩形的宽和高：10 5
矩形面积为：50
请输入三角形的底和高：10 5
三角形面积为：25
```

图 5.19 例 5.15 程序的运行结果

5.8.3 用函数指针作为函数的参数

可以把函数指针作为参数传递给另一个函数,这提供了一种把算法作为参数传递的有效途径。

现在假设要为某个企业设计一个计算员工薪水的程序,企业中有 3 类不同的员工：工人、销售人员和研发人员。计算他们薪水的方法各不相同,工人按工时数计算薪水,每个工时的薪水是 50 元；销售人员的薪水由两部分组成,第一部分是基本工资 2000 元,第二部分是销售提成,按他们销售的每件产品提成 10 元来计算；研发人员的薪水也由两部分组成,第一部分是基本工资 3000 元,第二部分是按工时数发的奖金,每工时奖励 15 元。可以设计三个函数分别计算三种员工的薪水,函数原型如下。

```
double forSale(int num);        //计算销售人员的薪水
double forWork(int num);        //计算工人的薪水
double forSc(int num);          //计算研发人员的薪水
```

注意：虽然以上三个函数各自的实现算法不同,但它们的原型是一致的——都有一个 int 型参数,返回值都是 double 型的值。这就为设计算法提供了方便。可以设计一个通用的函数 calculate 来计算员工的薪水,该函数的一个参数是函数指针。在计算不同类型的员工薪水时,可以通过函数指针把不同的计算薪水的函数传递给 calculate,在函数 calculate 内部再通过函数指针去调用计算函数。这样做的好处是：函数 calculate 对于企业中不同类型的员工是通用的,当企业中增加了新的类型的员工时,只需为这种新类型的员工编写计算薪水的函数,而类似函数 calculate 这种通用的代码是完全不需要修改的。函数 calculate 的原型如下：

```
double calculate(int num, double( * ptf)(int));
```

函数 calculate 的第二个参数是一个函数指针,第一个参数是传递给通过该指针所调用的函数的参数。完整的程序如例 5.16 所示。

例 5.16 用函数指针作为函数的参数。

```
#include< iostream >
```

```
using namespace std;
double forSale(int num)
{
    double salary;
    salary = 10.0 * num + 2000;
    return salary;
}
double forWork(int num)
{
    double salary;
    salary = 50.0 * num;
    return salary;
}
double forSc(int num)
{
    double salary;
    salary = num * 15.0 + 3000;
    return salary;
}
double calculate(int num, double( * ptf)(int))
{
    return ptf(num);
}
void main()
{
    double salary;
    int num,choice;
    double( * ptf)(int num);
    while (true)
    {
        cout << "1.销售人员\n";
        cout << "2.工人\n";
        cout << "3.研发人员\n";
        cout << "0.退出程序\n";
        cout << "请输入您的选择: ";
        cin >> choice;
        switch (choice)
        {
        case 1:
            cout << "请输入销售员销售的产品个数: ";
            cin >> num;
            ptf = forSale;
            salary = calculate(num, ptf);
            cout << "您的薪水是: " << salary << endl;
            break;
        case 2:
            cout << "请输入工人的工作时数: ";
            cin >> num;
            ptf = forWork;
            salary = calculate(num, ptf);
            cout << "您的薪水是: " << salary << endl;
```

```
                break;
            case 3:
                cout << "请输入研发人员的工作时数: ";
                cin >> num;
                ptf = forSc;
                salary = calculate(num, ptf);
                cout << "您的薪水是: " << salary << endl;
                break;
            case 0:
                cout << "退出程序!\n";
                break;
            }
            if (choice == 0)
                break;
        }
    }
```

程序主函数 main 用一个 while 循环输出一个菜单,程序的用户根据自己的类型做出选择。例如,如果用户是工人类型的员工,则输入整数 2;如果是销售人员,则输入 1;如果要退出程序,则输入 0。程序根据用户的输入,使用函数指针 ptf 指向不同的计算工资函数,然后再把该函数指针作为参数传递给函数 calculate。函数 calculate 使用传入的函数指针和 int 型参数 num 调用不同的函数来计算不同类型员工的薪水。例 5.16 程序的运行结果如图 5.20 所示。

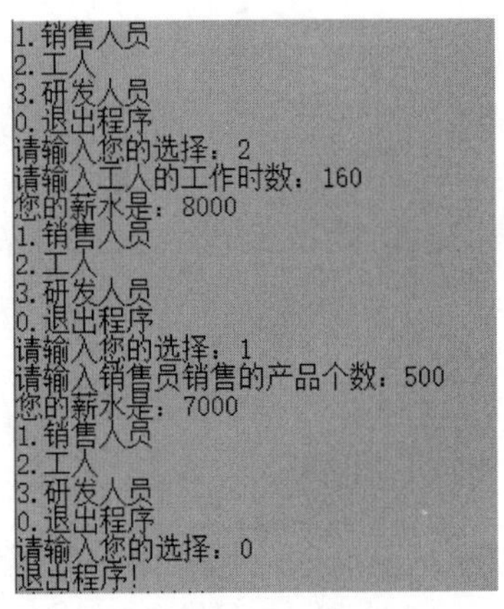

图 5.20 例 5.16 程序的运行结果

5.9 函数重载

在例 5.1 中定义了一个函数 max,用于比较两个 int 型数的大小。现在如果要创建一组函数,分别找出两个 short 型整数、两个 long 型整数、两个 float 型实数、两个 double 型实数、三个 int 型数、三个 float 型实数、……、中的最大值。可以看出,它们是一组功能相近的函数。为了区分它们,可以给它们取各不相同的函数名,例如,比较两个 int 型数的函数取名为 imax2、比较三个 int 型数的函数取名为 imax3、比较两个 float 型数的函数取名为 fmax2、……但这样做会给编程带来不便,因为编程者必须记忆大量的函数名。解决问题的方法是**函数重载**。

C++允许在相同的作用域中定义函数名相同但参数形式不同的多个函数,参数形式不同是指:要么参数的类型不同,要么参数的个数不同。这样的编程技术称为函数重载,这组同名的函数称为重载的函数。例如,下面是三个重载的 max 函数,分别找出两个 int 型数、两个 float 型数和三个 int 型数中最大的一个。

```
int max(int num1, int num2)
{
    return (num1 > = num2)? num1:num2;
```

```
}
float max(float num1,float num2)
{
    return (num1 >= num2)? num1:num2;
}
int max(int num1,int num2,int num3)
{
    return (max(num1,num2)>= num3)? max(num1,num2):num3;
}
```

调用重载函数时，C++编译器根据实参的类型和实参的个数找到匹配的重载函数进行调用。例如：

```
float fmax,f1,f2;
…
fm = max(f1,f2);
```

上边的语句 fm=max(f1,f2)；调用重载函数 max，由于 f1 和 f2 是两个 float 型变量，所以编译器选择函数 float max(float num1,float num2)进行调用。

使用重载函数时应注意以下几点。

(1) 重载的函数应具有类似的功能，例如，上边定义的一组重载函数 max 都返回两个或三个数中较大的一个。如果两个函数的功能区别很大，则不应定义为重载函数。

(2) 只能以参数的类型来重载函数，而不能以函数返回值的类型来重载函数。例如，若按下面的方式重载 max 函数，则会产生编译错误。

```
int max(int num1,int num2);
float max(int num1,int num2);
```

(3) 不能用形参的名字来重载函数。例如，下边的重载声明也是错误的。

```
int max(int num1,int num2);
int max(int n1,int n2);
```

(4) 如果形参为引用类型或指针类型，则可以使用关键字 const 来重载函数。例如，下边的重载声明是正确的。

```
int max(int &num1,int &num2);
int max(const int &num1,const int &num2);
```

原因请读者思考。

例 5.17 使用重载函数。

```
#include <iostream>
using namespace std;
int max(int num1,int num2);
float max(float num1,float num2);
int max(int num1,int num2,int num3);
void main()
{
    int i1,i2,i3;
```

```
    float f1,f2;
    cout <<"请输入两个整数: ";
    cin >> i1 >> i2;
    cout <<"两个整数中较大的一个是: "<< max(i1,i2)<< endl;
    cout <<"请输入两个实数: ";
    cin >> f1 >> f2;
    cout <<"两个实数中较大的一个是: "<< max(f1,f2)<< endl;
    cout <<"请输入三个整数: ";
    cin >> i1 >> i2 >> i3;
    cout <<"三个整数中最大的一个是: "<< max(i1,i2,i3)<< endl;
}
int max(int num1,int num2)
{
    return (num1 > = num2)? num1:num2;
}
float max(float num1,float num2)
{
    return (num1 > = num2)? num1:num2;
}
int max(int num1,int num2,int num3)
{
    return (max(num1,num2)> = num3)? max(num1,num2):num3;
}
```

例 5.17 程序的运行结果如图 5.21 所示。

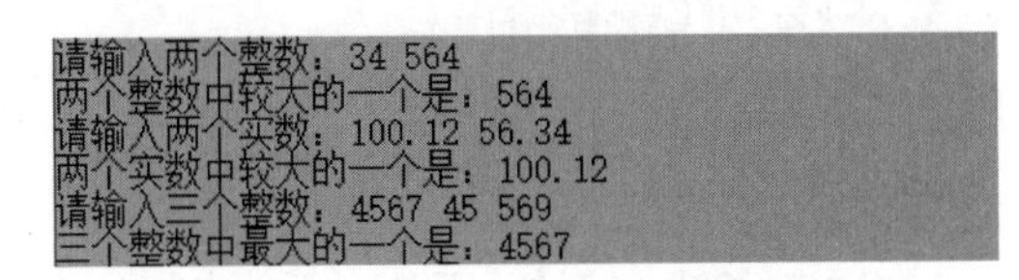

图 5.21　例 5.17 程序的运行结果

5.10　函数模板

5.9 节中学习了函数重载技术,以下利用重载技术定义几个函数。

```
int max(int num1,int num2)      //返回两个 int 型参数中较大的一个
{
    int themax;
    themax = (num1 > = num2)? num1: num2;
    return themax;
}
float max(float num1,float num2)          //返回两个 float 型参数中较大的一个
{
    float themax;
    themax = (num1 > = num2)? num1: num2;
    return themax;
}
double max(double num1,double num2)       //返回两个 double 型参数中较大的一个
```

```
{
   double themax;
   themax = (num1 >= num2)? num1: num2;
   return themax;
}
```

仔细观察这组重载函数,不难发现,函数中除了函数返回值、形参和局部变量的数据类型不同外,其他的语句内容完全相同。也就是说,这组函数是将相同的算法应用于不同的数据类型。但在编程时,却不得不给出每一个函数的实现,把相同的语句书写了多遍,降低了编程的效率。那么能否用一个函数来取代这一组函数呢? 回答是能。C++提供了函数模板技术来解决这类问题。

函数模板就是将具体函数中的数据类型参数化,即用通用的参数取代函数中具体的数据类型,从而形成一个通用模板来代表数据类型不同的一组函数。定义函数模板的语法如下:

```
template <class T1,class T2, … ,class Tn>
返回值类型 函数名(用模板参数取代具体类型的形参列表)
{
  用模板参数取代具体数据类型的函数体;
}
```

其中,template 和 class 是定义模板函数时必须使用的 C++关键字,class 也可以用关键字 typename 代替。template 后的尖括号称为模板参数列表;其中的 T1,T2,…,Tn 称为模板参数——参数化的数据类型。函数的返回值类型、形参的数据类型和局部变量的数据类型可以是具体数据类型,也可以是模板参数类型。每一个模板参数在函数定义中应至少使用一次。

现在在程序中,就可以用下面的函数模板取代上面的一组 max 函数。

```
template <class T>
T max(T num1, T num2)
{
   T themax;
   themax = (num1 >= num2)? num1: num2;
   return themax;
}
```

在这个函数模板中,用模板参数 T 取代具体数据类型创建了一个通用的函数模板。

可以看到,一个函数模板可以代表一组函数,这就极大地增强了程序代码的重用性,提高了编程效率。

那么,函数模板是怎样转换成具体函数的呢? 结合下面的例子来进行说明。

例 5.18 定义和使用函数模板。

```
#include <iostream>
using namespace std;
template <class T>
T max(T num1, T num2);          //声明函数模板
void main()
```

```
{
    int i1,i2,imax;
    float f1,f2,fmax;
    cout <<"请输入两个整数：";
    cin >> i1 >> i2;
    imax = max(i1,i2);
    cout <<"两个整数中较大的一个是："<< imax << endl;
    cout <<"请输入两个实数：";
    cin >> f1 >> f2;
    fmax = max(f1,f2);
    cout <<"两个实数中较大的一个是："<< fmax << endl;
}
template < class T >
T max(T num1, T num2)
{
   T themax;
   themax = (num1 > = num2)? num1: num2;
   return themax;
}
```

C++编译器在编译函数调用语句时，用实参的数据类型取代函数模板中的模板参数创建一个具体的函数，并对其进行编译。例如，在上面的程序中，当编译器编译语句 imax=max(i1,i2)；时，就用实参 i1 和 i2 的数据类型——int 取代函数模板中的参数 T，创建一个具体的函数用来返回两个整型参数中较大的一个：

```
int max(int num1,int num2)     {
   int themax;
   themax = (num1 > = num2)? num1: num2;
   return themax;
}
```

编译器编译这个函数并实现调用。当编译语句 fmax=max(f1,f2)；时，由于实参 f1 和 f2 为 float 型变量，所以编译器用 float 取代函数模板中的模板参数 T，再次创建了一个具体的函数来返回两个 float 型参数中较大的一个：

```
float max(float num1,float num2)  {
   float themax;
   themax = (num1 > = num2)? num1: num2;
   return themax;
}
```

编译器编译这个函数并实现本次调用。

例 5.18 程序的运行结果如图 5.22 所示。

```
请输入两个整数：100 200
两个整数中较大的一个是：200
请输入两个实数：43.76 150.34
两个实数中较大的一个是：150.34
```

图 5.22　例 5.18 程序的运行结果

5.11 lambda 函数

lambda 函数又称为 lambda 表达式，是 C++ 11/C++ 14 引入的一种新的元素。它本质上是一种匿名函数。使用 lambda 函数的好处是可以用简洁的程序语句完成强大的函数功能。

5.11.1 定义和使用 lambda 函数

定义一个 lambda 函数的语法形式如下：

```
[捕获列表](参数列表)->返回值类型{函数体;};
```

其中：

(1) 捕获列表：是一个可能为空的列表，作用是指明定义 lambda 函数的作用域中的哪些对象(包括变量、常量等)可以在 lambda 函数中使用，以及它们在 lambda 函数中的存在方式是值的拷贝还是变量的引用。

(2) 参数列表：是 lambda 函数的参数列表，形式和普通函数的参数列表相同。如果一个 lambda 函数没有参数，则小括号中为空，也可以省略小括号。

(3) ->返回值类型：lambda 函数定义中的这部分内容表示函数的返回值类型，是可以省略的。因为编译器可以根据函数的内容自动推定函数的返回值类型。

(4) {函数体;}：花括号中是 lambda 函数的函数体。

例如：

```
auto f1 = [](int i,int j) -> int{ return i > j? i:j;};
auto f2 = [](int i,int j){ return i > j? i:j;};
```

上面两条语句定义了两个 lambda 函数 f1 和 f2，它们的功能是相同的，都是返回两个整型参数中较大的一个。必须使用关键字 auto 来定义 lambda 函数。

这样定义之后，可以使用下面的语句来调用它们。

```
int max = f1(10,15);
int max = f2(10,15);
```

例 5.19 定义一个 lambda 函数，返回两个整型参数中较大的一个。

```
#include <iostream>
using namespace std;
void main()
{
    int max, one, tow;
    cout << "请输入两个整数：";
    cin >> one >> tow;
    auto f = [](int i, int j) -> int { return i > j ? i : j;};
    max = f(one, tow);
    cout << "两个整数中比较大的是" << max << endl;
}
```

上面程序中先定义了一个 lambda 函数 f,然后用两个整型变量作为参数调用该函数。例 5.19 程序的运行结果如图 5.23 所示。

```
请输入两个整数: 10 20
两个整数中比较大的是20
```

图 5.23　例 5.19 程序的运行结果

5.11.2　lambda 函数的捕获列表

定义 lambda 函数时,方括号[]中的内容称为捕获列表,它的作用是确定 lambda 函数所在的作用域中的哪些对象(包括变量或常量)能在 lambda 函数中使用,以及它们在 lambda 函数中是值的拷贝还是变量的引用。以下是 lambda 函数捕获列表的使用方式。

(1) []: 捕获列表为空,意味着在 lambda 函数中不能使用其外层作用域中的任何对象。

(2) [&]: 表示在 lambda 函数中可以以引用的方式使用其外层作用域中的所有局部对象。

(3) [=]: 表示在 lambda 函数中可以以值的拷贝的方式使用其外层作用域中的所有局部对象。

(4) [a,&b]: 显式地捕获 a 和 b,表示在 lambda 函数中可以以值的拷贝(传值)的方式使用其外层作用域中的对象(变量)a,可以以引用的方式使用其外层作用域中的对象(变量)b。

(5) [this]: 表示在 lambda 函数中可以以值传递的方式使用 this 指针。关于 this 指针的相关内容,将在后续章节中介绍。

(6) [&,a,b]: 表示在 lambda 函数中可以以值传递的方式使用其外层作用域中的变量 a 和 b,以引用的方式使用其外层作用域中其他所有对象。

(7) [=,&a,&b,&c]: 表示在 lambda 函数中可以以引用的方式使用其外层作用域中的变量 a、b 和 c,以传值的方式使用其外层作用域中其他所有对象。

例如,对于例 5.19 中的程序,可按如下几种方式对定义和调用 lambda 函数的两条语句进行修改,修改后程序的功能不变。

(1)
```
auto f = [&]() {return one > tow ? one : tow;};
max = f();
```

(2)
```
auto f = [ = ]() {return one > tow ? one : tow;};
max = f();
```

(3)
```
auto f = [&one, tow]() {return one > tow ? one : tow;};
max = f();
```

第(1)种修改方式的捕获列表为 &,表示在 lambda 函数中可以以引用的方式访问其外层作用域中定义的局部变量 one 和 tow。

第(2)种修改方式的捕获列表为=,表示在 lambda 函数中可以以值的拷贝的方式访问其外层作用域中定义的局部变量 one 和 tow。即在 lambda 函数中存在变量 one 和 tow 的值的拷贝。

第(3)种修改方式的捕获列表为[&one, tow],它显式地指出,在 lambda 函数中可以以引用的方式访问其外层作用域中定义的局部变量 one,且 lambda 函数中存在其外层作用域中定义的局部变量 tow 的拷贝。

上面这三种修改方式都使得可以不用为 lambda 函数传递参数，故 lambda 函数的参数列表为空。例 5.20 是使用上述第(2)种方式对例 5.19 的程序所做的修改。

例 5.20 使用 lambda 函数的捕获列表。

```
#include <iostream>
using namespace std;
void main()
{
    int max, one, tow;
    cout << "请输入两个整数: ";
    cin >> one >> tow;
    auto f = [ = ]() {return one > tow ? one : tow;};
    max = f();
    cout << "两个整数中比较大的是" << max << endl ;
}
```

5.11.3 lambda 函数作为函数的参数

lambda 函数本身可以作为其他函数的参数，这种功能类似于函数指针(5.8.3 节)。但是用 lambda 函数实现比用函数指针更加简洁，效率更高。

使用 lambda 函数作函数参数的一个关键问题是：被调函数的参数形式。即什么类型的形式参数可以接收一个作为实参的 lambda 函数。常用的解决方法有以下两种。

(1) 把被调函数设计成模板函数，用模板参数作为形式参数接收作为实参的 lambda 函数。这种方法就是让编译器去自行推定参数类型，比较简单。

对于例 5.16 中的计算员工薪水的程序，可做下述修改。

首先把例 5.16 程序中的通用函数 calculate 设计成一个模板函数。在原来的程序中，它的一个形参是函数指针。下面是修改前和修改后的 calculate 函数的代码。

修改前的 calculate 函数代码：

```
double calculate(int num, double( * ptf)(int))
{
    return ptf(num);
}
```

修改后的 calculate 函数代码：

```
template < typename F >
double calculate(int num, F f)
{
    return f(num);
}
```

下一步把原程序中分别计算三种不同类型员工薪水的三个函数 forSale、forWork 和 forSc 设计成三个 lambda 函数，并把它们作为参数直接传递给函数 calculate。

修改后程序的完整代码如例 5.21 所示。

例 5.21 修改例 5.16 中的程序,使用 lambda 作为参数,实现计算员工薪水的功能。

```
#include <iostream>
using namespace std;

template <typename F>
double calculate(int num, F f)        //..........................................................(1)
{
    return f(num);                    //.......................................................... (2)
}
void main()
{
    double salary;
    int num, choice;
    double(*ptf)(int num);
    while (true)
    {
        cout << "1.销售人员\n";
        cout << "2.工人\n";
        cout << "3.研发人员\n";
        cout << "0.退出程序\n";
        cout << "请输入您的选择: ";
        cin >> choice;
        switch (choice)
        {
        case 1:
            cout << "请输入销售员销售的产品个数: ";
            cin >> num;
            salary = calculate(num, [](int n) ->double { return 10.0 * n + 2000; });//....(3)
            cout << "您的薪水是: " << salary << endl;
            break;
        case 2:
            cout << "请输入工人的工作时数: ";
            cin >> num;
            salary = calculate(num, [](int n) ->double { return 50.0 * n;}); //...........(4)
            cout << "您的薪水是: " << salary << endl;
            break;
        case 3:
            cout << "请输入研发人员的工作时数: ";
            cin >> num;
            salary = calculate(num, [](int n) { return n * 15.0 + 3000; }); //............(5)
            cout << "您的薪水是: " << salary << endl;
            break;
        case 0:
            cout << "退出程序!\n";
            break;
        }
        if (choice == 0)
            break;
    }
}
```

上面程序中注释为(3)(4)和(5)的三条语句用 lambda 函数作为实参，把它们传递给注释为(1)的模板函数 calculate。函数 calculate 使用参数 f 接收 lambda 函数，并调用它们计算不同类型员工的工资，再把计算结果作为函数的返回值返回给 main 函数。调用 lambda 函数的语句注释为(2)。程序的功能和例 5.16 中程序的功能完全相同。但和原来的程序相比，修改后的程序更加简洁，执行效率更高。

(2) 第二种在函数中接收作为实参的 lambda 函数的方法是使用 C++ 11 新引进的 function 类。function 类是一个模板类，本书到目前为止还没有涉及有关类的内容，在此读者只需了解怎样使用 function 类的对象引用 lambda 函数和作为函数的形参接收 lambda 函数，以及使用 function 类的对象调用 lambda 函数的方法。有关模板类的相关内容将会在后续章节介绍。

类是由程序员自己定义的一种抽象数据类型，类的对象相当于这种类型的一个变量。类和对象的关系类似于结构体类型和结构体变量之间的关系。

C++ 11 新引入了一个类 function，它是一个在名字空间 std 中定义的模板类。该类的对象称为可调用对象，一个可调用对象可以被绑定到任意一个特定的函数，只要这个函数的声明形式符合可调用对象的声明形式，通过该对象即可调用它绑定到的函数。例如：

```
function< double(int)>  f1;
```

上面的语句定义了一个 function 类的对象 f1，该对象可以被绑定到的函数都必须具有以下的形式：函数的返回值为 double 类型，函数有一个 int 型的形式参数。再如：

```
function< void(double, int)>  f2;
```

上面的语句定义了一个 function 类的对象 f2，该对象可以被绑定到的函数都必须具有以下的形式：函数没有返回值（void 型），函数有两个形式参数，第一个形参的类型为 double，第二个形参的类型为 int。

定义了 function 对象之后，就可以把该对象绑定到某个特定的函数，假设程序中声明了两个函数 fun1 和 fun2，下面是这两个函数的原型声明：

```
double fun1(int);
void fun2(double, int);
```

则可以把前面定义的 function 类的对象 f1 和 f2 绑定到这两个函数：

```
f1 = fun1;
f2 = fun2;
```

接下来，就可以使用对象 f1 和 f2 去调用函数 fun1 和 fun2 了：

```
double re = f1(100);
f2(12.34,100);
```

可以将 function 类的对象绑定到一个 lambda 函数，然后再使用该对象调用该 lambda 函数。例如：

```
f1 = [](int n) -> double{ return 10.5 * n;};
double lr = f1(10);
```

function 类的对象还可以作为函数的形参接收作为实参的 lambda 函数。

例 5.22 修改例 5.21 中的程序,使用 function 类的对象作为函数的形式参数接收作为实参的 lambda 函数。

本程序只需对例 5.21 中的程序稍做修改,在例 5.21 程序中,函数 calculate 被定义为一个模板函数,其第二个参数的数据类型由模板参数指定。在本例程序中,函数 calculate 不是模板函数,且它的第二个参数是一个 function 类的对象,用来接收从主调函数传递来的 lambda 函数,并在函数 calculate 中,使用这个 function 类的对象去调用作为实参的 lambda 函数。完整的程序代码如下。

```
#include <iostream>
#include <functional>
using namespace std;
double calculate(int num, function<double(int)> f)  //..................................(1)
{
    return f(num);              //.......................................................... (2)
}
void main()
{
    double salary;
    int num, choice;
    while (true)
    {
        cout << "1.销售人员\n";
        cout << "2.工人\n";
        cout << "3.研发人员\n";
        cout << "0.退出程序\n";
        cout << "请输入您的选择: ";
        cin >> choice;
        switch (choice)
        {
        case 1:
            cout << "请输入销售员销售的产品个数: ";
            cin >> num;
            salary = calculate(num, [](int n) -> double { return 10.0 * n + 2000; }); //....(3)
            cout << "您的薪水是: " << salary << endl;
            break;
        case 2:
            cout << "请输入工人的工作时数: ";
            cin >> num;
            salary = calculate(num, [](int n) -> double { return 50.0 * n;}); //............(4)
            cout << "您的薪水是: " << salary << endl;
            break;
        case 3:
            cout << "请输入研发人员的工作时数: ";
            cin >> num;
            salary = calculate(num, [](int n) { return n * 15.0 + 3000; }); //.............(5)
            cout << "您的薪水是: " << salary << endl;
            break;
        case 0:
```

```
                cout << "退出程序!\n";
                break;
            }
            if (choice == 0)
                break;
        }
    }
```

和例 5.21 中的程序相比,本例中的程序只做了两点细微的修改。

(1) 把函数 calculate 从模板函数修改为普通函数。

(2) 例 5.21 程序中,函数 calculate 的第二个形式参数的数据类型是模板参数 F,而本例的程序中,函数 calculate 的第二个形式参数是 function 类的一个对象。

例 5.16、例 5.21 和例 5.22 这三个程序使用三种不同的技术,实现完全相同的功能。例 5.16 使用函数指针来传递函数型参数,并实现函数回调;例 5.21 使用模板函数结合 lambda 函数来实现同样的功能;而例 5.22 则使用 lambda 函数结合 function 类来实现。相比于函数指针,后两种方法更加简单明了,逻辑清晰。

5.12 具有可变长参数的函数

C++ 11 引入了定义和调用具有可变长参数函数的方法,这种函数可以接收可变数量的参数,且不同参数的数据类型也可以不同。C++ 11 使用模板函数来定义这种具有可变长参数的函数,为了定义这种函数,C++ 11 还引入了一个新的操作符和两个新的程序元素。下面分别介绍。

(1) 元操作符:元操作符用一个省略号…来表示,表示具有 0 或多个参数的参数包。

(2) 模板参数包:是由 0 个或多个模板参数组成的参数包。

(3) 函数参数包:是由 0 个或多个参数组成的参数包。

C++ 11 用函数参数包来表示可变长的参数,用模板参数包表示这些参数的相应的数据类型。例如:

```
template < typename… Args >
void display(Args… args)
{
  //函数要显示每个参数的值,但是怎么得到这些参数呢?
}
```

上面的程序语句定义了一个模板函数,该函数的所有参数的数据类型都被包含在模板参数包 Args 中,而该函数的所有参数都包含在函数参数包 args 中。该函数就是一个具有可变长参数的模板函数。

定义了具有可变长参数的函数后,面临的一个问题是:在函数内部怎样展开函数参数包,并获取其中的每个参数呢?

函数递归调用是解决这个问题的一个有效方法。可把上面的函数定义形式稍做变形,得到下面的定义形式。

```
template < typename T, typename… Args >
```

```
void display(T t, typename… args)
{
   cout << t << ","
   display(args…);
}
```

上面的语句同样定义了一个具有可变长参数的模板函数,和前面不同的是,这个函数在声明模板参数时把表示第一个参数(最左边的参数)的数据类型的模板参数 T 从模板参数包 Args 中分离出来,单独声明;同时,在函数的参数列表中,也把函数的第一个参数 t 从函数参数包 args 中分离出来,单独声明。这样定义的好处是,在函数内部,可以首先处理函数的第一个参数(最左边的参数),本例中是输出它的值;然后再用剩下的参数作为一个完整的参数包对本函数进行递归调用;下次递归调用又会处理剩下的参数中最左边的一个,依此顺序不断地进行递归调用,直到参数包中的参数个数为 1 个,这时程序要做的是输出这个参数的值,然后结束递归调用。也就是说,还需要为该函数设计一个重载的版本,这个重载函数只包含一个模板参数,当参数包中只有一个参数时,编译器就会自动调用这个重载函数,输出参数的值,然后退出函数,终止递归。程序用它作为函数递归调用的终点。下面是这个重载的模板函数的代码。

```
template < typename T >
void display(T t)
{
    cout << t << endl;
}
```

例 5.23 设计具有可变长参数的函数,输出所有参数的值。

```
#include < iostream >
using namespace std;
template < typename T, typename… Args >
void display(T t, Args… args)
{
    cout << t << ",";
    display(args…);
}
template < typename T >
void display(T t)
{
    cout << t << endl;
}
void main()
{
    display(12.5, 50, 'a', "Hello");
}
```

程序在 main 函数中使用了 4 个不同类型的参数调用了模板函数 display。例 5.23 程序的运行结果如图 5.24 所示。

例 5.24 要求设计一个具有可变长参数的函数,所有的参数都具有相同的数据类型,该函数返回这些参数的累加和。

```
12.5,50,a,Hello
```

图 5.24 例 5.23 程序的运行结果

算法思想：根据本节前面介绍的设计具有可变长参数函数的方法可知：

(1) 本函数应该是一个模板函数。

(2) 由于要使用可变长参数，所以在函数中要使用模板参数包和函数参数包。

(3) 为了能用递归调用的方法展开函数参数包，函数的模板参数列表和函数参数列表都应由两个部分组成：第一部分是调用函数时，传递给函数的最左边的参数；第二部分是代表可变长参数的模板参数包和函数参数包。

(4) 所有参数的累加和＝第一个参数(最左边的参数)＋其他参数的累加和。

(5) 当调用函数的参数个数只剩一个的时候，参数的累加和就是该参数本身。

根据以上 5 步分析，可以设计出如下的两个重载函数。

第一个重载函数：用参数包表示可变长参数的递归函数 sum，代码如下。

```
template < typename T,typename… Args >
T sum(T t, Args… args)
{
    return t + sum(args…); //对自己的递归调用,累加和 = 第一个参数 + 其他参数的累加和
}
```

第二个重载函数：是只有一个模板参数的重载函数 sum，它是第一个函数递归调用的终点。代码如下。

```
T sum(T t)
{
    return t;
}
```

下面是程序的完整代码。

```
#include < iostream >
using namespace std;
template < typename T,typename… Args >
T sum(T t, Args… args)
{
    return t + sum(args…);
}
template < typename T >
T sum(T t)
{
    return t;
}
void main()
{
    int sui;
    sui = sum(1, 2, 3);
    cout <<"三个整数的和为: "<< sui << endl;
    sui = sum(1, 2, 3, 4, 5);
```

```
    cout << "五个整数的和为: "<< sui << endl;
    double sux;
    sux = sum(2.3, 1.4, 5.0);
    cout << "三个浮点数的和为: "<< sux << endl << endl;
}
```

程序在 main 函数中分别用 3 个整数、5 个整数和 3 个浮点数作为参数调用了重载函数 sum。例 5.24 程序的运行结果如图 5.25 所示。

```
三个整数的和为: 6
五个整数的和为: 15
三个浮点数的和为: 8.7
```

图 5.25 例 5.24 程序的运行结果

小结

函数是一组语句的集合,用来完成某种特定功能。使用函数的根本目的是代码重用。5.1 节介绍了定义和调用函数的方法。

调用函数时可以同时向函数传递参数。C++传递参数的方式有两种：传值传递和引用传递。在使用传值传递时,实参把值复制给形参,形参是实参的一个副本;使用引用传递时,形参是实参的别名。

在函数或复合语句中定义的变量称为局部变量。局部变量包括自动局部变量和静态局部变量(定义时使用关键字 static),自动局部变量具有局部作用域和动态生存期;静态局部变量具有局部作用域和静态生存期。程序中在任何函数之外定义的变量叫作全局变量。全局变量具有全局作用域,它的生存期就是程序的整个运行期。

函数被调用时,系统在"栈"中为其开辟一块存储空间,存放函数的形式参数、非静态(自动)局部变量、函数调用时的现场信息和返回地址。函数运行结束时,这块空间被系统销毁。

关键字 inline 用来声明内联函数。编译器处理内联函数调用的方法是：将函数体中的语句直接嵌入到函数调用的地方,而不进行常规的函数调用。使用内联函数既可以达到代码重用的目的,也可以避免函数调用带来的额外开销。但是不能把较长的函数声明为内联函数,因为这样做容易使目标程序的体积急剧增大。

如果一个函数直接或间接地调用了它自己,则称这样的函数为递归函数。设计递归函数时,首先要给出问题的递归定义,然后再推导出相应的递归函数。

可以给函数的形参指定默认值。对于指定了默认值的形参,如果函数调用时没有给该形参传递实参,则使用默认值作为该参数的值。应按照从右向左的顺序指定参数的默认值。

如果一个函数的返回值为指针类型,则称函数为指针函数。

可以定义指向函数的指针,并通过函数指针调用所指向的函数。

函数重载就是在同一个作用域中定义名字相同但参数形式不同的多个函数。参数的形式不同是指参数的类型或个数不同。调用重载函数时,编译器根据实参的类型和个数选择匹配的函数加以调用。

关键字 template 用于创建函数模板。函数模板就是将函数中使用的数据类型参数化,以建立一个通用的函数。一个函数模板代表一组函数,这组函数是将相同的算法应用于不同的数据类型。调用函数模板时,编译器会根据实参的数据类型创建具体的函数并加以调用。

习题

5.1 程序设计中使用函数的主要目的是什么?

5.2 什么是形式参数?什么是实际参数?它们有什么联系?

5.3 函数的返回值有什么作用?怎样声明没有返回值的函数?

5.4 什么是主调函数?什么是被调函数?它们有什么联系?

5.5 什么是函数原型?为什么要使用函数原型?

5.6 声明一个函数 add,实现两个整数相加,并返回它们的和。

5.7 编写程序,在 main 函数中从键盘输入两个整数,调用上题中编写的 add 函数计算并返回两个数的和。

5.8 编写一个没有返回值的函数,该函数有一个字符型的形式参数,该函数使用这个形参字符绘制一个倒三角形。例如,如果形参字符为'a',则输出的图形如下:

```
aaaaaaaaa
 aaaaaaa
  aaaaa
   aaa
    a
```

5.9 编写程序,在 main 函数中分别从键盘输入 3 个字符,并以它们为实参分别调用上题中编写的函数,绘制 3 个倒三角形。

5.10 编写一个函数,用来计算并返回矩形的面积。该函数有两个 float 型的形参,分别表示矩形的长和宽。

5.11 编写一个函数 intfrac,该函数的功能是将一个 float 型形参切分成整数部分和小数部分。在 main 函数中从键盘输入一个 float 型变量 var,以 var 为实参调用 intfrac 函数,函数调用结束返回到 main 函数后,再分别输出变量 var 的整数部分和小数部分。

5.12 声明一个存储学生信息的结构体类型 Student,其中包含表示学生姓名、学号、性别、年龄的成员 name、num、sex 和 age。编写一个函数 InFromKeyB,用来从键盘向结构体 Student 型的变量输入一个学生的信息。在 main 函数中定义一个包含 10 个元素的 Student 型数组,并分别以每个数组元素为参数调用函数 InFromKeyB 输入学生的信息。最后在 main 函数中输出学生的信息,检查输入是否正确。

5.13 怎样声明内联函数?内联函数和非内联函数的区别是什么?

5.14 编写一个递归函数,将一个任意位数的整数的各位按逆序输出。例如,输入整数 1234,应输出字符串“4321”。

5.15 编写一个递归函数 Gcd,返回整数 X 和 Y 的最大公约数。Gcd 函数的递归定义如下:

$$\mathrm{Gcd}(X,Y)=\begin{cases}X & (\text{如果 } Y=0)\\ \mathrm{Gcd}(Y,X\%Y) & (\text{如果 } Y\neq 0)\end{cases}$$

5.16 编写一个函数 strcon。函数的原型如下：

```
void strcon(char * sp1, char * sp2);
```

该函数将字符串 sp2 连接到字符串 sp1 之后,连接后的字符串存放在 sp1 中。要求在 main 函数中输入和输出字符串。

5.17 编写一个函数 strbac。函数原型如下：

```
void strbac(char * sp);
```

该函数将字符串 sp 逆序排列。要求在 main 函数中输入和输出字符串。

5.18 以下声明的函数原型是否正确？为什么？

```
void fun(int v1 = 1,float v2,float v3 = 2.0);
```

5.19 找出下面函数中的错误,并进行修改。

```
int * fun()
{
    int i = 100;
    return &i;
}
```

5.20 编写程序,使用函数指针调用习题 3.6 中声明的 add 函数。

5.21 请设计 3 个重载的 add 函数,分别实现两个整数、两个单精度浮点数和两个双精度浮点数相加的运算。并在 main 函数中分别调用它们。

5.22 设计一个模板函数 add,实现两个相同类型形式参数的求和运算,并返回和数。在 main 函数中分别用两个整数、两个单精度浮点数和两个双精度浮点数作为参数调用该模板函数。

第6章 类和对象(上)

从本章开始学习面向对象程序设计的核心概念——类和对象。

6.1 面向对象程序设计概述

面向对象程序设计方法的出发点和基本原则是：尽可能模拟人类的思维方式，使软件开发的过程尽可能地与人类认识问题和解决问题的过程相一致，使描述问题的问题域模型和实现解法的解域模型尽可能一致。

传统的、面向过程的结构化程序设计方法是以算法为核心，把数据和操作它们的方法相分离，例如，要编写软件描述现实世界中的实体——汽车，现实世界中的实体通常具有两方面的属性——静态特征(静态属性)和行为特征(动态属性)，结构化程序设计的做法是，首先使用一组数据描述汽车的静态特征，例如行驶速度、载重量、价格等；同时还要设计一组方法(函数)描述汽车的行为特征，例如，汽车的启动、转弯、制动等。这种做法忽略了数据和操作之间的内在联系，设计出的软件的解空间模型和问题空间模型不一致，既难以理解又不利于实现代码重用。

面向对象的程序设计方法以对象为核心，**对象是对现实世界实体的正确的抽象，它是由描述实体静态特征的数据，以及描述实体行为特征的操作，封装在一起构成的统一体**。用面向对象方法实现的软件由对象组成，对象间通过传递消息相互联系。同样是上边的例子，在程序中可以使用对象来描述现实世界中的汽车，其中封装了描述汽车静态特征的数据和描述其行为特征的函数。这样做使解空间模型和问题空间模型相一致，既可以使程序容易理解，也可以最大限度地实现代码重用。

在面向对象程序设计方法中，使用类来描述对象的属性。**类是一种抽象数据结构，是对一类具有共同属性的对象的描述，其中封装了描述对象静态特征的数据和描述对象行为特征的函数。类是创建对象的模板，对象是类的具体实例**。类是抽象的，对象是具体的。例如，在创建汽车对象之前，首先应该创建描述汽车对象属性的类——汽车类。

面向对象程序设计方法具有四个基本特征：抽象、封装、继承和多态。

抽象是人们认识问题和描述问题的过程和手段。采用面向对象的方法开发程序时，首先要分析问题空间实体，根据待解决的问题提取出其本质属性并加以描述形成程序中的类。这个过程就是抽象的过程。

在面向对象程序设计中，封装具有两重含义。第一是指把数据和操作数据的方法进行封装形成一个实体——对象。第二是指类可以为其成员设定访问权限,以实现数据隐藏;在类的外部不能访问类的私有的或保护的成员;类提供公有接口和外部通信。

面向对象中的继承是指可以从已有的类派生出新的类,这里把已有的类称为基类或父类,把新类称为派生类或子类。通过继承,子类自动获得了父类的全部属性,同时子类又具有自己特有的、新的属性;所以子类是对父类的扩展。使用继承可以最大限度地利用已有的程序代码,以实现代码重用。

面向对象方法中的多态是指向不同的对象发送相同的消息时,这些对象会给出不同的响应,导致不同的行为。这里给对象发送消息指的是调用对象的成员函数,C++中的多态是通过子类覆盖父类的虚成员函数实现的。

6.2 创建类

类是一种抽象数据结构,用来描述对象的属性,其中包含描述对象静态特征的数据成员和描述对象行为特征的函数成员。要在程序中创建一个类需要分为两步:定义类和实现类的成员函数。

6.2.1 定义类

定义类的语法形式如下:

```
class 类名
{
  public:
        定义类的公有成员;
  private:
        定义类的私有成员;
  protected:
        定义类的保护成员;
};
```

其中,class 是 C++关键字,用在这里代表一个类;类名是一个标识符,编程者可以根据所要描述的实体为类命名;类名后面由花括号括住的部分称为类体,其中包含类成员的定义;类体中关键字 public、private、protected 用来定义类成员的存取权限,在关键字 public 后定义的类成员是类的公有成员,可以在类外对其进行访问;在关键字 private 后定义的类成员是类的私有成员,不可以在类外对其进行访问;在关键字 protected 后定义的类成员是类的保护成员,不可以在类外对其进行访问,但可以在该类的子类中对其进行访问。有关类成员的访问权限将在以后章节详细介绍。

下面通过几个简单的例子来学习如何定义类。

例 6.1 定义一个代表几何图形——圆的类,类中要提供计算圆的面积和周长的方法。

问题分析:一个圆是由圆心坐标和圆的半径唯一确定的,所以应该把圆心坐标和半径定义为圆类的数据成员;然而,问题描述中并没有要求提供绘制圆对象或移动圆对象的方法,所以可以暂时不考虑圆心坐标,而只需将圆的半径定义为类的数据成员。问题描述中要求类中要提供计算圆的面积和周长的方法,所以圆类中要定义两个成员函数,分别计算圆的面积和圆的半径。圆类的定义如下所示。

```
class Circle
{
  public:
        float radius;          //定义圆的半径
        float area();          //定义求面积的成员函数
        float perimeter();     //定义求周长的成员函数
};
```

例 6.2 定义一个表示日期的类,类中要提供显示日期的方法。

问题分析:表示日期的类中应包含三个数据成员分别代表年、月、日;根据问题描述需要在类中定义一个成员函数来显示当前日期。日期类的定义如下所示。

```
class Date
{
  public:
      int year;                //数据成员,表示年
      int month;               //数据成员,表示月
      int day;                 //数据成员,表示日
      void displayDate();      //成员函数,用来显示日期
};
```

例 6.3 创建一个表示时间的类,类中需提供显示时间的方法。

问题分析:根据问题描述,类中应包含三个数据成员,分别表示时、分、秒;类中还应包含显示时间的成员函数。时间类的定义如下所示。

```
class Time
{
  public:
      int hour;                //数据成员,表示小时
      int minute;              //数据成员,表示分钟
      int second;              //数据成员,表示秒
      void displayTime();      //成员函数,用来显示时间
};
```

定义类时需要注意,不要丢失最后的分号。

6.2.2 类的实现

6.2.1 节定义的类中,只给出了类的成员函数的声明,并未给出成员函数的定义,这时的类还不完整,为了获得完整的类,还必须在类体外对成员函数进行定义,这个过程称为类的实现。定义成员函数的语法形式如下。

```
返回值类型 类名::成员函数名(形式参数列表)
{
  函数体;
}
```

从上面的语法形式可以看出,定义类的成员函数和定义普通函数的区别是:成员函数名前要使用类名加域解析操作符::来限定该函数为这个类的成员函数。

下面分别给出6.2.1节中定义的类的实现,构成完整的类。

例6.4 完整的Circle类。

```
class Circle
{
   public:
          float radius;          //定义圆的半径
          float area();          //定义求面积的成员函数
          float perimeter();     //定义求周长的成员函数
};
//以下为类的实现
float Circle::area()
{
   return radius * radius * 3.14159;
}
float Circle:: perimeter()
{
   return 2 * 3.14159 * radius;
}
```

例6.5 完整的Date类。

```
class Date
{
   public:
        int year;                 //数据成员,表示年
        int month;                //数据成员,表示月
        int day;                  //数据成员,表示日
        void displayDate();       //成员函数,用来显示日期
};
//以下是类的实现
void Date:: displayDate()
{
   cout << year << "年"<< month << "月"<< day << "日\n";
}
```

例6.6 完整的Time类。

```
class Time
{
   public:
        int hour;                 //数据成员,表示小时
        int minute;               //数据成员,表示分钟
        int second;               //数据成员,表示秒
        void displayTime();       //成员函数,用来显示时间
};
//以下是类的实现
void Time:: displayTime()
{
   cout << hour << ": "<< minute << ": "<< second << endl;
}
```

6.3 创建和使用对象

类是创建对象的模板,而对象是类的具体实例。类创建完成之后,就可以创建类的实例——对象了。定义对象的语法形式如下:

```
类名 对象名;
```

例如,下面的语句分别定义了Circle类、Date类和Time类的对象。

```
Circle c1,c2;       //定义两个 Circle 类对象 c1 和 c2
Date d;             //定义一个 Date 类对象 d
Time t1,t2;         //定义两个 Time 类对象 t1 和 t2
```

可以看到,定义对象的语法格式和定义内置类型变量的语法格式基本相同,只是在定义对象时用类名取代了定义内置类型变量时的内置类型名。**和普通的局部变量相同,以上面的语法格式定义的局部对象存储在存储器"栈"中;如果定义的是一个全局对象,则存储在程序的静态存储区中。**

定义了对象后,可以通过对象名加点操作符访问对象的公有(public)类型的成员。访问公有数据成员的语法形式如下:

```
对象名.公有数据成员名
```

访问公有函数成员的语法形式如下:

```
对象名.公有函数成员名(实参列表)
```

例如:

```
c1.radius = 10.0;                //把 10.0 赋值给对象 c1 的公有数据成员 radius
float areaofc1 = c1.area(); //调用对象 c1 的公有函数成员 area 计算 c1 的面积
d.year = 2007;                   //把 2007 赋值给对象 d 的公有数据成员 year
d.month = 10;                    //把 10 赋值给对象 d 的公有数据成员 month
d.day = 1;                       //把 1 赋值给对象 d 的公有数据成员 day
d. displayDate();                //调用对象 d 的公有成员函数 displayDate 显示 d 的当前时间
```

当一个对象调用成员函数时,成员函数内部直接使用成员名称访问该对象的其他成员。例如:

```
float areaofc1 = c1.area( );
```

上面的语句中,对象c1调用其成员函数area,则函数area中的语句:return radius * radius * 3.14159;中的radius代表对象c1的数据成员radius。

在多数情况下,可以像使用一个普通类型变量一样使用类的对象。例如,可以创建和使用对象数组;也可以将对象作为函数的参数。

例 6.7 创建并使用Circle类的对象计算圆的面积和周长。

```
#include <iostream>
using namespace std;
```

```
/* 以下是 Circle 类的定义和实现 */
…
/* 以上是 Circle 类的定义和实现 */
void main()
{
    Circle c;
    float areaOfc, perimeterOfc;

    cout <<"请输入圆的半径: ";
    cin >> c.radius;                    //从键盘输入对象 c 的数据成员 radius 的值
    if(c.radius < 0)
        cout <<"半径不能为负数!\n";
    else
    {
        areaOfc = c.area();             //调用对象 c 的成员函数 area 求圆的面积
        perimeterOfc = c.perimeter();  //调用对象 c 的成员函数 perimeter 求圆的周长
        cout <<"半径为"<< c.radius <<"的圆的面积为"<< areaOfc << endl;
        cout <<"半径为"<< c.radius <<"的圆的周长为"<< perimeterOfc << endl;
    }
}
```

由于 Circle 类的定义和实现已在例 6.4 中给出,为了节省篇幅,程序中将其省略了,请读者在运行程序时自己补上。程序的运行结果如图 6.1 所示。

```
请输入圆的半径: 10.0
半径为10的圆的面积为314.159
半径为10的圆的周长为62.8318
```

图 6.1 例 6.7 程序的运行结果

例 6.8 使用 Date 类和 Time 类的对象获取并显示当前时间。

说明:可以通过调用 C++系统函数 time 来获取当前时间;函数 time 返回 time_t 格式的系统当前时间;time_t 是系统定义的一种表示时间的类型,其实是一种长整数类型,但其表示时间的格式较难识别;所以还要调用系统函数 localtime_s 将其转换为一个 tm 类型的结构体变量;tm 结构体是由系统定义的表示时间的结构体类型,其中的成员 tm_year 中存放以 1900 年为起点的年份数,成员 tm_mon 中存放以 0 为起始的月份数,成员 tm_mday、tm_hour、tm_min 和 tm_sec 中分别存放日期、点、分、秒的值,可以分别读取它们并赋值给 Date 类和 Time 类的相应的数据成员。类型 time_t 和结构体 tm 都在系统文件 time.h 中定义,所以在程序的开始,要使用预编译指令 #include 引入该文件。

程序代码如下。

```
#include < iostream >
#include < time.h >
using namespace std;
//以下是 Date 类的定义
class Date
{
public:
    int year;                           //数据成员,表示年
    int month;                          //数据成员,表示月
```

```
    int day;                        //数据成员,表示日
    void displayDate();             //成员函数,用来显示日期
};
//以下是 Date 类的实现
void Date::displayDate()
{
    cout << year << "年" << month << "月" << day << "日\n";
}
//以下是 Time 类的定义
class Time
{
public:
    int hour;                       //数据成员,表示小时
    int minute;                     //数据成员,表示分钟
    int second;                     //数据成员,表示秒
    void displayTime();             //成员函数,用来显示时间
};
//以下是 Time 类的实现
void Time::displayTime()
{
    cout << hour << ": " << minute << ": " << second << endl;
}
void main()
{
    Date d;                         //定义 Date 类的对象 d
    Time t;                         //定义 Time 类的对象 t
    time_t timer;
    struct tm * tb = new tm();
    timer = time(NULL);
    localtime_s(tb,&timer);
/* 以上 4 条语句获取当前时间,并存放在 tm 类型的结构体变量中,指针 tb 指向该结构体变量 */
    d.year = tb->tm_year + 1900;    //获取当前年份并赋值给 d 的数据成员 year
    d.month = tb->tm_mon + 1;       //获取当前月份并赋值给 d 的数据成员 month
    d.day = tb->tm_mday;            //获取当前日期并赋值给 d 的数据成员 day
    t.hour = tb->tm_hour;           //获取当前小时值并赋值给 t 的数据成员 hour
    t.minute = tb->tm_min;          //获取当前分值并赋值给 t 的数据成员 minute
    t.second = tb->tm_sec;          //获取当前秒值并赋值给 t 的数据成员 second
    cout << "当前时间为: \n";
    d.displayDate();                //调用对象 d 的成员函数 displayDate 显示日期
    t.displayTime();                //调用对象 t 的成员函数 displayTime 显示时间
}
```

程序运行的结果如图 6.2 所示。

```
当前时间为:
2018年12月23日
16: 41: 17
```

图 6.2 例 6.8 程序的运行结果

6.4 类成员的访问控制

类的一个非常重要的功能就是,可以为其成员设定访问控制权限,以实现数据保护和数据隐藏。用来设定访问控制权限的 C++关键字主要有三个:public、private 和 protected。这三个关键字称为访问限定符,分别用来设定类的公有成员、私有成员和保护成员。

本章前面定义的类,其成员的访问控制权限全部由关键字 public 定义。以下修改例 6.4 中定义的 Circle 类,使用不同的访问限定符对其成员进行设定,并结合实例介绍类成员的访问控制权限。

例 6.9 使用不同的访问限定符设定 Circle 类的成员。

```
#include <iostream>
using namespace std;
class Circle
{
    public:
       float area();                  //声明求面积的公有成员函数
       float perimeter();             //声明求周长的公有成员函数
       bool setRadius(float r);       //声明设定半径的公有成员函数
       float getRadius();             //声明读取半径的公有成员函数
    private:
       float radius;                  //圆的半径定义为私有的数据成员

};
//以下为 Circle 类的实现
float Circle::area()
{
    return radius * radius * 3.14159;
}
float Circle::perimeter()
{
    return 2 * 3.14159 * radius;
}
bool Circle::setRadius(float r)
{
    if(r>=0)
    {
       radius = r;
       return true;
    }
    else
       return false;
}
float Circle::getRadius()
{
    return radius;
}
void main()
```

```
{
    Circle c;
    float r;
    cout <<"请输入圆的半径: ";
    cin >> r;
    if(!c.setRadius(r))
        cout <<"输入错误!圆的半径不能为负数!\n";
    else
    {
        cout <<"半径为"<< c.getRadius()<<"的圆的面积等于"<< c.area()<< endl;
        cout <<"半径为"<< c.getRadius()<<"的圆的周长等于"<< c.perimeter()<< endl;
    }
}
```

例 6.9 程序的运行结果如图 6.3 所示。

```
请输入圆的半径: 50.0
半径为50的圆的面积等于7853.98
半径为50的圆的周长等于314.159
```

图 6.3　例 6.9 程序的运行结果

6.4.1　类的公有成员

在类的定义中，出现在关键字 public 后面的所有类成员，即由访问限定符 public 设定的所有类成员都是类的公有成员。例如，例 6.9 中的函数成员 area、perimeter 等。

在程序的所有函数中都可以访问类的公有成员。

在类的成员函数中可以直接使用成员名访问类的公有成员；例如，在 6.2 节的例 6.4 中，radius 是 Circle 类的公有数据成员，则在类的成员函数 area 和 perimeter 中都使用成员名对其进行访问。

在外部函数（非类的成员函数）中，可以使用对象名加点操作符访问类的公有成员。例如，在 6.2 节的例 6.4 中，radius 是 Circle 类的公有数据成员，则 main 函数中的语句

```
c.radius = 10;
```

对 radius 赋值。

例 6.9 中，setRadius、getRadius、area、perimeter 都是 Circle 类的公有函数成员，则在 main 函数中可使用表达式 c.setRadius(r)、c.getRadius()、c.area()、c.perimeter()分别调用它们。

通常把类的部分成员函数设置为公有成员，作为和外部联系的接口。

6.4.2　类的私有成员

类的定义中，出现在关键字 private 后面的所有类成员，即由访问限定符 private 设定的类成员都是类的私有成员，例如例 6.9 中的数据成员 radius。

不能在类外直接访问类的私有成员，即只能在类的成员函数中访问私有成员，而不能在外部函数（非成员函数）中直接访问类的私有成员。例如，在例 6.9 中，不能在 main 函数中

使用下面的语句给对象 c 的私有数据成员 radius 赋值：

```
c.radius = 10.0;
```

如有必要，类可以提供接口以便在类外访问其私有成员。例如在例 6.9 中，Circle 类定义了公有的成员函数 setRadius，用来给私有成员 radius 赋值；而公有的成员函数 getRadius 用来读取 radius 的值。在 main 函数中分别调用它们来访问对象 c 的私有成员 radius。

通常应该把类的所有数据成员定义为私有成员，避免用户直接修改它们，以实现数据保护和数据隐藏。也可以定义私有的成员函数，供其他的成员函数使用。

6.4.3 类的保护成员

类的定义中，出现在关键字 protected 后面的所有类成员，即由访问限定符 protected 设定的类成员都是类的保护成员。

保护成员的访问控制权限与私有成员的访问控制权限相似，**也不能在外部函数（非成员函数）中直接访问类的保护成员；但有一点例外，即在派生类的成员函数中可以直接访问基类的保护成员。**

由于涉及类的继承，所以有关类的保护成员将在 8.3 节进一步讨论。

例 6.10 修改例 6.8，将 Date 类和 Time 类中的数据成员定义为私有成员。

问题分析：由于要把 Date 类和 Time 类中的数据成员定义为私有成员，所以要在类中定义公有的成员函数作为访问它们的接口；在 main 函数中调用这些接口来访问 Date 类对象和 Time 类对象的私有数据成员，以获取系统当前时间；一种更加符合封装思想的做法是，把获取当前时间的操作定义为类的成员函数。

程序代码如下。

```
#include <iostream>
#include <time.h>
using namespace std;
//以下是 Date 类的定义
class Date
{
public:
     bool setYear(int y);                 //设置 year 的成员函数
     bool setMonth(int m);                //设置 month 的成员函数
     bool setDay(int d);                  //设置 day 的成员函数
     int getYear();                       //读取 year 的成员函数
     int getMonth();                      //读取 month 的成员函数
     int getDay();                        //读取 day 的成员函数
     void getSystemDate();                //获取当前日期的成员函数
     void displayDate();                  //成员函数,用来显示日期
private:
     int year;                            //数据成员,表示年
     int month;                           //数据成员,表示月
     int day;                             //数据成员,表示日
};
```

```
//以下是 Date 类的实现
bool Date::setYear(int y)
{
    if (y>0)
    {
        year = y;
        return true;
    }
    else
        return false;
}
bool Date::setMonth(int m)
{
    if (m>0 && m<= 12)
    {
        month = m;
        return true;
    }
    else
        return false;
}
bool Date::setDay(int d)
{
    if (d>0 && ((month == 1) || (month == 3) || (month == 5) || (month == 7) || (month == 8)
        || (month == 10) || (month == 12)) && d<= 30)
    {
        day = d;
        return true;
    }
    else if (d>0 && ((month == 2) || (month == 4) || (month == 6) || (month == 9) || (month
== 11))
        && d<= 30)
    {
        day = d;
        return true;
    }
     else return false;
}

int Date::getYear()
{
     return year;
}
int Date::getMonth()
{
     return month;
}
int Date::getDay()
{
     return day;
}
```

```
void Date::getSystemDate()
{
    time_t timer;
    struct tm * tb;
    tb = new tm();
    timer = time(NULL);
    localtime_s(tb,&timer);
   /* 以上 5 条语句获取当前时间,并存放在 tm 类型的结构体变量中,指针 tb 指向该结构体变量.
   如果读者使用的是较早期的 C++编译器,例如 VC++ 6.0,可以使用下面 4 条语句替换以上的 5 条
   语句 */
    /* time_t timer;
    struct tm * tb;
    timer = time(NULL);
    tb = localtime(&timer); */
    year = tb->tm_year + 1900;      //获取当前年份并赋值给当前对象的数据成员 year
    month = tb->tm_mon + 1;         //获取当前月份并赋值给当前对象的数据成员 month
    day = tb->tm_mday;              //获取当前日期并赋值给当前对象的数据成员 day
}
void Date::displayDate()
{
    cout << year << "年" << month << "月" << day << "日\n";
}
//以下是 Time 类的定义
class Time
{
public:
    bool setHour(int h);            //设置 hour 的成员函数
    bool setMinute(int m);          //设置 minute 的成员函数
    bool setSecond(int s);          //设置 second 的成员函数
    int getHour();                  //读取 hour 的成员函数
    int getMinute();                //读取 minute 的成员函数
    int getSecond();                //读取 second 的成员函数
    void getSystemTime();           //获取当前时间的成员函数
    void displayTime();             //成员函数,用来显示时间
private:
    int hour;                       //数据成员,表示小时
    int minute;                     //数据成员,表示分钟
    int second;                     //数据成员,表示秒
};
//以下是 Time 类的实现
bool Time::setHour(int h)
{
    if (h >= 0 && h <= 23)
    {
        hour = h;
        return true;
    }
    else return false;
}
bool Time::setMinute(int m)
{
```

```
    if (m >= 0 && m <= 59)
    {
        minute = m;
        return true;
    }
    else return false;
}
bool Time::setSecond(int s)
{
    if (s >= 0 && s <= 59)
    {
        second = s;
        return true;
    }
     else return false;
}
int Time::getHour()
{
return hour;
}
int Time::getMinute()
{
     return minute;
}
int Time::getSecond()
{
     return second;
}
void Time::getSystemTime()
{
     time_t timer;
     struct tm *tb;
     tb = new tm();
     timer = time(NULL);
     localtime_s(tb,&timer);
    /*以上5条语句获取当前时间,并存放在tm类型的结构体变量中,指针tb指向该结构体变量.
    如果读者使用的是较早期的C++编译器,例如VC++ 6.0,可以使用下面4条被注释的语句代替以
    上的5条语句*/
     /*time_t timer;
     struct tm *tb;
     timer = time(NULL);
     tb = localtime(&timer);*/
     hour = tb->tm_hour;            //获取当前小时值并赋值给当前对象的数据成员hour
     minute = tb->tm_min;           //获取当前分值并赋值给当前对象的数据成员minute
     second = tb->tm_sec;           //获取当前秒值并赋值给当前对象的数据成员second
}
void Time::displayTime()
{
    cout << hour << ":" << minute << ":" << second << endl;
}
void main()
```

```
{
    Date d;                        //定义 Date 类的对象 d
    Time t;                        //定义 Time 类的对象 t
    d.getSystemDate();  //使用 d 调用 Date 类的成员函数 getSystemDate,获取当前日期
    t.getSystemTime();  //使用 t 调用 Time 类的成员函数 getSystemTime,获取当前时间
    cout << "当前时间为: \n";
    d.displayDate();               //调用对象 d 的成员函数 displayDate 显示日期
    t.displayTime();               //调用对象 t 的成员函数 displayTime 显示时间
}
```

程序中将 Date 类和 Time 类的数据成员都设置为私有成员,并创建了给它们赋值和读取它们的成员函数; Date 类的公有成员函数 getSystemDate 用于获得当前日期; Time 类的公有成员函数 getSystemTime 用于获得当前时间。例 6.10 程序的运行结果如图 6.4 所示。

```
当前时间为:
2018年12月23日
17: 0: 42
```

图 6.4　例 6.10 程序的运行结果

与例 6.8 相比较,Date 类和 Time 类中封装了更多的功能,而使用它们的 main 函数则更加简单、清晰。这种做法符合面向对象的封装原理。

6.5　内联的成员函数

在第 3 章中介绍过内联函数。通常把一些代码长度很短的,且需要被频繁调用的函数声明为内联函数。在调用内联函数时,编译器不进行常规的函数调用,而是将内联函数的函数体直接嵌入到函数被调用的地方。这样做,既可以达到代码重用的目的,也可以减少调用函数所需的时间开销,提高了程序的执行效率。

类的成员函数也可以是内联函数。把成员函数声明为内联函数有两种方法: 显式声明和隐式声明。

显式声明就是在定义成员函数时,使用关键字 inline 进行声明。例如,对于例 6.9 中的 Circle 类,可以将其中的成员函数 area 声明为内联函数。

```
inline float Circle::area()
{
  return radius * radius * 3.14159;
}
```

隐式声明就是不使用关键字 inline,而将成员函数的函数体直接放在类体之中,这样的成员函数也被认为是内联函数。例如,在定义圆类时,可直接将成员函数 area 的实现放在类体中,使其成为内联的成员函数。

```
class Circle
{   public:
        float area()              //将 area 定义为内联函数
        {  return radius * radius * 3.14159; }
```

```
        float perimeter();          //声明求周长的公有成员函数
        bool setRadius(float r);    //声明设定半径的公有成员函数
        float getRadius();          //声明读取半径的公有成员函数
    private:
        float radius;               //圆的半径定义为私有的数据成员

};
```

6.6　构造函数

通过前面介绍的简单类型变量可以知道,在定义简单变量时,可以同时初始化该变量。例如:

```
int i = 100;
float j(123.45);
```

那么对于类类型,能否像简单类型一样,在创建对象的同时,初始化其中的数据成员呢?例如,能否以下面的程序语句创建并初始化 Circle 类和 Date 类的数据成员呢?

```
Circle c(10.0);
Date d(2007,10,1);
```

要想进行这样的操作,就必须定义类的构造函数。

6.6.1　定义类的构造函数

类的构造函数是一种特殊的成员函数,在创建类的对象时,构造函数被编译器自动调用,用来初始化对象的数据成员。

声明类的构造函数需要遵循以下几点规则。

(1) 构造函数没有返回值,所以声明构造函数时,不需要声明返回值类型,甚至连关键字 void 都不需要。

(2) 构造函数的函数名必须和类名完全相同。

(3) 声明构造函数时,不能使用 static、const、virtual 等限定符。

(4) 构造函数可以被重载。也就是说,一个类可以有多个构造函数。

(5) 虽然构造函数可以是公有的、保护的或私有的,但通常应该将其声明为公有的(public)成员函数,否则就无法被编译器自动调用。

定义类的构造函数也和定义普通的成员函数一样,要在函数名前加上类名和域解析操作符::。

在下面的例子中,为 Circle 类添加构造函数,并验证在创建 Circle 类的对象时,构造函数被系统自动调用。

例 6.11　为 Circle 类添加构造函数。

```
#include < iostream >
using namespace std;
class Circle
```

```
{
    public:
        Circle(float r);                //声明类的构造函数
        float area();                   //声明求面积的公有成员函数
        float perimeter();              //声明求周长的公有成员函数
        bool setRadius(float r);        //声明设定半径的公有成员函数
        float getRadius();              //声明读取半径的公有成员函数
    private:
        float radius;                   //圆的半径定义为私有的数据成员

};
//以下为 Circle 类的实现
Circle::Circle(float r)                 //定义构造函数
{
    if(r > 0)
        radius = r;
    else
        radius = 0;
    cout <<"类的构造函数被调用!\n";
}
…
void main()
{
    Circle c1(10.0);                    //创建类的对象时构造函数被自动调用
    Circle c2(20.5);                    //创建类的对象时构造函数被自动调用
    cout << "c1.radius = " << c1.getRadius() << endl;
    cout << "c2.radius = " << c2.getRadius() << endl;
}
```

程序中黑体的部分是构造函数的声明和定义,限于篇幅省略了其他成员函数的实现,请读者自行添加。

可以看到,和普通的成员函数不同,构造函数没有返回值类型,甚至连关键字 void 都没有。

在构造函数体中,除了初始化圆对象的半径外,还添加了一条输出字符串的语句,一旦构造函数被编译器调用,就会向显示器输出字符串“类的构造函数被调用!”。

在 main 函数中创建了两个 Circle 类的对象 c1 和 c2,并分别用 10.0 和 20.5 初始化它们的数据成员 radius,构造函数应该被调用了两次。例 6.11 程序的运行结果如图 6.5 所示。

图 6.5 例 6.11 程序的运行结果

6.6.2 默认的构造函数

类的不带任何参数的构造函数叫作默认的构造函数。

如果定义一个类时,没有声明任何一个构造函数,则编译器会为该类自动生成一个默认的构造函数,由编译器生成的默认构造函数什么都不做。

一旦为类声明了一个构造函数,则编译器就不会自动生成默认的构造函数了。

那么编译器为什么要自动生成默认的构造函数呢？因为创建类的对象时,编译器一定要调用类的构造函数,也就是说,一个类至少应该有一个构造函数。所以,如果编程者没有声明类的构造函数,编译器会自动添加一个默认的构造函数。本节以前定义的类中都没有声明类的构造函数,之所以可以正确地创建对象,就是因为编译器为每个类都添加了默认的构造函数。

可以自行声明和定义默认的构造函数,使其完成所需的功能。

例6.12中,为Circle类添加了默认的构造函数,并使用它初始化对象。

例6.12　为Circle类添加默认的构造函数。

```
#include<iostream>
using namespace std;
class Circle
{
      public:
          Circle();                    //声明类的默认构造函数
          Circle(float r);             //声明类的构造函数
          float area();                //声明求面积的公有成员函数
          float perimeter();           //声明求周长的公有成员函数
          bool setRadius(float r);     //声明设定半径的公有成员函数
          float getRadius();           //声明读取半径的公有成员函数
      private:
          float radius;                //圆的半径定义为私有的数据成员

};
//以下为类的实现
Circle::Circle()                       //定义默认构造函数
{
    radius = 1.0;
    cout <<"类的默认构造函数被调用!\n";
}
Circle::Circle(float r)                //定义带参数的构造函数
{
    if(r > 0)
        radius = r;
    else
        radius = 0;
    cout <<"类的构造函数被调用!\n";
}
…
void main()
{
    Circle c1;                         //调用默认的构造函数
    Circle c2(20.5);                   //调用带参数的构造函数
    cout <<"c1.radius = "<< c1.getRadius()<< endl;
    cout <<"c2.radius = "<< c2.getRadius()<< endl;
}
```

程序中为Circle类添加了默认的构造函数,其功能是将对象的数据成员radius的值初始化为 1.0,并输出字符串“类的默认构造函数被调用!”,这是为了验证构造函数何时被调用。

main 函数中创建了两个 Circle 类的对象 c1 和 c2。定义对象 c1 时没有使用参数,所以调用默认的构造函数;定义对象 c2 时,使用参数 20.5 初始化数据成员 radius,所以调用带参数的构造函数。

限于篇幅省略了其他成员函数的实现,请读者自行添加。

例 6.12 程序的运行结果如图 6.6 所示。

```
类的默认构造函数被调用!
类的构造函数被调用!
c1.radius=1
c2.radius=20.5
```

图 6.6　例 6.12 程序的运行结果

在某些情况下,有必要为类定义默认的构造函数。例如,要以下面的语句定义一个 Circle 类的对象数组:

```
Circle cArray[10];
```

此时 Circle 类中必须有默认的构造函数。

6.6.3 带默认参数值的构造函数

和普通的函数一样,声明构造函数时,也可以为参数指定默认值。当创建对象时,如果没有给参数传递值,则使用默认的参数值。例 6.13 中再次改写 Circle 类,使其具有一个带默认参数值的构造函数。

例 6.13 为 Circle 类添加带默认参数值的构造函数。

```
#include <iostream>
using namespace std;
class Circle
{
    public:
        Circle(float r = 1.0);              //声明带默认参数值的构造函数
        float area();                       //定义求面积的公有成员函数
        float perimeter();                  //定义求周长的公有成员函数
        bool setRadius(float r);            //定义设定半径的公有成员函数
        float getRadius();                  //定义读取半径的公有成员函数
    private:
        float radius;                       //圆的半径定义为私有的数据成员

};
//以下为类的实现
Circle::Circle(float r)                     //定义带默认参数值的构造函数
{
    if(r > 0)
        radius = r;
    else
        radius = 0;
    cout <<"类的带默认参数值的构造函数被调用!\n";
}
```

```
…
void main()
{
    Circle c1;                          //使用默认值 1.0 初始化数据成员 radius
    Circle c2(20.5);                    //使用值 20.5 初始化数据成员 radius
    cout <<"c1.radius = "<< c1.getRadius()<< endl;
    cout <<"c2.radius = "<< c2.getRadius()<< endl;
}
```

程序中的 Circle 类只有一个带默认参数值的构造函数,语句 Circle c1;调用构造函数时没有传递参数,这时使用参数的默认值初始化 c1 的数据成员 radius。例 6.13 程序的运行结果如图 6.7 所示。

```
类的带默认参数值的构造函数被调用!
类的带默认参数值的构造函数被调用!
c1.radius=1
c2.radius=20.5
```

图 6.7 例 6.13 程序的运行结果

6.7 拷贝构造函数

在程序的运行过程中,经常需要用类的一个已经存在(定义)的对象去初始化一个正在创建(定义)的对象。例如,若 c1 是一个 Circle 类的对象,则下面的语句创建 Circle 类的另一个对象 c2,同时用对象 c1 初始化 c2,使对象 c2 是对象 c1 的一个副本。

```
Circle c2(c1);
```

或

```
Circle c2 = c1;
```

这时,编译器会自动地调用类的拷贝构造函数。

6.7.1 定义类的拷贝构造函数

拷贝构造函数是一种特殊的构造函数,其功能是用一个已经存在的类的对象初始化一个正在创建的同类对象。

声明拷贝构造函数的语法形式如下:

```
类名(类名 & 对象名);
```

例如:

```
Circle(Circle &c);
```

可以看到,拷贝构造函数的函数名也必须和类名完全相同;**而拷贝构造函数的形参必须是一个同类对象的引用。**

定义拷贝构造函数的语法形式如下:

```
类名::类名(类名 & 对象名)
```

```
{
  函数体;
}
```

例如,Circle类的拷贝构造函数定义如下:

```
Circle::Circle(Circle &c)
{
    radius = c.radius;
}
```

从上面的定义可以看出,拷贝构造函数的功能就是将作为参数传入的(已经存在的)对象的内容完全复制给当前正在创建的对象。对于Circle类而言,就是将作为参数传入的对象c的数据成员radius的值,复制给当前正在创建对象的数据成员radius。

我们已经知道,在程序中,当使用类的一个已经存在的对象初始化一个正在创建的同类对象时,拷贝构造函数会被自动调用。那么在程序运行过程中,有哪些情况需要用一个已经存在的对象去初始化一个正在创建的同类对象呢?换句话说就是,在哪些情况下,拷贝构造函数会被调用呢?

在以下三种情况下,拷贝构造函数会被编译器自动调用。

(1) 当用一个已经存在的对象初始化被定义的新对象时。

(2) 如果函数的参数为类的对象,而且参数的传递方式为传值传递,当发生函数调用时,相当于用实参对象初始化正在创建的形参对象,所以要调用拷贝构造函数。正是由于这个原因,拷贝构造函数本身的参数必须为引用类型,否则若拷贝构造函数的参数为值类型,则会引发对自身的无限次递归调用。

(3) 如果一个函数的返回值为类的对象,当函数执行结束返回主调函数时,由于返回对象是被调函数的局部变量,随着函数的执行结束,它也会被自动销毁,所以编译器会在主调函数中创建一个临时对象,用来存放函数返回对象的值;这个过程相当于用被调函数中的返回对象初始化正在创建的临时对象,所以需要调用拷贝构造函数。

例6.14演示了拷贝构造函数被调用的三种情况。

例6.14 为Circle类定义拷贝构造函数,并演示拷贝构造函数被调用的时机。

```
#include <iostream>
using namespace std;
class Circle
{
      public:
          Circle()                    //定义类的默认构造函数
          {  radius = 1.0; }
          Circle(float r);            //声明类的带参数的构造函数
          Circle(Circle &c);          //声明类的拷贝构造函数
          float area()                //定义求面积的公有成员函数
          {  return radius * radius * 3.14159; }
          bool setRadius(float r);  //声明设定半径的公有成员函数
          float getRadius()           //定义读取半径的公有成员函数
          {  return radius; }
      private:
```

```
        float radius;                    //圆的半径定义为私有的数据成员

};
//以下为类的实现
Circle::Circle(float r)                  //定义带参数的构造函数
{
    if(r > 0)
        radius = r;
    else
        radius = 0;
}
Circle::Circle(Circle &c)                //定义拷贝构造函数
{
    radius = c.radius;
    cout <<"类的拷贝构造函数被调用!\n";
}
bool Circle::setRadius(float r)
{
      if(r >= 0)
      {
         radius  =  r;
         return true;
      }
      else
         return false;
}
//以上为类的实现
Circle maxCircle(Circle circle1,Circle circle2)
{
    if(circle1.area()>=circle2.area())
        return circle1;
    else
        return circle2;
}
void main()
{
    Circle c1(10.0);                     //调用带参数的构造函数
    Circle c2(20.0);                     //调用带参数的构造函数
    Circle c3 = c1;                      //调用 1 次拷贝构造函数
    Circle c4 = maxCircle(c1,c2);
/* 调用函数时,用两个实参对象初始化两个形参对象,调用两次拷贝构造函数; 函数返回时,用返回
值对象初始化 main 函数中的临时对象,调用一次拷贝构造函数 */
    cout <<"c1 和 c2 中比较大的圆的半径为: "<< c4.getRadius()<< endl;
}
```

Circle 类的拷贝构造函数除了把参数对象的数据成员 radius 复制给当前对象的 radius 外,还加入了一条输出字符串的语句,这样做是为了验证拷贝构造函数何时被调用。

函数 maxCircle 不是 Circle 类的成员函数,它的两个形参是 Circle 类的对象,该函数的功能是比较两个形参对象所代表的圆的面积,并返回其中较大的一个对象。

程序中共调用了 4 次拷贝构造函数。例 6.14 程序的运行结果如图 6.8 所示。

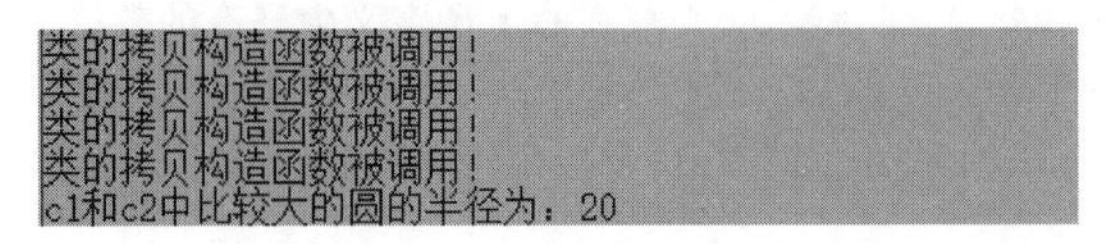

图 6.8 例 6.14 程序的运行结果

6.7.2 默认的拷贝构造函数与对象的浅拷贝问题

如果在定义类时,没有为其声明拷贝构造函数,则编译器会为类自动生成一个拷贝构造函数,这个由编译器自动生成的拷贝构造函数称为默认的拷贝构造函数。默认的拷贝构造函数的功能就是把参数对象的内容按字节拷贝给当前正在创建的对象。

对于 Circle 类而言,如果没有为其定义拷贝构造函数,则编译器会自动为该类生成默认的拷贝构造函数,而且默认拷贝构造函数的功能和在例 6.14 中所定义的拷贝构造函数的功能完全相同。既然如此,还有必要为类创建拷贝构造函数吗?在类似例 6.14 的情况下,的确没有必要为类创建拷贝构造函数。但是当类中含有指针类型的数据成员时,情况将大为不同,请看例 6.15。

例 6.15 对象的浅拷贝。

```
#include <iostream>
using namespace std;
class A
{
public:
    A()                         //默认的构造函数
    {
        numptr = new int(1);
    }
    A(int num)                  //带参数的构造函数
    {
        numptr = new int(num);
    }
    void setnum(int num)
    {
        *numptr = num;
    }
    int getnum()
    {
        return *numptr;
    }
private:
    int *numptr;
};
void main()
{
    A a1(10);
    A a2 = a1;                  //自动调用默认的拷贝构造函数
    cout << "修改对象 a1 之前: " << endl;
```

```
    cout << "对象 a1 中存放的整数为:" << a1.getnum() << endl;
    cout << "对象 a2 中存放的整数为:" << a2.getnum() << endl;
    a1.setnum(20);
    cout << "修改对象 a1 之后: " << endl;
    cout << "对象 a1 中存放的整数为:" << a1.getnum() << endl;
    cout << "对象 a2 中存放的整数为:" << a2.getnum() << endl;
    cout << endl;
}
```

本例程序中创建了一个简单的类 A,A 类的对象可以看成是包含一个整数的容器,但是对象中并没有整型的数据成员,而只有一个整型的指针。当创建对象时,在构造函数中为该指针赋值,即使用操作符 new 在"堆"中创建一个整数,并使对象中的指针指向这个整数。成员函数 setnum 用来修改这个整数的值;而成员函数 getnum 用来读取该整数的值。

main 函数中首先创建了一个 A 类的对象 a1,并使其中包含的整数为 10;然后执行语句:

```
A a2 = a1;
```

执行这条语句时,需要调用类的拷贝构造函数,用对象 a1 初始化对象 a2;由于 A 类没有定义拷贝构造函数,所以这时调用的是编译器为 A 类自动生成的默认拷贝构造函数,该函数将对象 a1 按字节复制给对象 a2,即创建了 a1 的一个副本 a2。

下面分别输出对象 a1 和 a2 中包含的整数值。不难看出,输出的结果应该都是 10。

下边的语句:

```
a1.setnum(20);
```

将 a1 中包含的整数值修改为 20;最后再次输出对象 a1 和 a2 中包含的整数值。图 6.9 为例 6.15 程序的运行结果。

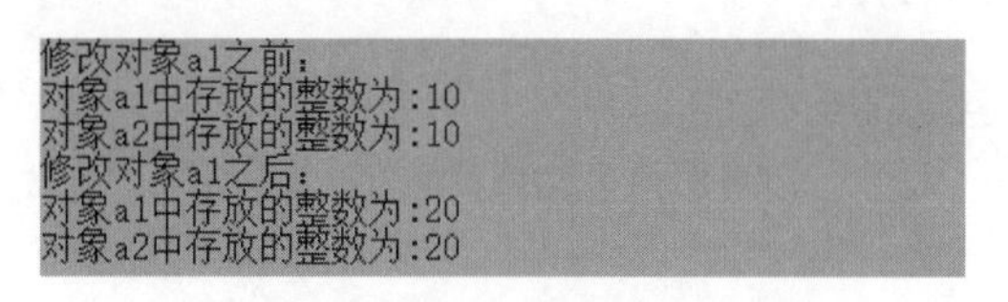

图 6.9　例 6.15 程序的运行结果

从图 6.9 中可以看到,当修改了对象 a1 中包含的整数时,对象 a2 中包含的整数也随之改变了。对象 a2 虽然是 a1 的副本,但它们是两个独立的对象,那么修改对象 a1 为什么会影响对象 a2 呢? 对象的浅拷贝是产生这种现象的根本原因。下边通过分析对象 a1 和 a2 的结构,阐明什么是对象的浅拷贝,以及如何避免浅拷贝。

main 函数中首先创建了对象 a1,通过分析类 A 的构造函数,可知对象 a1 的结构如图 6.10(a)所示。

当执行语句 A a2=a1;时,需调用默认的拷贝构造函数,该函数将 a1 按字节拷贝给对象 a2,导致对象 a1 的整型指针 numptr 和对象 a2 的整型指针 numptr 指向"堆"中的同一个整数,如图 6.10(b)所示。所以当通过对象 a1 的成员 numptr 修改其指向的整数值时,自然会影响到对象 a2。**这种情况称为对象的浅拷贝**。

当对象被浅拷贝时,由于不同的对象之间存在共享的数据,所以会带来安全隐患。

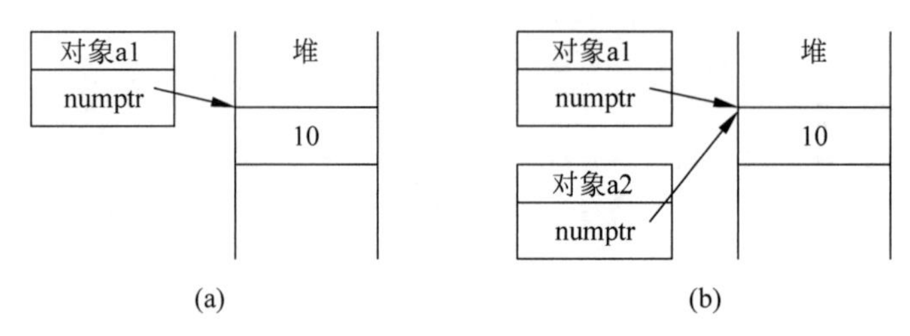

图 6.10 对象的浅拷贝

对象间正确的拷贝方法应使不同的对象间不存在任何共享数据，如图 6.11 所示，这种拷贝称为深拷贝。那么如何实现对象间的深拷贝呢？

通过对例 6.15 的分析，可以看到造成浅拷贝的原因主要有以下两条。

(1) 类的对象中存在指针类型的数据成员。

(2) 类的默认的构造函数采用按字节拷贝的方法将一个对象的内容完全复制给另一个对象。

所以，如果类中含有指针类型的数据成员时，需要为类定义拷贝构造函数以实现对象间的深拷贝。

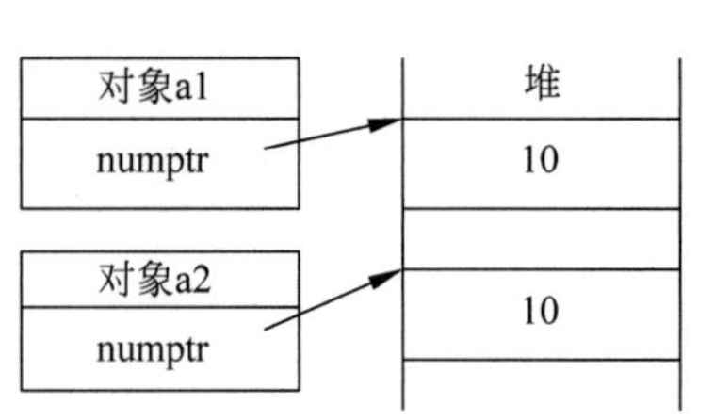

图 6.11 对象的深拷贝

例 6.16 为类添加拷贝构造函数，以实现对象的深拷贝。

```
#include <iostream>
using namespace std;
class A
{
public:
    A()
    {   numptr = new int(1);}
    A(int num)
    {   numptr = new int(num);}
    A(A &);                        //声明拷贝构造函数
    ~A()
    {   delete numptr;}
    void setnum(int num)
    {   * numptr = num;}
    int getnum()
    {   return * numptr;}
private:
    int * numptr;
};
//以下为拷贝构造函数的实现
A::A(A &a)
{
    numptr = new int( * a.numptr);
    cout <<"类的拷贝构造函数被调用!\n";
}
void main()
{
```

```
    A a1(10);
    A a2 = a1;                //自动调用拷贝构造函数
    cout << "修改对象 a1 之前: " << endl;
    cout << "对象 a1 中存放的整数为:" << a1.getnum() << endl;
    cout << "对象 a2 中存放的整数为:" << a2.getnum() << endl;
    a1.setnum(20);
    cout << "修改对象 a1 之后: " << endl;
    cout << "对象 a1 中存放的整数为:" << a1.getnum() << endl;
    cout << "对象 a2 中存放的整数为:" << a2.getnum() << endl;
    cout << endl;
}
```

例 6.16 程序的运行结果如图 6.12 所示。

```
类的拷贝构造函数被调用!
修改对象a1之前:
对象a1中存放的整数为:10
对象a2中存放的整数为:10
修改对象a1之后:
对象a1中存放的整数为:20
对象a2中存放的整数为:10
```

图 6.12 例 6.16 程序的运行结果

其实,不只是默认的拷贝构造函数会造成浅拷贝,当使用赋值号=将类的一个对象赋值给另一个对象时,如果对象中含有指针类型的数据成员且进行了动态内存分配,则也将导致对象的浅拷贝。这是因为赋值操作符的默认行为也是将其右边的对象按字节复制给左边的对象。解决的方法是为该类重载赋值运算符。关于运算符重载的内容,将在以后章节中介绍。

细心的读者会发现,在类 A 的定义中,出现了一个特殊的成员函数～A(),其中使用操作符 delete 释放了指针 numptr 所指的内存空间。这个函数是类的析构函数,将在 6.8 节中介绍。

6.8 析构函数

程序中创建的对象也有作用域和生存期,对象的作用域和生存期和简单类型变量相同,即局部对象具有局部作用域和动态生存期;全局对象具有全局作用域和静态生存期;静态局部对象具有局部作用域和静态生存期。随着生存期的结束,对象也将被系统自动销毁,在类的对象即将被销毁前,系统会自动调用它的析构函数。

析构函数是类中一个特殊的成员函数,其作用和构造函数正好相反,即在对象即将被销毁前,析构函数将被自动调用,来完成一些必要的清理工作。析构函数的函数名必须是类名前加符号～,且没有返回值,也没有任何参数。例如,Circle 类析构函数的声明和定义如下。

```
class Circle
{
public:
    …
    ~Circle( );        //声明析构函数
private:
```

```
    …
};
…
Circle::~Circle( )  //定义析构函数
{ }
…
```

如果一个类中没有声明析构函数,则编译器会为该类自动生成一个函数体为空的析构函数。所以在很多时候都不需要显式地声明类的析构函数。但在某些情况下,析构函数是必不可少的。例如,在例 6.16 中定义的类 A,**其中含有指针类型的数据成员**,且在构造函数中使用操作符 new 在“堆”中为其分配了内存空间,则在对象被销毁前,应使用操作符 delete 释放该指针指向的“堆”内存,完成这项工作最合适的地点就是析构函数。如果将例 6.16 中类 A 的析构函数删掉,或者令其函数体为空,则当 main 函数运行结束后,在“栈”中创建的对象 a1 和 a2 被销毁,但是为它们在“堆”中分配的内存空间仍然不能被其他程序使用,这种现象称为“**内存泄露**”。事实上,在例 6.15 的程序中就存在“内存泄露”现象,请读者自己思考:能否为例 6.15 中的类 A 声明析构函数,并在其中使用操作符 delete 释放“堆”内存。如果不能,其原因是什么?

6.9 移动构造函数

移动构造函数是 C++ 11 新引入的移动语义中的一部分。那么什么是移动构造函数?它有什么作用?怎样定义移动构造函数呢?下面就来一一解开这些疑问。

回想一下 6.7 节中介绍的内容,如果类中含有指针类型的数据成员,且使用 new 操作符动态分配了内存空间,那么,就必须为类定义拷贝构造函数以避免对象的浅拷贝,实现对象的深拷贝,如例 6.16 所示。

在 6.7 节中还提到,类的拷贝构造函数在 3 种情况下会被调用,其中的第三种情况是:当函数的返回值是类的对象时,拷贝构造函数会被调用。原因是,编译器会首先创建一个临时的对象保存函数的返回值,然后再用该临时对象的值去初始化调用函数中的对象,这个过程会调用拷贝构造函数。

下面把例 6.16 中的程序修改一下,为其添加一个函数 max,该函数比较两个 A 类对象的大小,然后返回其中值较大的一个。

例 6.17 修改例 6.16 中的程序,添加一个可以比较 A 类对象大小的函数 max。

程序完整代码如下。

```
#include<iostream>
using namespace std;
class A
{
public:
    A()
    {
        numptr = new int(1);
```

```
    }
    A(int num)
    {
        numptr = new int(num);
    }
    A(A &);          //声明拷贝构造函数
    ~A()
    {
        delete numptr;
    }
    void setnum(int num)
    {
        * numptr = num;
    }
    int getnum()
    {
        return * numptr;
    }
private:
    int * numptr;
};
//以下为拷贝构造函数的实现
A::A(A &a)
{
    numptr = new int( * a.numptr);
    cout << "类的拷贝构造函数被调用!\n";
}

A max(A a1, A a2)
{

    if (a1.getnum() > a2.getnum())
        return a1;
    else
        return a2;
}
void main()
{
    A a1(10), a2(5);
    A a3 = max(a1, a2);
    cout << "两个对象中较大的值为: " << a3.getnum();
    cout << endl;
}
```

例 6.17 程序的运行结果如图 6.13 所示。

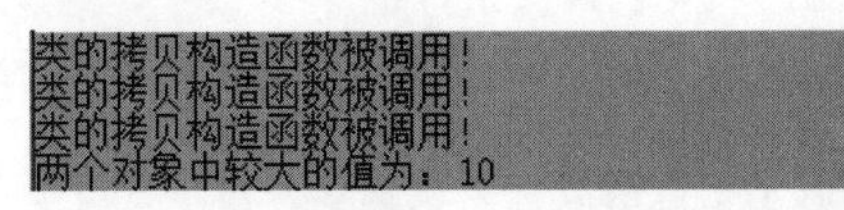

图 6.13 修改例 6.16 之后程序的执行结果

程序中粗体字的部分是相对于例 6.16 程序所做的修改。从程序的执行结果看到,程序中一共调用了 3 次类的拷贝构造函数,前两次对拷贝构造函数的调用是在调用 max 函数时,给函数传递参数导致的。第三次调用拷贝构造函数是函数 max 执行结束,向调用它的函数 main 返回值的时候。因为 max 函数的返回值是类的对象,且不是返回对象的引用,所以 C++编译器会创建一个临时对象来保存函数的返回值,函数执行结束返回主调函数时,用这个临时对象去初始化 main 函数中的对象 a3。拷贝构造函数会根据临时对象中用 new 操作符动态分配的内存空间的大小,先为对象 a3 分配一块内存空间,然后再把属于临时对象的这块内存空间中的内容(本例中是由指针 numptr 指向的内存空间)按字节复制到属于对象 a3 的这块内存空间中。如果这块内存空间的体积很大,那么这个操作在时间上的付出就会比较"昂贵"。注意到这样一个事实:这个函数 max 返回的是一个临时对象,而且这个临时对象在执行完返回任务后就不会被再次使用了,如果可以把临时对象中的内存空间直接"移动"到对象 a3 之中,而不是"拷贝"到 a3 之中,也就是把临时对象中指针 numptr 中存放的地址值直接复制给对象 a3 中的指针 numptr,那么当这块内存空间的体积特别大的时候,相比于"拷贝"操作,这种"移动"操作会极大地提高执行效率。这就是移动构造函数要完成的功能。

那么怎样定义移动构造函数呢?注意,例 6.17 中函数返回的临时对象是一个右值,之所以可以用"移动"操作取代"拷贝"操作,就是因为这些右值对象在完成当前的任务后就不会再被用到了,所以移动构造函数应以右值引用作为其参数。

声明移动构造函数的语法形式如下:

```
类名(类名 && 对象名);
```

例如:

```
A(A &&a);
```

例 6.18 修改例 6.17 中的类 A,为其添加移动构造函数。

程序完整代码如下。

```
#include <iostream>
using namespace std;
class A
{
public:
    A()
    {
        numptr = new int(1);
    }
    A(int num)
    {
        numptr = new int(num);
    }
    A(A &);              //声明拷贝构造函数
    A(A &&);             //声明移动构造函数
    ~A()
    {
```

```
        delete numptr;
    }
    void setnum(int num)
    {
        * numptr = num;
    }
    int getnum()
    {
        return * numptr;
    }
private:
    int * numptr;
};
//以下为拷贝构造函数的实现
A::A(A &a)
{
    numptr = new int( * a.numptr);  //...............................................(1)
    cout << "类的拷贝构造函数被调用!\n";
}
//以下是移动构造函数的实现
A::A(A &&a)
{
    numptr = a.numptr;              //...............................................(2)
    a.numptr = NULL;                //...............................................(3)
    cout << "类的移动构造函数被调用!\n";
}

A max(A aa1, A aa2)
{

    if (aa1.getnum() > aa2.getnum())
        return aa1;
    else
        return aa2;
}
void main()
{
    A a1(10), a2(5);
    A a3 = max(a1, a2);
    cout << "两个对象中较大的值为: " << a3.getnum();
    cout << endl;
}
```

程序中粗体字部分就是为A类添加的移动构造函数,其中用移动操作(注释为(2)的语句)取代了拷贝构造函数的拷贝操作(注释为(1)的语句)。需要注意的是:执行了移动操作之后,由于被初始化的和用来初始化的两个对象之中的指针指向了同一块内存空间,它们之间就出现了浅拷贝现象,这时应把临时对象中的指针指向其他的内存地址,以便于它被销毁时,不会对被它初始化的对象造成影响。通常是把临时对象中的指针赋值为NULL(注释为(3)的语句)。

在程序中,当使用对象 a 去初始化对象 b 时,编译器会根据对象 a 的类型决定应该调用拷贝构造函数和移动构造函数中的哪一个。如果对象 a 是一个左值对象,则会调用拷贝构造函数;如果对象 a 是一个右值对象,则会调用移动构造函数。例如在上面的程序中,当执行 main 函数中的“A a3 = max(a1, a2);”这条语句时,用 main 函数中的对象 a1 和 a2 去初始化 max 函数中的 aa1 和 aa2,显然,对象 a1 和 a2 是左值,所以这时会调用类的拷贝构造函数;当 max 函数执行结束后,会用一个临时对象去初始化 main 函数中的对象 a3,这个临时对象是一个右值,这时就会去调用类的移动构造函数。例 6.8 程序的运行结果如图 6.14 所示。

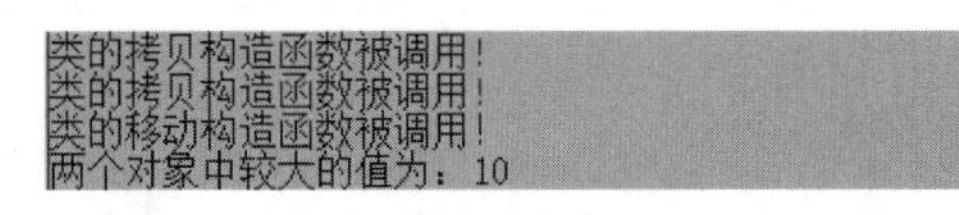

图 6.14 例 6.18 程序的运行结果

如果没有为类设计移动构造函数,那么碰到相同的情况时,编译器将会调用类的拷贝构造函数。

移动构造函数只是 C++ 11 所引入的移动语义的一个部分,有时程序中也会把一个右值对象赋值给另一个对象,默认情况下,编译器会使用赋值运算符完成这种拷贝操作,即把右值对象的内容按字节拷贝给赋值号左边的对象。如果对象中含有动态分配的内存空间,而且体积比较大,那么使用移动赋值操作的效率就会远高于纯粹的复制操作。C++ 11 引入的移动语义的另一部分就是移动赋值运算符重载函数,相关内容将在后面的章节中介绍。

6.10 程序实例

本节中将用一个程序实例作为对本章内容的一个总结。

例 6.19 “栈”是一种“后进先出”的数据结构,创建并使用一个用于存放整数的“栈”类 Stack,“栈”空间可以根据需要动态分配和添加,并可以用一个已经存在的“栈”初始化一个新创建的“栈”。

问题分析:

(1)“栈”类中应该有一个指针指向动态申请的内存空间;

(2)应该为“栈”类添加拷贝构造函数,以避免在用一个栈初始化另一个栈时,发生“浅拷贝”;

(3)应该为“栈”类添加一个移动构造函数,当使用一个临时的“栈”对象去初始化另一个“栈”对象时,移动构造函数会极大地提高程序的执行效率;

(4)应该为“栈”类添加析构函数来释放动态申请的内存空间。

程序代码如下。

```
#include <iostream>
using namespace std;
class Stack
{
public:
```

```
    Stack();
    Stack(int c);
    Stack(Stack &);
    Stack(Stack &&);
    ~Stack();
    void push(int);                    //元素入栈的成员函数
    int peek();                        //返回栈顶元素的值,但不弹出栈顶元素
    int pop();                         //弹出栈顶元素,并返回它的值
    void appendCapacity();             //用来追加栈的容量
    Stack combine(Stack s);            //把当前栈和栈 s 合并成一个新的栈
    int getNumberOfelement()           //返回栈中元素的个数
    {
        return numberOfelement;
    }
    bool empty()                       //判断栈是否为空
    {
        return numberOfelement == 0;
    }
private:
    int * ptrOfint;                    //指向用来保存元素的、动态创建的整型数组
    int capacity;                      //栈的容量
    int numberOfelement;               //栈中元素的个数
};
Stack::Stack()
{
    ptrOfint = new int[10];
    capacity = 10;
    numberOfelement = 0;
}
Stack::Stack(int c)
{
    ptrOfint = new int[c];
    capacity = c;
    numberOfelement = 0;
}
Stack::Stack(Stack &anotherStack)
{
    capacity = anotherStack.capacity;
    numberOfelement = anotherStack.numberOfelement;
    ptrOfint = new int[capacity];
    for (int i = 0;i < numberOfelement;i++)
        ptrOfint[i] = anotherStack.ptrOfint[i];
}
Stack::Stack(Stack &&aRVStack)
{
    capacity = aRVStack.capacity;
    numberOfelement = aRVStack.numberOfelement;
    ptrOfint = aRVStack.ptrOfint;
    aRVStack.ptrOfint = NULL;
}
Stack::~Stack()
```

```
{
    delete[ ] ptrOfint;
}
void Stack::appendCapacity()
{
    capacity += 10;
    int * tptr = new int[capacity];
    for (int i = 0;i < numberOfelement;i++)
        tptr[i] = ptrOfint[i];
    delete ptrOfint;
    ptrOfint = tptr;
}
void Stack::push(int aninteger)
{
    if (numberOfelement == capacity)
        appendCapacity();
    ptrOfint[numberOfelement++] = aninteger;
}
int Stack::peek()
{
    return ptrOfint[numberOfelement - 1];
}
int Stack::pop()
{
    return ptrOfint[--numberOfelement];
}
Stack Stack::combine(Stack s)
{
    Stack st;
    int i;
    st.capacity = capacity + s.capacity;
    st.numberOfelement = numberOfelement + s.numberOfelement;
    st.ptrOfint = new int[this->capacity + s.capacity];
    for (i = 0;i < numberOfelement;i++)
        st.ptrOfint[i] = ptrOfint[i];
    for (int j = 0;j < s.numberOfelement;j++, i++)
        st.ptrOfint[i] = s.ptrOfint[j];
    return st;
}
void main()
{
    Stack s1(16);
    for (int i = 0;i<5;i++)
        s1.push(i);
    cout << "s1 的栈顶元素为: " << s1.peek() << endl;
    Stack s2 = s1;
    for (int j = 5;j<10;j++)
        s2.push(j);
    Stack s3 = s1.combine(s2);
    cout << "栈 s1 中的元素为: ";
    while (!s1.empty())
```

```
        cout << s1.pop() << " ";
    cout << endl;
    cout << "栈 s2 中的元素为: ";
    while (!s2.empty())
        cout << s2.pop() << " ";
    cout << endl;
    cout << "栈 s3 中的元素为: ";
    while (!s3.empty())
        cout << s3.pop() << " ";
    cout << endl;
}
```

"栈"的构造函数中动态分配存放元素的内存空间；成员函数 appendCapacity 用来在"栈"满时追加"栈"的容量；成员函数 push 用来向栈中"压"入元素；成员函数 pop 用来"弹"出栈顶元素，并返回它的值；成员函数 peek 返回"栈"顶元素的值，但不"弹"出该元素；函数 empty 判断"栈"是否为空，如果"栈"中没有元素，则返回 true，否则返回 false；函数 combine 把当前栈和参数栈 s 合并成一个新的栈，并返回这个新栈；main 函数中先创建了一个整数"栈"s1，并向其中压入 0、1、…、4 共 5 个整数；然后创建另一个"栈"s2，并用 s1 初始化 s2(此时应调用类的拷贝构造函数)，再向 s2 中压入 5～9 共 5 个整数；再调用 combine 函数把 s1 和 s2 两个栈合并为一个新的栈，并用这个新栈初始化 s3 栈(此时应调用类的移动构造函数)，最后分别"弹"出 s1、s2 和 s3 栈中的所有元素，同时输出它们的值。

例 6.19 程序的运行结果如图 6.15 所示。

```
s1的栈顶元素为：4
栈s1中的元素为：4 3 2 1 0
栈s2中的元素为：9 8 7 6 5 4 3 2 1 0
栈s3中的元素为：9 8 7 6 5 4 3 2 1 0 4 3 2 1 0
```

图 6.15　例 6.19 程序的运行结果

小结

面向对象程序设计中的类是一种抽象数据结构，用来描述对象的属性，是对数据和操作数据的方法的封装，是创建对象的模板和蓝图。

对象是类的具体的实例，创建对象叫作类的实例化。

类可以为其成员设置访问权限，以实现数据保护和数据隐藏。

类的构造函数是一种特殊的成员函数，它的作用是在创建对象时初始化对象中的数据成员。构造函数是在创建对象时被编译器自动调用的。

类的拷贝构造函数是一个特殊的构造函数，作用是用一个已经存在的对象初始化正在创建的同类对象。

析构函数的作用和构造函数正好相反，它在对象即将被销毁时被系统调用，完成一些必要的清理工作。

C++ 11 引入了移动构造函数，当类的对象中有动态分配的内存空间且正在使用一个右值对象去初始化一个正在创建的对象时，移动构造函数会被调用。移动构造函数的执行效率高于拷贝构造函数。

本章主要介绍如何定义简单的类和使用类的对象。

习题

6.1 请简述类和对象的关系。

6.2 简述类的公有类型成员和私有类型成员的区别。

6.3 以下的叙述中,哪条是不正确的?

A. 在类的成员函数中,可以访问类的 public 型成员

B. 在类的成员函数中,可以访问类的 private 型成员

C. 在类的成员函数中,可以访问类的 protected 型成员

D. 在类的成员函数中,不可以访问类的 private 型成员

6.4 以下的叙述中,哪条是正确的?

A. 使用对象名和点操作符只能访问类的 public 成员

B. 使用对象名和点操作符能访问类的 public 和 protected 成员,不能访问 private 成员

C. 使用对象名和点操作符能访问类的 public 和 private 成员,不能访问 protected 成员

D. 使用对象名和点操作符能访问类的任意类型的成员

6.5 请创建一个表示雇员信息的 employee 类,其中的数据成员包括:char 数组型的私有成员 name,用来存放雇员的姓名;int 型的私有成员 empNo,表示雇员的编号;float 型的私有成员 salary,存放雇员的月薪。函数成员包括:给上述每个私有数据成员赋值的公有成员函数,以及读取这些私有数据成员的公有成员函数以及显示雇员信息的公有成员函数 display。

6.6 创建一个表示汽车的类 automobile,其中的数据成员包括:char 数组型的私有成员 brand,表示汽车的品牌;float 型私有成员 load,表示汽车的载客量;float 型私有成员 speed,表示汽车的行驶速度。类的函数成员包括:给每个私有的数据成员赋值的公有成员函数;读取每个私有数据成员的公有成员函数;表示启动汽车的公有成员函数 startup;表示汽车行驶的公有成员函数 run 和表示汽车停止的公有成员函数 stop。在这些成员函数中输出汽车的当前状态,例如,表示汽车行驶的成员函数输出一行字符串"The automobile is running!"。

6.7 将习题 4.5 和 4.6 中类的成员函数都声明为内联函数。

6.8 简述类的构造函数的作用。

6.9 给习题 4.5 和 4.6 中创建的 employee 类和 automobile 类添加构造函数,包括默认的构造函数和带参数的构造函数。

6.10 给习题 4.5 和 4.6 中创建的 employee 类和 automobile 类添加一个带默认参数值的构造函数。

6.11 什么是类的拷贝构造函数?拷贝构造函数在哪些情况下会被调用?

6.12 给习题 4.9 中的 employee 类和 automobile 类添加拷贝构造函数。

6.13 什么叫对象的浅拷贝？如何避免对象的浅拷贝？

6.14 重新创建习题4.10中创建的automobile类，将其中的数据成员name的类型改为字符指针型，修改相关的成员函数，同时修改拷贝构造函数以避免创建对象时发生浅拷贝。

6.15 为什么拷贝构造函数的参数必须是引用类型？

6.16 简述类的析构函数的作用，给上题中创建的automobile类添加析构函数。

第7章 类和对象(下)

第 6 章介绍了类的基本结构，以及如何创建和使用对象。本章将对类和对象展开进一步的讨论。

7.1 类的静态成员

在第 3 章中，介绍了在函数中定义的静态变量。类也可以将其成员定义为静态成员。

在类的定义中，使用关键字 static 修饰的成员，称为类的静态成员，包括静态数据成员和静态函数成员。和其相对应，类的定义中没有使用关键字 static 修饰的成员称为实例成员，包括实例数据成员和实例函数成员。下面分别介绍静态数据成员和静态函数成员的特征，以及如何使用它们。

7.1.1 静态数据成员

在类的定义中，如果定义数据成员时，使用了关键字 static，则该数据成员就称为静态的数据成员。而没有使用 static 修饰的数据成员，称为类的实例数据成员。例如：

```
class A
{
public:
  …
  static int i;
  int j;
}
```

i 是类 A 的静态数据成员，而 j 为类 A 的实例成员。

顾名思义，**类的实例数据成员是属于该类的某个具体实例（对象）的。当程序中没有为类创建任何实例（对象）时，相应的实例数据成员也不存在。而同一个类的不同实例（对象）的同名的实例数据成员是相互独立变量，占据不同的存储空间，互不影响。**例如：

```
A a1,a2;
a1.j = 5;
a2.j = 10;
```

a1 和 a2 是类 A 的两个实例，则 a1.j 是对象 a1 的实例数据成员，a2.j 是对象 a2 的实例数据成员，它们属于各自的对象，占据不同的存储空间。修改 a1.j 的值，不会影响 a2.j。

和实例数据成员相反，类的静态数据成员属于类，而不属于类的某个具体实例(对象)，在程序的运行过程中，类的静态数据成员只存在一份副本，占据一块特定的内存空间，并被该类的所有实例共享。 例如，由于 i 是 A 类的静态数据成员，所以它被 A 的对象 a1 和 a2 共享。

由于类的定义其实只是声明了一种抽象数据类型，并不会为其中的任何数据成员分配内存空间，所以在类体中只是声明了类中的静态数据成员，必须在类外的文件作用域中定义静态数据成员——为它们分配存储空间。 例如，对于 A 类的静态数据成员 i，必须在类外对其进行定义：

```
int A::i;
```

类的静态数据成员一经定义，就已经存在，并且可以被使用了。但是这时可能还没有创建该类的任何实例(对象)，所以，在程序中可以使用类名和域解析操作符::直接访问类的公有的静态数据成员；当定义了类的实例(对象)后，也可以使用对象名加点操作符访问静态数据成员。

不应该在类的构造函数中初始化类的静态数据成员，因为静态数据成员不属于某个具体的实例，而类的构造函数是在创建类的实例(对象)时被调用，用于初始化对象的实例数据成员的。

例 7.1 演示了静态数据成员和实例数据成员的区别和访问公有的静态数据成员的方法。

例 7.1　类的静态数据成员。

```
#include <iostream>
using namespace std;
class A
{
public:
  A()                           //构造函数初始化类的实例数据成员
  { j = 0;}
  A(int jj)                     //构造函数初始化类的实例数据成员
  { j = jj;}
  static int i;                 //声明静态数据成员 i
  int j;
};
int A::i;                       //在文件作用域中定义类的静态数据成员
void main()
{
  A::i = 10;                    //使用类名访问类的静态数据成员
  cout <<"类 A 的静态数据成员 i 等于"<< A::i << endl;  //使用类名访问类的静态数据成员
  A a1,a2(1);                   //创建类的实例(对象)
  a1.i = 100;                   //使用对象名访问公有的静态数据成员
  a1.j = 2;                     //使用对象名访问公有的实例数据成员
  cout <<"类 A 的静态数据成员 i 等于"<< a2.i << endl; //使用对象名访问公有的静态数据成员
  cout <<"对象 a1 的实例数据成员 j 等于"<< a1.j << endl; //不同对象的同名实例数据成员相互
                                                          //独立
```

```
    cout <<"对象 a2 的实例数据成员 j 等于"<< a2.j << endl; //不同对象的同名实例数据成员相互
                                                          //独立
}
```

例 7.1 程序的运行结果如图 7.1 所示。

```
类A的静态数据成员i等于10
类A的静态数据成员i等于100
对象a1的实例数据成员j等于2
对象a2的实例数据成员j等于1
```

图 7.1　例 7.1 程序的运行结果

7.1.2　静态函数成员

在声明类的成员函数时,如果使用了关键字 static,则该成员函数为静态的成员函数。和其相对应,如果声明成员函数时,没有使用关键字 static,则称该成员函数为实例成员函数。和静态数据成员相同,类的静态成员函数也是属于类,而不属于类的具体实例(对象)。所以,**既可以使用类名加域解析操作符调用公有的静态成员函数,也可以使用对象名像调用实例成员函数一样调用公有的静态成员函数。**

在类的静态成员函数中只能访问类的静态数据成员,而不能访问类的实例数据成员。因为在调用静态成员函数时,可能还没有创建类的具体实例。**而在类的实例成员函数中,既可以访问类的静态数据成员,也可以访问实例数据成员。**

例 7.2　类的静态函数成员。

```
#include <iostream>
using namespace std;
class A
{
public:
    A()
    { j = 0;}
    A(int jj)
    { j = jj;}
    static void seti(int ii)      //静态成员函数,其中只能访问静态数据成员
    { i = ii;}
    static int geti()             //静态成员函数,其中只能访问静态数据成员
    { return i;}
    void setj(int jj)             /* 实例成员函数,其中既可以访问实例数据成员
                                     也可以访问静态数据成员 */
    { j = i + jj;}
    int getj()
    { return j;}
private:
    static int i;                 //声明静态数据成员
    int j;                        //声明实例数据成员
};
int A::i;                         //在文件作用域中定义静态数据成员
void main()
{
```

```
    A::seti(10);                    //使用类名调用静态成员函数
    cout <<"类的静态数据成员 i 等于"<< A::geti()<< endl; //使用类名调用静态成员函数
    A a1;                           //创建类 A 的实例(对象)a1
    a1.seti(100);                   //使用对象调用静态成员函数
    cout <<"类的静态数据成员 i 等于"<< a1.geti()<< endl; //使用对象调用静态成员函数
    a1.setj(10);                    //在实例成员函数中访问静态数据成员
    cout <<"对象 a1 的实例数据成员 j 等于"<< a1.getj()<< endl;
}
```

例 7.2 程序的运行结果如图 7.2 所示。

```
类的静态数据成员i等于10
类的静态数据成员i等于100
对象a1的实例数据成员j等于110
```

图 7.2 例 7.2 程序的运行结果

例 7.3 使用静态数据成员统计程序运行过程中创建 Circle 类的实例(对象)的个数。

问题分析:由于类的静态数据成员被所有对象共享,所以可以用来统计程序中创建对象的数目。可以为 Circle 类添加一个静态整型数据成员 numberOfCircle,用来统计 Circle 对象的数目,程序中创建一个 Circle 对象,就把 numberOfCircle 的值加 1;那么静态成员 numberOfCircle 加 1 的操作应放在哪里呢?我们知道,只要创建类的对象,系统就会自动调用类的构造函数,以初始化对象中的实例数据成员,所以可以把为 numberOfCircle+1 的操作放在类的构造函数中。在 Circle 类中再添加一个公有的成员函数 getnumberOfCircle,用来读取私有静态数据成员 numberOfCircle 的值。

在 main 函数中,先后创建 3 个 Circle 对象,并输出对象的数目。

程序代码如下。

```
#include <iostream>
using namespace std;
//以下是添加了静态数据成员 numberOfCircle 的 Circle 类
class Circle
{
    public:
        Circle();                           //声明类的默认构造函数
        Circle(float);                      //声明类的带参数的构造函数
        Circle(Circle &c);                  //声明类的拷贝构造函数
        float area()                        //定义求面积的公有成员函数
        {  return radius * radius * 3.14159; }
        bool setRadius(float r);            //声明设定半径的公有成员函数
        float getRadius()                   //定义读取半径的公有成员函数
        {  return radius; }
        static int getnumberOfCircle()      /* 定义静态成员函数,用来返回静态数据
                                            成员 numberOfCircle 的值 */
        {  return numberOfCircle; }
    private:
        float radius;                       //圆的半径定义为私有的数据成员
        static int numberOfCircle;          /* 声明静态数据成员,用来统计程序
                                            中创建的 Circle 类对象的数目 */
```

```
};
int Circle::numberOfCircle = 0;            /* 定义静态数据成员 numberOfCircle,
                                          并将其初始化为 0 */
//以下为类的实现
Circle::Circle()
{
    radius = 1.0;
    numberOfCircle++;                      //在构造函数中将 numberOfCircle 自加 1
}
Circle::Circle(float r)                    //定义带参数的构造函数
{
    if(r > 0)
        radius = r;
    else
        radius = 0;
    numberOfCircle++;                      //在构造函数中将 numberOfCircle 自加 1
}
Circle::Circle(Circle &c)                  //定义拷贝构造函数
{
    radius = c.radius;
    numberOfCircle++;                      //在拷贝构造函数中将 numberOfCircle 自加 1
}
bool Circle::setRadius(float r)
{
      if(r >= 0)
      {
         radius  =  r;
         return true;
      }
      else
         return false;
}
void main()
{
    Circle c1;                             //调用默认构造函数创建对象
    Circle c2(10.5);                       //调用带参数的构造函数创建对象
    cout <<"创建对象 c3 前,共有"<< Circle::getnumberOfCircle()<<"个 Circle 类对象\n";
    Circle c3 = c2;                        //调用拷贝构造函数创建对象
    cout <<"创建对象 c3 后,共有"<< Circle::getnumberOfCircle()<<"个 Circle 类对象\n";
}
```

例 7.3 程序的运行结果如图 7.3 所示。

```
创建对象c3前, 共有2个Circle类对象
创建对象c3后, 共有3个Circle类对象
```

图 7.3 例 7.3 程序的运行结果

7.2 对象指针

在第 2 章中,学习了 C++的指针类型。指针可以指向任何基本类型的数据,同样也可以指向类的对象;指向类的对象的指针称为对象指针。定义对象指针的语法形式如下:

```
类名 * 对象指针名
```

例如:

```
Circle * ptrToCir;
```

上边的语句定义了一个指向 Circle 类对象的指针。不能用该指针指向其他类的对象。

对于基本类型的变量,可以使用取地址运算符 & 获得其存放地址,同样可以使用运算符 & 获得对象的内存地址,来为对象指针赋值。例如:

```
Circle c;
Circle * ptrToCir = &c;
```

上边的语句将 Circle 类对象 c 的地址赋值给对象指针 ptrToCir,即令指针 ptrToCir 指向对象 c。

对象指针指向了某个具体对象后,就可以用它来访问该对象的成员了。当使用对象名访问其公有成员时,在对象名和公有成员名间应使用点操作符。为了和对象名相区别,对象指针使用操作符->访问其公有成员。语法如下:

```
对象指针 ->成员名
```

例 7.4　使用对象指针访问 Circle 类的对象。

```
#include <iostream>
using namespace std;
class Circle
{
 public:
    Circle()                       //声明类的默认构造函数
    {
        radius = 1.0;
        numberOfCircle++;
    }
    Circle(float);                 //声明类的带参数的构造函数
    Circle(Circle &c);             //声明类的拷贝构造函数
    float area()                   //定义求面积的公有成员函数
    {  return radius * radius * 3.14159; }
    bool setRadius(float r);       //声明设定半径的公有成员函数
    float getRadius()              //定义读取半径的公有成员函数
    {  return radius; }
    static int getnumberOfCircle() /* 定义静态成员函数,用来返回静态
                                      数据成员 numberOfCircle 的值 */
    {  return numberOfCircle;}
```

```
private:
    float radius;                   //圆的半径定义为私有的数据成员
    static int numberOfCircle;      /*声明静态数据成员,用来统计程序中创建的Circle类对
                                      象的数目*/

};
int Circle::numberOfCircle = 0;     /*定义静态数据成员numberOfCircle,并将其初始化为0*/
//以下为类的实现
Circle::Circle(float r)             //定义带参数的构造函数
{
    if(r > 0)
        radius = r;
    else
        radius = 0;
    numberOfCircle++;               //在构造函数中将numberOfCircle自加1
}
Circle::Circle(Circle &c)           //定义拷贝构造函数
{
    radius = c.radius;
    numberOfCircle++;               //在拷贝构造函数中将numberOfCircle自加1
}
bool Circle::setRadius(float r)
{
        if(r >= 0)
        {
           radius  =  r;
           return true;
        }
        else
           return false;
}

void main()
{
Circle c1(10.0),c2;
Circle *ptrToCir;                      //定义Circle类对象指针
ptrToCir = &c1;                        //令该指针指向对象c1
cout <<"圆c1的面积为"<< ptrToCir -> area()<< endl;  //使用对象指针访问对象的成员函数
ptrToCir = &c2;                        //令该指针指向对象c2
ptrToCir -> setRadius(20.0);           //使用对象指针访问对象的成员函数
cout <<"圆c2的面积为"<< ptrToCir -> area()<< endl;  //使用对象指针访问对象的成员函数
cout <<"共创建了"<< ptrToCir -> getnumberOfCircle()<<"个圆对象\n";  /*使用对象指针访问类
                                                                   的静态成员函数*/
}
```

例7.4程序的运行结果如图7.4所示。

```
圆c1的面积为314.159
圆c2的面积为1256.64
共创建了2个圆对象
```

图7.4 例7.4程序的运行结果

7.3 动态创建

本节介绍如何在程序运行过程中动态创建类的对象和对象数组。

7.3.1 动态创建对象

和动态创建基本数据类型变量一样,也可以使用 new 操作符在程序运行过程中动态创建类的对象。语法形式如下:

```
对象指针 = new 类名(初值列表);
```

例如:

```
Circle * ptrToCir = new Circle(10.0);
```

上面的语句在"堆"中创建 Circle 类的对象,为其分配内存空间,调用构造函数初始化其中的实例数据成员,并将对象的内存地址赋值给对象指针 ptrToCir。以后就可以使用对象指针 ptrToCir 对该对象进行操作了。

对于程序中动态创建的对象,当使用完毕后,应使用 delete 操作符将其删除,以释放该对象所占用的"堆"内存。此时,系统将自动调用该对象所属类的析构函数。语法格式如下:

```
delete 对象指针名;
```

例如:

```
delete ptrToCir;
```

例 7.5 在程序运行过程中,动态创建 Circle 类的对象。

```
#include <iostream>
using namespace std;
//以下为 Circle 类的定义和实现,同例 7.4
class Circle
…
//以上为 Circle 类的定义和实现
void main()
{
    Circle * ptrToCir;
    ptrToCir = new Circle(10.0);            //动态创建 Circle 类对象
    cout <<"第一个圆的面积为: "<< ptrToCir -> area()<< endl;
    delete ptrToCir;                        //删除动态创建的对象
    ptrToCir = new Circle(20.0);            //动态创建 Circle 类对象
    cout <<"第二个圆的面积为: "<< ptrToCir -> area()<< endl;
    cout <<"程序中共创建了"<< ptrToCir -> getnumberOfCircle()<<"个圆对象\n";
    delete ptrToCir;                        //删除动态创建的对象
}
```

例 7.5 程序的运行结果如图 7.5 所示。

```
第一个圆的面积为：314.159
第二个圆的面积为：1256.64
程序中共创建了2个圆对象
```

图 7.5 例 7.5 程序的运行结果

7.3.2 动态创建对象数组

对象数组中的每个元素都是同一个类的对象。程序中，除了可以动态创建类的对象外，还可以动态创建对象数组。动态创建对象数组的语法如下：

```
对象指针名 = new 类名[下标表达式列表];
```

例如：

```
Circle * ptrToCir = new Circle[10];
```

上边的语句在"堆"中创建了包含 10 个元素的 Circle 类对象数组，并将数组首元素的地址赋值给对象指针 ptrToCir。在创建其中每个 Circle 类对象时，都调用类的构造函数初始化其中的实例数据成员。

使用操作符 new 创建的对象数组，在程序结束前应使用操作符 delete 将其删除。语法格式如下：

```
delete[ ]对象指针名;
```

例如：

```
delete[ ] ptrToCir;
```

例 7.6 动态创建包含 10 个元素的 Circle 类对象数组。分别输出每个圆的半径和面积；最后输出 10 个圆的面积之和。

解法分析：程序中的函数 creatCircleArray 用来动态创建 Circle 类的对象数组，该函数的整型实参是将要创建的对象数组的容量，函数返回指向被创建的对象数组的指针。函数 printCircleArray 用来输出作为形参的对象数组的半径和面积，以及所有圆对象面积之和。

程序代码如下。

```
#include <iostream>
using namespace std;
//以下是 Circle 类的声明和实现,同例 7.4
class Circle
…
//以上为 Circle 类的定义和实现
Circle * creatCircleArray(int capacity)
{
    Circle * ptrToCircle = new Circle[capacity]; //动态创建包含 capacity 个圆对象的对象数组
    for(int i = 1;i <= capacity;i++)             //给每个元素对象的半径赋值
       (ptrToCircle + i - 1) -> setRadius(i);    //使用指针访问每个元素对象的成员函数
    return ptrToCircle;                          //返回指向数组的指针
}
void printCircleArray(Circle * ptrToCircle, int capacity)
```

```
{
    float sum = 0;
    cout <<"圆半径\t\t 圆面积\n";
    for(int i = 0;i < capacity;i++)
    {
        cout <<(ptrToCircle + i) - > getRadius()<<"\t\t"
        <<(ptrToCircle + i) - > area()<< endl;
        sum += (ptrToCircle + i) - > area();
    }
    cout <<"10 个圆的面积之和为: "<< sum << endl;
}
void main()
{
    Circle * ptrToCir;
    ptrToCir = creatCircleArray(10);
    printCircleArray(ptrToCir,10);
    delete[] ptrToCir;
}
```

例 7.6 程序的运行结果如图 7.6 所示。

```
圆半径          圆面积
1               3.14159
2               12.5664
3               28.2743
4               50.2654
5               78.5397
6               113.097
7               153.938
8               201.062
9               254.469
10              314.159
10个圆的面积之和为：1209.51
```

图 7.6　例 7.6 程序的运行结果

7.4　类作用域

在第 3 章中,介绍了全局变量、局部变量和静态变量的作用域和生存期。在程序中创建的类的对象,和普通类型的变量具有相同的作用域和生存期,即全局对象具有文件作用域和静态生存期；局部对象具有局部作用域和动态生存期；静态局部对象具有局部作用域和静态生存期。本章讨论类成员的作用域——类作用域。

7.4.1　类成员具有类作用域

在类中定义的成员,只能在类的成员函数内部使用成员名称进行访问,它们都具有类作用域。在类体外部访问类成员时,必须使用对象名加点操作符,或者使用对象指针加->操作符。对于类的静态成员,还可以使用类名加域解析操作符::来访问。例如,Circle 类的成员函数 area 具有类作用域,而且它是一个公有的成员函数,则在类的外部(非成员函数中)必须通过对象或对象指针对其进行访问：

```
float areaOfCir = circleObject.area();        //circleObject 为 Circle 类的对象名
```

```
float areaOfCir = ptrToCic->area();        //ptrToCic为指向Circle类对象的指针
```

同样,在类体外定义成员函数area时,必须使用作用域解析操作符来进行限定:

```
float Circle::area()
{   return radius * radius * 3.14159;}
```

类的静态数据成员和实例数据成员都具有类作用域,但它们的生存期不同。

类的静态数据成员属于类,而不属于某个具体的对象,具有静态生存期。

类的实例数据成员的生存期和它们所属对象的生存期相同。若包含它们的对象是在“栈”中定义的局部对象,则具有动态生存期,即诞生于定义处,结束于其作用域的结束处;若包含它们的对象是全局对象或静态对象,则具有静态生存期——与程序的运行期相同。

7.4.2 具有类作用域的数据成员被局部变量屏蔽

类的数据成员具有类作用域,但是,当在类的某个成员函数内部定义了与类的数据成员同名的局部变量时,在该成员函数内部,类的数据成员被同名的局部变量所屏蔽,即在函数内部使用变量名访问的是局部变量,而不是同名的类成员。例如:

```
class A
{
public:
    void fun();
    …
private:
    int val;
    …
};
void A::fun()
{
    float val;        //定义和数据成员同名的局部变量
    val = 10.0;       //这里的val代表局部变量val,而不是类的数据成员val
    …;
}
```

类A中声明了整型数据成员val,而在成员函数fun中定义了float型的同名局部变量val,则在函数fun中,局部变量val屏蔽了类成员val。

7.5 this指针

this指针是一个对象指针,它是C++编译器为类的每个实例成员函数加上的一个隐含参数,指向调用成员函数的当前对象。

那么编译器为什么要为类的实例成员函数加上这个形式参数呢?要得到这个问题的答案,首先应该了解对象的存储结构。

当创建一个类的对象时,编译器要为其分配一块内存空间。这块属于对象的内存空间中只存储对象的实例数据成员,而不包含类的静态成员和对象的实例成员函数。类的所有

实例成员函数单独存放,并被所有实例(对象)共享。

类的静态成员属于类,而不属于类的某个具体实例(对象),所以不应该将它们存放在属于实例(对象)的存储空间之中。实例成员函数虽然属于类的具体实例(对象),但是对于类的不同实例(对象)而言,同一个实例成员函数的代码其实都是相同的;而且存放函数代码需要占用大量的存储空间,所以可以将它们单独存放,并被类的所有实例共享。

例如,如果创建了Circle类的一个对象c,则对象c只占据4字节的存储空间,用来存放其中唯一的float型实例数据成员radius。可以使用函数sizeof进行验证。

例7.7　Circle类对象占用的内存空间。

```
#include <iostream>
using namespace std;
class Circle
…
//以上是Circle类的声明和实现
void main()
{
    Circle c(10.0);
    cout <<"Circle类的对象占用"<< sizeof(c)<<"字节存储空间\n";
}
```

例7.7程序的运行结果如图7.7所示。

```
Circle类的对象占用4字节存储空间
```

图7.7　例7.7程序的运行结果

由于类的实例成员函数单独存放,且被该类的所有对象共享,则当使用某个对象调用实例成员函数时,需通知该函数是哪个对象调用了它(因为实例成员函数必将操作对象的实例数据,而不同对象的实例数据都是不同的)。例如:

```
Circle c1(10.0),c2(20.0);
float areaOfCir1 = c1.area();
```

上边第2条语句中,Circle类的对象c1调用了成员函数area计算该圆对象的面积。那么如何让area函数知道调用它的是对象c1,而不是c2呢?

解决问题的方法是:C++编译器在编译实例成员函数时,为其加上了一个对象指针this作为第一个形式参数;并在发生函数调用时,将调用该函数的对象地址传递给实例成员函数的this指针。这样在函数内部就可以使用this指针访问当前对象的实例成员。例如,对于上面的函数调用,对象c1的地址被传递给函数area的this指针,函数area内部通过this指针访问对象c1的数据成员radius求得c1对象的面积。

在编写类的实例成员函数时,可以显式地使用this指针调用当前对象的实例成员。例如,Circle类的实例成员函数area可以写成如下形式:

```
float Circle::area()                    //定义求面积的公有成员函数
{return this-> radius * this-> radius * 3.14159; }
```

这样的写法指明了radius是由this指针指向的当前对象的实例数据成员,使程序的逻辑更加清晰,容易理解。

除了在实例成员函数中引用当前对象外，this指针还有一些重要的用途，**其一是用来访问那些被同名的局部变量屏蔽的类的数据成员**。如果在成员函数中定义了和类的数据成员同名的局部变量，则在该函数内部，局部变量屏蔽了同名的数据成员，即使用该变量名访问的是函数内定义的局部变量，而不是类的数据成员，这时可以使用this指针来访问被屏蔽的数据成员。例如：

```
Circle::Circle(float radius)              //定义带参数的构造函数
{
    if(radius > 0)
        this -> radius = radius;
    else
        this -> radius = 0;
        numberOfCircle++;                 //在构造函数中将 numberOfCircle 自加 1
}
```

以上是Circle类的构造函数，由于其形参被命名为radius，则在函数内部必须使用this指针访问对象的实例数据成员radius。在语句 **this－> radius＝radius**；中，赋值号左侧的this－> radius代表对象的数据成员——圆的半径；赋值号右侧的radius是函数的形式参数。

this指针的另一个重要用途是，**从实例成员函数返回当前对象的引用**。例如，如果要为Circle类设计一个成员函数，用来比较两个圆面积的大小，并返回其中较大圆对象的引用。假设函数名为compareCircle，则调用函数的语句应为：

```
c1.compareCircle(c2);//调用函数,比较对象 c1 和 c2 的大小
```

所以compareCircle的函数原型应为：

```
Circle &compareCircle(Circle &c);
```

该函数的参数是一个Circle类对象的引用，函数内把参数对象c和调用函数的当前对象进行比较，并返回其中较大对象的引用。问题出现了：如果参数对象c的面积较大，可以使用语句：

```
return c;
```

来返回参数对象c；但是如果当前对象的面积较大，该如何返回当前对象呢？答案是：使用this指针。由于函数compareCircle中的this指针指向当前对象，则 * this就代表当前对象，所以可用如下语句返回当前对象：

```
return * this;
```

compareCircle函数的实现如下：

```
Circle &Circle:: compareCircle(Circle &c)
{
  if(c.radius > radius)
    return c;          //返回参数对象
  else
    return * this;  //返回当前对象
}
```

使用 this 指针不仅可以访问类的实例成员,也可以访问类的静态成员。

但 this 指针只能在类的实例成员函数中使用,而不能在类的静态成员函数中使用。因为静态成员函数属于类,而不属于类的实例,故其中没有 this 指针。

例 7.8 改写 Circle 类,在其中所有实例成员函数中使用 this 指针,并添加成员函数 compareCircle 用来比较两个 Circle 类对象的大小。

```
#include <iostream>
using namespace std;
//以下为 Circle 类的定义
class Circle
{
public:
   Circle()                          //声明类的默认构造函数
   {
      this->radius = 1.0;
      this->numberOfCircle++;
   }
   Circle(float);                    //声明类的带参数的构造函数
   Circle(Circle &c);                //声明类的拷贝构造函数
   float area()                      //定义求面积的公有成员函数
   {  return this->radius * this->radius * 3.14159; }
   bool setRadius(float radius);     //声明设定半径的公有成员函数
   float getRadius()                 //定义读取半径的公有成员函数
   {  return this->radius; }
   static int getnumberOfCircle()    /* 定义静态成员函数,用来返回静态
                                        数据成员 numberOfCircle 的值 */
   {  return numberOfCircle;}
   Circle &compareCircle(Circle &c); //函数 compareCircle 用来比较两个圆的大小
private:
   float radius;                     //圆的半径定义为私有的数据成员
   static int numberOfCircle;        /* 声明静态数据成员,用来统计程序
                                        中创建的 Circle 类对象的数目 */

};
//以下为 Circle 类的实现
int Circle::numberOfCircle = 0;      /* 定义静态数据成员 numberOfCircle,
                                     并将其初始化为 0 */
//以下为类的实现
Circle::Circle(float radius)         //定义带参数的构造函数
{
    if(radius > 0)
        this->radius =  radius;
    else
        this->radius = 0;
        this->numberOfCircle++;      //在构造函数中将 numberOfCircle 自加 1
}
Circle::Circle(Circle &c)            //定义拷贝构造函数
{
    this->radius = c.radius;
    this->numberOfCircle++;          //在拷贝构造函数中将 numberOfCircle 自加 1
```

```
}
bool Circle::setRadius(float radius)
{
      if(radius >= 0)
      {
         this->radius = radius;
         return true;
      }
      else
         return false;
}
Circle &Circle::compareCircle(Circle &c)
{
   if(c.radius > radius)
    return c;                         //返回参数对象
   else
    return *this;                     //返回当前对象
}
void main()
{
    Circle c1(10.0),c2(20.0);
    Circle c3;
    c3 = c1.compareCircle(c2);
    cout <<"c1 和 c2 中较大的一个圆的半径为: "<< c3.getRadius()<< endl;
}
```

例 7.8 程序的运行结果如图 7.8 所示。

```
c1和c2中较大的一个圆的半径为: 20
```

图 7.8　例 7.8 程序的运行结果

7.6 类的组合

如果一个类的数据成员为另一个类的对象,则称这种结构为类的组合。例如,可以用一个 Point 类来描述平面上的点;然后再为 Circle 类添加一个 Point 类的对象作为其数据成员,表示圆心坐标:

```
class Point
{public:
   Point( );
   Point(int x,int y);
   void setx(int x);
   int getx( );
private:
   int x,y;
};
class Circle
{
```

```
public:
    …
private:
    float radius;
    Point cenOfCir;                    //cenOfCir是一个内嵌对象
};
```

在类的组合关系中，通常把包含内嵌对象的类称为容器类。例如，Circle类为一个容器类，其中包含Point类的一个内嵌对象。

当创建容器类对象时，也将同时创建所有内嵌的对象；此时编译器将自动调用各个类的构造函数，那么构造函数是按照什么顺序调用的呢？

创建容器类对象时，容器类的构造函数首先被调用，在其构造函数体执行之前，先自动调用内嵌对象的构造函数初始化内嵌对象，这些构造函数按照内嵌对象在类中的声明顺序被先后调用；当所有内嵌对象的构造函数执行完毕后，才开始执行容器类对象的构造函数。这就出现了一个问题：当使用非默认的构造函数初始化内嵌对象时，如何向构造函数传递参数呢？

由于内嵌对象的构造函数是在容器类构造函数被调用后，而即将执行其函数体之前被调用的，所以可以使用容器类构造函数的初始化列表向内嵌对象的构造函数传递参数。

初始化列表是跟在类的构造函数名称后面的一串字符列表。语法形式如下：

```
类名::类名(参数列表):内嵌对象1(参数列表),内嵌对象2(参数列表),…
{ … }
```

其中，“:内嵌对象1(参数列表),内嵌对象2(参数列表),……”称为初始化列表。

例如：

```
class B
{
public:
    B( );
    B(int);
    …
private:
    int j;
};
class C
{
public:
    C( );
    C(int);
    …
private:
    int k;
};
class A
{
public:
    A( );
```

```
    A(int,int,int);
    …
private:
    int i;
    B b1,b2;
    C c;
};
A::A( )                              //A类的默认构造函数自动调用内嵌对象的默认的构造函数
{ i= 0;}
A::A(int i1,int j1,int k1):b1(j1),c(k1)   /*A类的构造函数通过初始化列表向内嵌对象的
                                              构造函数传递参数*/
{   i=i1;}
…
```

上例中A类为容器类,其中包含B类的内嵌对象b1和b2,以及C类的内嵌对象c1,A类的构造函数通过初始化列表向B类和C类的构造函数传递参数。

注意:*初始化列表的作用仅仅是向内嵌类对象的构造函数传递参数,而不是调用内嵌对象的构造函数。内嵌对象的构造函数是由编译器自动调用的,编译器会根据初始化列表中参数的形式决定调用内嵌对象所在类的哪一个构造函数,如果初始化列表中不包含某个内嵌对象,则编译器会为该对象自动调用默认的构造函数。例如,上例中A类构造函数的初始化列表中不包含内嵌对象b2,则编译器调用B1类的默认构造函数初始化对象b2。*

容器类的默认的构造函数体执行前,将自动调用所有内嵌对象的默认的构造函数。

再强调一点,内嵌对象构造函数的调用顺序和它们在类中声明的顺序相同,而和容器类初始化列表中的顺序无关。例如,改写A类的构造函数:

```
A::A(int i1,int j1,int k1):c(k1),b1(j1)
{   i=i1;}
```

虽然初始化列表中,内嵌对象c出现在b1前面,但是内嵌对象的初始化顺序仍然是:b1、b2、c。

类的普通类型数据成员的初始化也可以在初始化列表中进行。例如,A类的构造函数也可以如下定义:

```
A::A(int i1,int j1,int k1):c(k1),b1(j1),i(i1);
{}
```

在类组合的情况下,当容器类对象被销毁时,也同时销毁了其中的内嵌类对象,这时系统会自动调用各类的析构函数,析构函数的调用顺序和构造函数的调用顺序正好相反。

例7.9演示了在类组合的情况下,创建容器类对象时构造函数的调用顺序,以及容器类对象被销毁时,各类析构函数的调用顺序。

例7.9 类组合时,内嵌对象构造函数的调用顺序。

```
#include<iostream>
using namespace std;
class B
{
public:
```

```
    B();
    B(int);
    ~B(){ cout <<"B类的析构函数被调用\n";}
private:
    int j;
};
class C
{
public:
    C();
    C(int);
    ~C(){ cout <<"C类的析构函数被调用\n";}
private:
    int k;
};
class A
{
public:
    A();
    A(int,int,int);
    ~A(){ cout <<"A类的析构函数被调用\n";}
private:
    int i;
    B b1,b2;
    C c;
};
A::A()                          //A类的默认构造函数自动调用内嵌对象的默认的构造函数
{
    i = 0;
    cout <<"A类的默认构造函数被调用\n";
}
A::A(int i1,int j1,int k1):b1(j1),c(k1)  /*A类的构造函数通过初始化列表向
                                            内嵌对象的构造函数传递参数*/
{
    i = i1;
    cout <<"A类的带参数的构造函数被调用\n";
}
B::B()
{
    j = 0;
    cout <<"B类的默认构造函数被调用\n";
}
B::B(int j1)
{
    j = j1;
    cout <<"B类的带参数的构造函数被调用\n";
}
C::C()
{
    k = 0;
    cout <<"C类的默认构造函数被调用\n";
```

```
}
C::C(int k1)
{
    k = k1;
    cout <<"C 类的带参数的构造函数被调用\n";
}
void main()
{
    cout <<"创建 A 类的对象时,不传递参数:\n 构造函数的调用顺序如下:\n";
    A a1;
    cout <<"创建 A 类的对象时,传递参数:\n 构造函数的调用顺序如下:\n";
    A a2(1,2,3);
}
```

例 7.9 程序的运行结果如图 7.9 所示。

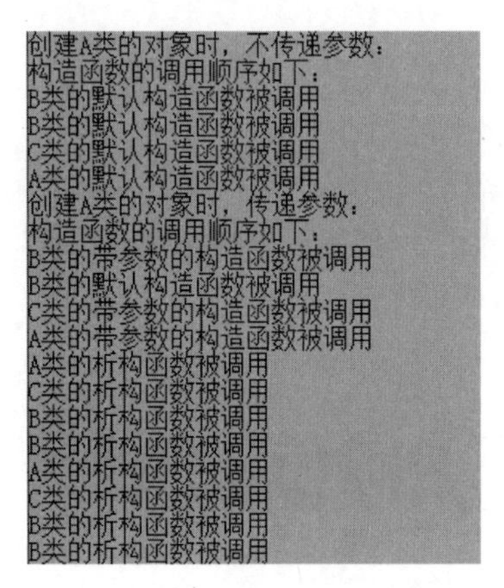

图 7.9 例 7.9 程序的运行结果

类的拷贝构造函数也可以使用初始化列表初始化其中的内嵌对象。当使用一个已经存在的对象初始化一个正在创建的对象时,类的拷贝构造函数被自动调用,在执行函数体前,将自动调用内嵌类对象的拷贝构造函数,这时可以使用初始化列表来传递内嵌对象。语法如下:

```
类名::类名(类名 & 参数对象):内嵌对象 1(参数对象.内嵌对象 1),内嵌对象 2(参数对象.内嵌对象 2),……
{ …… }
```

由于这时调用的是内嵌类的拷贝构造函数,所以应为其传递参数对象的内嵌对象。

例 7.10 演示了如何创建并使用组合类,在容器类的构造函数和拷贝构造函数中如何使用初始化列表向内嵌对象的构造函数传递参数。

例 7.10 创建 Point 类表示平面上的点,并向 Circle 类中添加一个 Point 类的对象作为其数据成员,表示圆心坐标。

```
#include <iostream>
using namespace std;
class Point
{
public:
Point():x(0),y(0)
{}
Point(int i,int j):x(i),y(j)
{}
~Point(){}
bool setx(int x1);
bool sety(int y1);
void movex(int x1);
void movey(int y1);
int getx(){ return x;}
```

```
int gety(){ return y;}
private:
int x,y;
};
#include <iostream>
using namespace std;
class Circle
{
public:
    Circle()                //默认的构造函数体执行前将自动调用内嵌对象的默认构造函数
    {
        radius = 1.0;
        numberOfCircle++;
    }
    Circle(float,int,int); //声明类的带参数的构造函数
    Circle(Circle &c);      //声明类的拷贝构造函数
    float area()            //定义求面积的公有成员函数
{   return radius * radius * 3.14159; }
    bool setRadius(float r);            //声明设定半径的公有成员函数
    float getRadius()                   //定义读取半径的公有成员函数
{   return radius; }
static int getnumberOfCircle()          /* 静态成员函数,用来返回静态
                                           数据成员 numberOfCircle 的值 */
{   return numberOfCircle;}
Point &getCenter()
{ return centerOfCir;}
private:
    float radius;                       //圆的半径定义为私有的数据成员
    static int numberOfCircle;          /* 声明静态数据成员,用来统计程序中创建的 Circle 类
                                           对象的数目 */
    Point centerOfCir;                  //Point 类的内嵌对象,代表圆心
};
int Circle::numberOfCircle = 0;
//以下为 Point 类的实现
bool Point::setx(int x1)
{
    if(x1 >= 0)
    {
        x = x1;
        return true;
    }
    else
        return false;
}
bool Point::sety(int y1)
{
    if(y1 >= 0)
    {
        y = y1;
        return true;
    }
```

```
    else
        return false;
}
void Point::movex(int x1)
{
    if((x + x1)> = 0)
        x += x1;
}
void Point::movey(int y1)
{
    if((y + y1)> = 0)
        y += y1;
}
//以下为 Circle 类的实现
Circle::Circle(float r,int x,int y):centerOfCir(x,y) /* 带参数的构造函数使用初始化列表向
                                                      内嵌对象的构造函数传递参数 */
{
    if(r > 0)
        radius = r;
    else
        radius = 0;
        numberOfCircle++;
}
Circle::Circle(Circle &c):centerOfCir(c.centerOfCir) /* 拷贝构造函数使用初始化列表向
                                                      内嵌对象的拷贝构造函数传递参数 */
{
    radius = c.radius;
    numberOfCircle++;
}
bool Circle::setRadius(float r)
{
    if(r > = 0)
    {
        radius  =  r;
        return true;
    }
    else
        return false;
}
void main()
{
    Circle c1(10.0,10,10);
    Circle c2 = c1;
    cout <<"移动之前,圆 c2 的圆心坐标为: ("<< c2.getCenter().getx()
        <<","<< c2.getCenter().gety()<<")\n";
    c2.getCenter().movex(5);
    c2.getCenter().movey(5);
    cout <<"移动之后,圆 c2 的圆心坐标为: ("<< c2.getCenter().getx()
        <<","<< c2.getCenter().gety()<<")\n";
}
```

例 7.10 程序的运行结果如图 7.10 所示。

```
移动之前，圆c2的圆心坐标为：(10,10)
移动之后，圆c2的圆心坐标为：(15,15)
```

图 7.10 例 7.10 程序的运行结果

7.7 常对象和类的常成员

如同定义基本数据类型的常量一样,可以使用关键字 const 定义类的对象和类的成员。

7.7.1 常对象

用关键字 const 定义的类的对象称为常对象。常对象一经初始化,其实例数据成员的值就不能被改变。定义常对象的语法如下:

```
const 类名 对象名;
```

或

```
const 类名 对象名(参数列表);
```

例如:

```
const Circle c(10.0);
```

由于 c 是常对象,所以不能修改其实例数据成员 radius 的值:

```
c.setRadius(20.5);  //错误,无法编译通过
```

使用常对象只能调用类的 const 成员函数(const 成员函数是用关键字 const 修饰的成员函数,称为常成员函数。将在 7.7.3 节中介绍),而不能调用非 const 成员函数。因为编译器无法保证在非 const 成员函数中没有修改对象的实例数据成员。

7.7.2 常数据成员

在类的定义中,用关键字 const 声明的数据成员称为类的常数据成员。常数据成员一经初始化就不能再被改变,而且构造函数初始化常数据成员时,必须使用初始化列表。

其实对于对象而言,实例数据成员为常量几乎没有意义,所以通常把常数据成员定义为静态成员,使其成为类的一个常量。例如,想要定义一个代表圆周率的常量 PI,并且该常量只在 Circle 类中可用,则可以为 Circle 类添加一个静态的常数据成员 PI:

```
class Circle
{
…
private:
    static const float PI;              //静态的常数据成员
    …
};
```

```
const float Circle::PI = (float)3.14159;  //在类外定义并初始化静态常数据成员
```

7.7.3 const 成员函数

在类的定义中,用关键字 const 声明的成员函数称为类的 const 成员函数(常成员函数)。const 成员函数不能修改对象的实例数据成员。声明 const 成员函数的语法格式如下:

```
返回值类型 函数名(形参列表)const;
```

其中,关键字 const 一定要位于函数名的右侧,而且作为函数名的一部分,关键字 const 还要出现在 const 成员函数的定义中;定义 const 成员函数的语法如下:

```
返回值类型 类名::成员函数名(形参列表)const
{
    …
}
```

const 成员函数不能调用类的非 const 成员函数,因为编译器无法保证在某个非 const 成员函数中没有修改实例数据成员。

可以使用关键字 const 重载类的成员函数。例如,可以使用 const 重载圆类中的成员函数 area:

```
class Circle
{
public:
  …
  float area( ) { return radius * radius * 3.14159;}
  float area( )const { return radius * radius * 3.14159;}
  …
}
```

重载成员函数的 const 版本提供给类的 const 对象使用。例如:

```
const Circle c1(10.0);
float areaOfc1  =  c1.area( ); //const 对象只能调用 const 成员函数
```

7.8 类模板

使用模板的根本目的是实现代码重用,以提高编程效率。在 5.10 节中,介绍了函数模板,函数模板就是将函数中使用的某些数据类型参数化,以构建一个通用的函数,作为创建具体函数的模板。类似地,C++也提供了创建类模板的技术。

类模板就是将类中使用的某些数据类型参数化,以创建一个通用的模板,编译器使用该模板在程序中自动生成具体的类。创建类模板的语法格式如下:

```
template <class 模板参数 1,class 模板参数 2,…>
class 类名
```

```
{
  用模板参数取代具体数据类型的成员声明;
};
```

需注意以下两点。

(1) 这样定义的类模板的完整的名称为：类名<模板参数 1,模板参数 2,……>;

(2) 一个类模板中的所有成员函数都是模板函数。

6.8 节的例 6.17 中,创建了一个整数“栈”类 Stack,该类的对象只能用于存放整数；现在创建一个模板“栈”类,使用该模板可以生成各种不同数据类型的“栈”。

模板“栈”类的代码实现如下。

```
template < class T >
class Stack
{
public:
    Stack();
    Stack(int c);
    Stack(Stack &);                 //声明类的拷贝构造函数
    Stack(Stack &&);                //声明类的移动构造函数
    ~Stack();
    void push(T);                   //用模板参数 T 取代具体类型声明元素入栈的成员函数
    T peek();                       //返回栈顶元素的值,但不弹出栈顶元素
    T pop();                        //弹出栈顶元素,并返回它的值
    void appendCapacity();          //用来追加栈的容量
    int getNumberOfelement()        //返回栈中元素的个数
    {
        return numberOfelement;
    }
    bool empty()                    //判断栈是否为空
    {
        return numberOfelement == 0;
    }
    Stack combine(Stack s);         //combine 函数用来合并两个相同类型的栈
private:
    T * ptrOfele;                   //指向动态创建的数组,用模板参数 T 取代具体类型
    int capacity;                   //栈的容量
    int numberOfelement;            //栈中元素的个数
};
template < class T >                //类模板的所有成员函数都是模板函数
Stack < T >::Stack()                //模板"栈"类的全名是 Stack < T >
{
    ptrOfele = new T[10];
    capacity = 10;
    numberOfelement = 0;
}
template < class T >
Stack < T >::Stack(int c)
{
    ptrOfele = new T[c];
    capacity = c;
```

```
    numberOfelement = 0;
}
template < class T >
Stack < T >::Stack(Stack &anotherStack)
{
    capacity = anotherStack.capacity;
    numberOfelement = anotherStack.numberOfelement;
    ptrOfele = new T[capacity];
    for (int i = 0;i < numberOfelement;i++)
        ptrOfele[i] = anotherStack.ptrOfele[i];
    cout << "类的拷贝构造函数被调用\n";
}
template < class T >
Stack < T >::Stack(Stack &&aRVStack)
{
    capacity = aRVStack.capacity;
    numberOfelement = aRVStack.numberOfelement;
    ptrOfele = aRVStack.ptrOfele;
    aRVStack.ptrOfele = NULL;
    cout << "类的移动构造函数被调用\n";
}
template < class T >
Stack < T >::~Stack()
{
    delete[] ptrOfele;
}
template < class T >
void Stack < T >::appendCapacity()
{
    capacity += 10;
    T * tptr = new T[capacity];
    for (int i = 0;i < numberOfelement;i++)
        tptr[i] = ptrOfele[i];
    delete ptrOfele;
    ptrOfele = tptr;
}
template < class T >
void Stack < T >::push(T anele)
{
    if (numberOfelement == capacity)
        appendCapacity();
    ptrOfele[numberOfelement++ ] = anele;
}
template < class T >
T Stack < T >::peek()
{
    return ptrOfele[numberOfelement - 1];
}
template < class T >                //类模板的所有成员函数都是模板函数
T Stack < T >::pop()                //模板"栈"类的全名是 Stack < T >
{
```

```
    return ptrOfele[ -- numberOfelement];
}
template < class T >
Stack < T > Stack < T >::combine(Stack < T > s) //combine 函数用来合并两个相同类型的栈
{
    Stack < T > st;
    int i;
    st.capacity = capacity + s.capacity;
    st.numberOfelement = numberOfelement + s.numberOfelement;
    st.ptrOfele = new T[st.capacity];
    for (i = 0;i < numberOfelement;i++)
        st.ptrOfele[i] = ptrOfele[i];
    for (int j = 0;j < s.numberOfelement;j++, i++)
        st.ptrOfele[i] = s.ptrOfele[j];
    return st;
}
```

以上的程序代码创建了一个模板类 Stack < T >,注意到在类定义中,用模板参数 T 取代了具体的数据类型 int;并且所有的成员函数都必须定义为模板函数。程序中可以使用这个类模板创建能够存储各种不同类型数据的"栈"对象。那么程序中该如何使用类模板来创建具体的对象呢?

使用类模板创建对象的语法形式如下:

```
用具体类型取代模板参数的类模板名 对象名;
```

类模板名称中的模板参数名被具体类型名取代后就成为一个具体类的类名。编译器在编译这条语句时,首先自动创建这个具体的类,创建的方法是:用具体类型取代类模板中相应的模板参数;然后再创建具体类的对象。

例如,下面的语句创建了一个存放整数的"栈"对象:

```
Stack < int >  stackOfint;
```

这里用具体类型名称 int 取代了类模板名 Stack < T >中的模板参数 T,**编译器在编译这条语句时,用具体类型 int 取代类模板中的模板参数 T 自动创建一个名为 Stack < int >的整数"栈"类,并创建 Stack < int >类的对象 stackOfint**。由编译器自动创建的 Stack < int >类的内容与例 6.17 中的 Stack 相同。

使用类模板 Stack < T >不只能创建保存基本类型数据的"栈",还可以创建保存 Circle 类对象的"栈":

```
Stack < Circle >  stackOfCircle;
```

这条语句首先用 Circle 取代类模板中的模板参数 T,生成了一个用于保存 Circle 类对象的"栈"类 Stack < Circle >,然后创建一个该类的对象 stackOfCircle。

例 7.11 创建类模板 Stack < T >,表示数据结构"栈",使用该类分别创建整数"栈"、字符"栈"和两个保存 Circle 类对象的"栈",再把两个 Circle 栈合并成一个 Circle 栈。

程序代码如下。

```
#include < iostream >
```

```
using namespace std;
//以下是 Circle 类的定义和实现
class Circle
{
public:
    Circle();                              //声明类的默认构造函数
    Circle(float);                         //声明类的带参数的构造函数
    Circle(Circle &c);                     //声明类的拷贝构造函数
    float area()                           //定义求面积的公有成员函数
    {
        return radius * radius * 3.14159;
    }
    bool setRadius(float r);               //声明设定半径的公有成员函数
    float getRadius()                      //定义读取半径的公有成员函数
    {
        return radius;
    }
    static int getnumberOfCircle()         /* 定义静态成员函数,用来返回静态数据成员
                                              numberOfCircle 的值 */
    {
        return numberOfCircle;
    }
private:
    float radius;                          //圆的半径定义为私有的数据成员
    static int numberOfCircle;             /* 声明静态数据成员,用来统计程序
                                              中创建的 Circle 类对象的数目 */
};
int Circle::numberOfCircle = 0;            /* 定义静态数据成员 numberOfCircle,
                                              并将其初始化为 0 */
//以下为类的实现
Circle::Circle()
{
    radius = 1.0;
    numberOfCircle++;                      //在构造函数中将 numberOfCircle 自加 1
}
Circle::Circle(float r)                    //定义带参数的构造函数
{
    if (r > 0)
        radius = r;
    else
        radius = 0;
    numberOfCircle++;                      //在构造函数中将 numberOfCircle 自加 1
}
Circle::Circle(Circle &c)                  //定义拷贝构造函数
{
    radius = c.radius;
    numberOfCircle++;                      //在拷贝构造函数中将 numberOfCircle 自加 1
}
bool Circle::setRadius(float r)
{
    if (r >= 0)
```

```
    {
        radius = r;
        return true;
    }
    else
        return false;
}
//以上是 Circle 类的定义和实现
//以下是类模板 Stack < T>的定义和实现
template < class T >
class Stack
{
public:
    Stack();
    Stack(int c);
    Stack(Stack &);                   //声明类的拷贝构造函数
    Stack(Stack &&);                  //声明类的移动构造函数
    ~Stack();
    void push(T);                     //用模板参数 T 取代具体类型声明元素入栈的成员函数
    T peek();                         //返回栈顶元素的值,但不弹出栈顶元素
    T pop();                          //弹出栈顶元素,并返回它的值
    void appendCapacity();            //用来追加栈的容量
    int getNumberOfelement()          //返回栈中元素的个数
    {
        return numberOfelement;
    }
    bool empty()                      //判断栈是否为空
    {
        return numberOfelement == 0;
    }
    Stack combine(Stack s);           //combine 函数用来合并两个相同类型的栈
private:
    T * ptrOfele;                     //指向动态创建的数组,用模板参数 T 取代具体类型
    int capacity;                     //栈的容量
    int numberOfelement;              //栈中元素的个数
};
template < class T >                  //类模板的所有成员函数都是模板函数
Stack < T >::Stack()                  //模板"栈"类的全名是 Stack < T >
{
    ptrOfele = new T[10];
    capacity = 10;
    numberOfelement = 0;
}
template < class T >
Stack < T >::Stack(int c)
{
    ptrOfele = new T[c];
    capacity = c;
    numberOfelement = 0;
}
template < class T >
```

```
Stack < T >::Stack(Stack &anotherStack)
{
    capacity = anotherStack.capacity;
    numberOfelement = anotherStack.numberOfelement;
    ptrOfele = new T[capacity];
    for (int i = 0;i < numberOfelement;i++)
        ptrOfele[i] = anotherStack.ptrOfele[i];
    cout << "类的拷贝构造函数被调用\n";
}
template < class T >
Stack < T >::Stack(Stack &&aRVStack)
{
    capacity = aRVStack.capacity;
    numberOfelement = aRVStack.numberOfelement;
    ptrOfele = aRVStack.ptrOfele;
    aRVStack.ptrOfele = NULL;
    cout << "类的移动构造函数被调用\n";
}
template < class T >
Stack < T >::~Stack()
{
    delete[] ptrOfele;
}
template < class T >
void Stack < T >::appendCapacity()
{
    capacity += 10;
    T * tptr = new T[capacity];
    for (int i = 0;i < numberOfelement;i++)
        tptr[i] = ptrOfele[i];
    delete ptrOfele;
    ptrOfele = tptr;
}
template < class T >
void Stack < T >::push(T anele)
{
    if (numberOfelement == capacity)
        appendCapacity();
    ptrOfele[numberOfelement++] = anele;
}
template < class T >
T Stack < T >::peek()
{
    return ptrOfele[numberOfelement - 1];
}
template < class T >                    //类模板的所有成员函数都是模板函数
T Stack < T >::pop()                    //模板"栈"类的全名是 Stack < T >
{
    return ptrOfele[ --numberOfelement];
}
template < class T >
```

```
Stack<T> Stack<T>::combine(Stack<T> s) //combine 函数用来合并两个相同类型的栈
{
    Stack<T> st;
    int i;
    st.capacity = capacity + s.capacity;
    st.numberOfelement = numberOfelement + s.numberOfelement;
    st.ptrOfele = new T[st.capacity];
    for (i = 0;i<numberOfelement;i++)
        st.ptrOfele[i] = ptrOfele[i];
    for (int j = 0;j<s.numberOfelement;j++, i++)
        st.ptrOfele[i] = s.ptrOfele[j];
    return st;
}
//以上是类模板 Stack<T>的定义和实现
void main()
{
    Stack<int> stackOfint(16);             //生成整数"栈"类 Stack<int>,并创建对象
    for (int i = 0;i<10;i++)
        stackOfint.push(i);                //向栈中压入整型元素
    cout << "整数栈中的元素为: ";
    while (!stackOfint.empty())
        cout << stackOfint.pop() << " "; //逐个从栈顶弹出整数,并输出其值
    cout << endl;
    Stack<char> stackOfchar;               //生成字符"栈"类 Stack<char>,并创建对象
    for (int j = 65;j<= 70;j++)
        stackOfchar.push((char)j);         //以 ASCII 码值向栈中压入字符
    cout << "字符栈中的字符为: ";
    while (!stackOfchar.empty())
        cout << stackOfchar.pop() << " "; //逐个从栈顶弹出字符,并输出其值
    cout << endl;
    Stack<Circle> stackOfCircle1;          /* 生成保存 Circle 类对象的"栈"类 Stack<Circle>,
                                           并创建对象 */
    Circle c1(10.0), c2(20.5), c3(5.0);
    stackOfCircle1.push(c1);               //Circle 类对象入栈
    stackOfCircle1.push(c2);               //Circle 类对象入栈
    stackOfCircle1.push(c3);               //Circle 类对象入栈
    Stack<Circle> stackOfCircle2;
    Circle c4(15.0), c5(8.5);
    stackOfCircle2.push(c4);
    stackOfCircle2.push(c5);
    Stack<Circle> stackOfCircle3 = stackOfCircle1.combine(stackOfCircle2);
    /* 上面的语句调用成员函数 combine 把 stackOfCircle1 和 stackOfCircle2 合并成一个
    新栈 stackOfCircle3,给函数传递参数时调用了一次栈类的拷贝构造函数,函数返回时,调用了
一次类的移动构造函数 */
    cout << "两个圆栈合并成一个新栈后,新栈中包括: \n";
    while (!stackOfCircle3.empty())
    {
        Circle ctemp = stackOfCircle3.pop();    //逐个从栈顶弹出的 Circle 类对象
        cout << "半径为" << ctemp.getRadius()
            << "的圆\n" ;
    }
}
```

例 7.11 程序的运行结果如图 7.11 所示。

```
整数栈中的元素为：9 8 7 6 5 4 3 2 1 0
字符栈中的字符为：F E D C B A
类的拷贝构造函数被调用
类的移动构造函数被调用
两个圆栈合并成一个新栈后，新栈中包括：
半径为8.5的圆
半径为15的圆
半径为5的圆
半径为20.5的圆
半径为10的圆
```

图 7.11　例 7.11 程序的运行结果

例 7.11 中创建并使用了模板"栈"类，其实 C++标准库中提供了很多模板类作为存储数据的容器，由于这些类都是模板类，所以标准库的这一部分又被称为**标准模板库(STL)**。由于采用模板技术可以开发出通用的程序代码，所以这种程序开发技术又被称为**泛型程序设计技术**或**通用编程技术**。

7.9 友元

C++中的类提供了数据封装和隐藏机制：如果函数不是类的成员函数，则其中不能直接访问类的非公有成员。如果想在非成员函数中访问类的非公有成员，必须使用类提供的接口——公有的成员函数(如果有)。然而，调用函数需要时间开销，会降低程序的执行速度；如果对程序的执行速度有严格的要求，而且程序中在类外需要频繁地访问该类的非公有成员，则可以通过声明友元的方法来解决这个问题。

C++中可以将一个函数或一个类声明为另一个类的友元，在友元中可以直接访问该类的非公有成员。

7.9.1 友元函数

对于一个类而言，可以将一个非成员函数声明为它的友元，则该函数称为类的友元函数。在友元函数中可以使用成员名直接访问类的非公有成员。

需要注意：**要由类来声明它的友元函数，即友元函数的声明应写在类中；而函数本身不能将自己定义为类的友元**。否则任何函数都可以轻易地成为类的友元，从而破坏了数据封装的原则。

声明友元函数的方法是使用关键字 friend，语法格式如下：

```
friend 返回值类型 函数名(形参列表);
```

这样的声明语句必须写在类定义中，但是该函数不是类的成员函数。

在 7.5 节的例 7.8 中，曾经为 Circle 类添加了一个成员函数 compareCircle，用来比较两个 Circle 类对象的大小。现在将其修改为 Circle 类的友元函数，来完成同样的功能。

第 1 步：需要在 Circle 类中将函数 compareCircle 声明为友元函数。

```
friend Circle compareCircle(Circle &c1 , Circle &c2);
```

由于 compareCircle 不是 Circle 类的成员函数，其中没有 this 指针指向调用函数的当前对象——也就是说不能用以下形式的语句调用该函数：

```
对象 1. compareCircle(对象 2);
```

所以进行比较的两个 Circle 类对象都要通过参数传递给 compareCircle 函数。

第 2 步：定义函数 compareCircle。

```
Circle compareCircle(Circle &c1 , Circle &c2)
{
   if(c1.radius > c2.radius)                //友元函数中直接访问类的私有成员
     return c1;
   else
     return c2;
}
```

可以看到，由于 compareCircle 不是 Circle 类的成员函数，所以定义时，不需要用类名进行限定。由于 compareCircle 是 Circle 类的友元函数，所以其中可以直接访问 Circle 类的私有成员 radius。以下是程序的完整代码。

例 7.12 将函数 compareCircle 声明为 Circle 类的友元函数，并使用它比较两个 Circle 类对象的大小，返回其中较大的一个。

程序代码如下。

```
#include <iostream>
using namespace std;
//以下是 Circle 类的定义和实现
class Circle
{
friend Circle compareCircle(Circle &c1,Circle &c2); //将 compareCircle 声明为友元函数
public:
    Circle();
    Circle(float);
    Circle(Circle &c);
    float area()
    {  return radius * radius * 3.14159; }
    bool setRadius(float r);
    float getRadius()
    {  return radius; }
    static int getnumberOfCircle()
    {  return numberOfCircle;}
private:
    float radius;
    static int numberOfCircle;

};
int Circle::numberOfCircle = 0;
Circle compareCircle(Circle &c1 , Circle &c2)        //定义友元函数时，不需要类名限制
{
   if(c1.radius > c2.radius)                          //友元函数中直接访问类的私有成员
     return c1;
   else
```

```
        return c2;
}
//以下为类的实现
Circle::Circle()
{
    radius = 1.0;
    numberOfCircle++;                          //在构造函数中将 numberOfCircle 自加 1
}
Circle::Circle(float r)                        //定义带参数的构造函数
{
    if(r > 0)
        radius = r;
    else
        radius = 0;
    numberOfCircle++;                          //在构造函数中将 numberOfCircle 自加 1
}
Circle::Circle(Circle &c)                      //定义拷贝构造函数
{
    radius = c.radius;
    numberOfCircle++;                          //在拷贝构造函数中将 numberOfCircle 自加 1
}
bool Circle::setRadius(float r)
{
      if(r >= 0)
      {
         radius  =  r;
         return true;
      }
      else
         return false;
}
void main()
{
    Circle c1(10.0),c2(5.5),c3;
    c3 = compareCircle(c1,c2);                 //调用友元函数比较两个 Circle 对象的大小
    cout <<"c1 和 c2 中较大的一个圆的面积为:"<< c3.area()<< endl;
}
```

例 7.12 程序的运行结果如图 7.12 所示。

```
c1和c2中较大的一个圆的面积为:314.159
```

图 7.12　例 7.12 程序的运行结果

7.9.2 友元类

同样,也可以将一个类声明为另一个类的友元类。**如果将 A 类声明为 B 类的友元类,则在 A 类的所有成员函数中都可以直接访问 B 类的非公有成员,即 A 类的所有成员函数都成为 B 类的友元函数。**声明友元类的语法格式如下:

```
class B
```

```
{
  …
  friend class A;
}
```

和声明友元函数相同，**如果要将A类声明为B类的友元类，则必须要由B类来声明，即声明语句必须写在B类的定义中；而A类本身不能将自己声明为B类的友元**。否则任何类都可以轻易地成为另一个类的友元类，从而破坏了数据的封装原则。例7.13中创建了Cylinder类表示圆柱体，该类中有一个内嵌的Circle类对象代表圆柱体的底面积，为了在Cylinder类中能快速地访问Circle对象的私有成员radius，将该类声明为Circle类的友元类。

例7.13 创建并使用Circle类的友元类Cylinder类(圆柱体类)。

```
#include <iostream>
using namespace std;
//以下是Circle类的定义
class Circle
{
    friend class Cylinder;                      //将Cylinder类声明为Circle类的友元类
public:
    Circle()                                    //定义类的默认构造函数
    { radius = 1.0;}
    Circle(float);                              //声明类的带参数的构造函数
    Circle(Circle &c)                           //定义类的拷贝构造函数
    { this->radius = c.radius;}
    float area()                                //定义求面积的公有成员函数
    {  return radius * radius * 3.14159; }
    bool setRadius(float r);                    //声明设定半径的公有成员函数
    float getRadius()                           //定义读取半径的公有成员函数
    {  return radius; }
private:
    float radius;                               //圆的半径定义为私有的数据成员
};

//以下为Cylinder类的定义
class Cylinder
{
public:
    Cylinder()                                  //定义类的默认构造函数
    { height = 1.0;}
    Cylinder(float radius,float height);        //声明类的带参数的构造函数
    Cylinder(Cylinder&);                        //声明类的拷贝构造函数
    bool setRadiusOfUnderside(float);           //修改底面半径的成员函数
    float getRadiusOfUnderside()                //读取底面半径的成员函数
    { return underSide.radius;}                 //Cylinder类中直接访问Circle类对象的私有成员
    bool setHeight(float);                      //修改圆柱体高的成员函数
    float getHeight()                           //读取圆柱体高的成员函数
    { return height;}
    float volume()                              //求圆柱体体积的成员函数
```

```
    { return underSide.radius * underSide.radius
            * 3.14159 * height;            //直接访问 Circle 类对象的私有成员
    }
private:
    float height;
    Circle underSide;                      //内嵌的 Circle 类对象,表示圆柱体底面积
};
//以下为 Circle 类的实现
Circle::Circle(float r)                    //定义带参数的构造函数
{
    if(r>0)
        radius=r;
    else
        radius=0;
}
bool Circle::setRadius(float r)
{
      if(r>=0)
      {
        radius = r;
        return true;
      }
      else
        return false;
}
//以下为 Cylinder 类的实现
Cylinder::Cylinder(float radius,float height):underSide(radius)
                 /*Cylinder 类的构造函数使用初始化列表向内嵌对象的构造函数传递参数*/
{   this->height=height;  }
Cylinder::Cylinder(Cylinder &cy):underSide(cy.underSide)
          /*Cylinder 类的拷贝构造函数使用初始化列表向内嵌对象的拷贝构造函数传递参数*/
{
    height=cy.height;
}
bool Cylinder::setRadiusOfUnderside(float radius)
{
    if(radius>=0)
    {
        underSide.radius=radius;           /*Cylinder 类的成员函数中直接访问 Circle 类内嵌
                                           对象 underSide 的私有成员 radius*/
        return true;
    }
    else
        return false;
}
bool Cylinder::setHeight(float height)
{
    if(height>=0)
    {
        this->height=height;
        return true;
```

```
    }
    else
        return false;
}
void main()
{
    Cylinder cy(10.0,20.0);
    cout <<"圆柱体的体积为: "<< cy.volume()<< endl;
}
```

例 7.13 程序的运行结果如图 7.13 所示。

```
圆柱体的体积为：6283.18
```

图 7.13　例 7.13 程序的运行结果

友元关系是不可逆的，即如果 A 类是 B 类的友元类，则 B 类不一定是 A 类的友元类。

7.10　使用 function 对象调用类的实例成员函数

5.11 节中介绍了 function 类，它是 C++ 11 新引入的一个类，它的对象类似于函数指针。在 5.11 节的例 5.22 中，演示了使用 function 类的对象调用 lambda 函数的方法。function 类的功能非常强大，使用它的对象不但能调用 lambda 函数，还可以调用任意类型的函数，包括类的实例成员函数。但类的实例成员函数和其他类型的函数不同，在 7.5 节介绍 this 指针时曾提到：C++编译器在编译类的实例成员函数时，会为其添加一个形式参数 this，它是一个指向调用该函数的对象的指针。在发生函数调用时，将调用该函数的对象地址传递给 this 指针。也就是说，类的实例成员函数总是由类的特定对象调用的，所以在使用 function 对象调用类的实例成员函数时，需要使用命名空间 std 中定义的 bind 函数把 function 对象绑定到一个**特定对象**的某个实例成员函数上，这个**特定对象**就是调用该实例成员函数的当前对象。例如，下面的程序语句使用 function 对象调用 Circle 类的成员函数 area，求出一个 Circle 对象 c 的面积。

```
Circle c(10.0);                                //定义 Circle 类对象 c
function < float()> f;                         //定义 function 类的对象 f
f = bind(&Circle::area, &c);                   //把对象 f 绑定到 Circle 对象 c 上
cout << "圆对象 c 的面积为: "<< f()<< endl;     //通过 f 调用 Circle 类的成员函数 area
```

上面第 2 条程序语句定义了一个 function 类的 f，第 3 条语句把 f 绑定到 Circle 类对象 c 的实例成员函数 area 上，最后一条语句使用 f 调用对象 c 的实例成员函数 area。

如果要调用的实例成员函数有参数，则在调用 bind 函数时，应使用 std 命名空间中定义的占位符 placeholders_1，placeholders_2，…来表示每一个参数。

例 7.14　使用 function 类对象调用 Circle 类的实例成员函数 setRadius 和 area。

程序完整代码如下。

```
#include < iostream >
#include < functional >
using namespace std;
```

```
class Circle
{
public:
    Circle()                              //定义类的默认构造函数
    {
        radius = 1.0;
    }
    Circle(float);                        //声明类的带参数的构造函数
    Circle(Circle &c)                     //定义类的拷贝构造函数
    {
        this->radius = c.radius;
    }
    float area()                          //定义求面积的公有成员函数
    {
        return radius * radius * 3.14159;
    }
    bool setRadius(float r);              //声明设定半径的公有成员函数
    float getRadius()                     //定义读取半径的公有成员函数
    {
        return radius;
    }
private:
    float radius;                         //圆的半径定义为私有的数据成员
};
Circle::Circle(float r)                   //定义带参数的构造函数
{
    if (r>0)
        radius = r;
    else
        radius = 0;
}
bool Circle::setRadius(float r)
{
    if (r>= 0)
    {
        radius = r;
        return true;
    }
    else
        return false;
}
//以上是 Circle 类的声明和定义
void main()
{
    Circle c;
    float areaOfc = 0.0;
    function<bool(float)> f1;
    function<float()> f2;
    f1 = bind(&Circle::setRadius, &c, std::placeholders::_1);
    f1(10.0);
    cout << "圆对象 c 的半径为: " << c.getRadius() << endl;
```

```
    f2 = bind(&Circle::area,&c);
    areaOfc = f2();
    cout << "圆对象 c 的面积为: " << areaOfc << endl;
}
```

以上程序的重点是 main 函数,main 函数的第 3、4 条语句定义了两个 function 对象 f1 和 f2；第 5 条语句把对象 f1 绑定到 c 对象的 setRadius 实例成员函数上,bind 函数的第 1 个参数是要绑定到的函数地址,第 2 个参数是要绑定到的特定对象的地址,由于函数 setRadius 有一个参数,所以 bind 函数的第 3 个参数使用占位符 std::placeholders::_1 代表这个参数。如果函数 setRadius 还有第 2 个参数,则函数 bind 也会相应地增加第 4 个参数 placeholders::_2,以此类推；main 函数的第 6 条语句,使用对象 f1 调用 Circle 类的实例成员函数 setRadius,把对象 c 的半径设置为 10；第 7 条语句输出对象 c 的半径；第 8 条语句把对象 f2 绑定到 Circle 对象 c 的实例成员函数 area 上；第 9 条语句使用对象 f2 调用函数 area 求出对象 c 的面积,并把它返回给变量 areaOfc。例 7.14 程序的运行结果如图 7.14 所示。

```
圆对象c的半径为：10
圆对象c的面积为：314.159
```

图 7.14　例 7.14 程序的运行结果

7.11　string 类

string 类是 C++标准库中定义的类,用于存储和操作字符串。

在 C 语言中,用字符数组来存储和处理字符串,并且在头文件 string.h 中提供了一系列处理字符串的函数,这些函数的参数都是存储字符串的字符数组。这种处理字符串的方法既不方便,又不符合面向对象程序设计的封装思想。

C++语言在其标准库中定义了 string 类,string 类中包含大量的用于处理字符串的成员函数。和字符数组相比,使用 string 类可以更加方便地操作字符串。string 类的定义包含在 C++头文件 string(注意不是 string.h)中,所以若要使用 string 类,则程序中应包含这个头文件。

7.11.1　构造字符串

string 类提供了多个重载的构造函数用来创建字符串。

(1) 创建一个空字符串。例如：

```
string str;                              //创建了一个空的 string 对象 str
```

(2) 用字符串字面量初始化字符串。例如：

```
string str = "Welcome";
```

(3) 创建一个字符串,用字符数组或字符指针对其进行初始化。例如：

```
char chArray[ ] = "Welcome";
```

```
string str(chArray);                //或 string str = chArray;
```

(4) 将一个字符重复 n 次,来构造一个字符串。例如:

```
string str(5,'a');                  //str 为"aaaaa"
```

(5) 用一个已经存在的 string 对象初始化新创建的 string 对象。例如:

```
string str1 = "Welcome";
string str2(str1);                  //或 string str2 = str1;
```

(6) 用字符数组中的前 n 个字符初始化字符串对象。例如:

```
char * chptr = "Welcome to C++";
string str(chptr,7);  /* 用字符指针 chptr 所指字符数组的前 7 个字符初始化字符串 str,字
                         符串 str 的内容为"Welcome" */
```

(7) 用一个已经存在字符串中的一部分来初始化新的字符串。例如:

```
string str1 = "Welcome to C++";
string str2(str1,11,3); /* 用 str1 的从下标为 11 的字符开始的 3 个字符组成的子串初始化字符
                           串 str2,str2 的内容为"C++" */
```

7.11.2 常用的字符串操作

C++标准库提供了大量的函数和重载运算符来操作 string 字符串。本节介绍一部分比较常见的操作。

(1) 使用标准输入流对象 cin 从键盘输入字符串。这样输入字符串时,空格字符和换行符(回车)都被认为是字符串结束的标志,所以输入的字符串中不能含有空格字符。例如:

```
string str;
cin >> str;
```

如果用户输入为"Welcome to C++",则字符串 str 中的内容为"Welcome",因为输入时,单词 Welcome 后面的空格被认为是输入结束的标志。

(2) 使用函数 getline 输入一行字符串。这样输入字符串时,是以换行符为结束标志的。所以使用 getline 函数输入的字符串可以包含空格。

函数 getline 有两个参数,第一个参数是一个 istream 类(输入流类)的对象,第二个参数是接收输入的 string 类对象。如果想从键盘输入字符串,则函数 getline 的第一个参数应为 cin。例如:

```
string str;
getline(cin,str);
```

如果用户输入为"Welcome to C++",则字符串 str 中的内容为"Welcome to C++"。

(3) 使用赋值运算符=,可以将一个字符串的内容复制给另一个字符串。例如,若 str1 和 str2 为 string 类的两个对象,则:

```
str2 = str1;
```

赋值操作后,str2 成为 str1 的一个副本。

(4) 使用运算符+和+=连接两个字符串。例如:

```
string str1 = "Welcome";
string str2 = " to ";
string str3 = str1 + str2;
str3 + = "C++";
```

上边的语句执行结束后,str3 的内容为"Welcome to C++"。

(5) 使用运算符==和!=判断两个字符串是否相等。若 str1 和 str2 的内容相同,则表达式 str1==str2 的值为 true,否则为 false。同理,若 str1 和 str2 的内容相同,则表达式 str1!=str2 的值为 false,否则为 true。

(6) 使用运算符<、<=、>、>=,可以比较两个 string 字符串的大小。两个字符串的大小,是由两个字符串中最左边的一个不同的字符的 ASCII 码值决定的。例如:

```
string str1 = "abcde";
string str2 = "abcee";
```

由于从左向右看,str1 和 str2 的第一个不同的字符是'd'和'e',而字符'd'的 ASCII 码值小于字符'e'的 ASCII 码,所以字符串 str1 的值小于字符串 str2。

(7) 使用运算符[]和成员函数 at,获得字符串中的字符。例如:

```
string str = "Welcome to C++";
char ch1 = str[5];          //将字符串 str 中下标为 5 的字符赋值给字符变量 ch1
char ch2 = str.at(5);       //将字符串 str 中下标为 5 的字符赋值给字符变量 ch2
```

则字符 ch1 和 ch2 的值都为'm'。

(8) 使用成员函数 length 或 size 获得字符串中包含字符的个数。例如:

```
string str = "Welcome to C++";
int strLen1 = length();
int strLen2 = size();
```

则 strLen1 和 strLen2 的值都是 14。

(9) 使用成员函数 empty 来判断字符串是否为空。若字符串为空,则函数 empty 返回 true,否则返回 false。

(10) 成员函数 insert 将一个由字符指针指向的字符串插入到另一个字符串的指定位置。例如:

```
string str = "WelcomeC++";
char * chptr = " to ";
str.insert(7,chptr); //将指针 chptr 指向的字符串插入到 str 串中下标为 7 的地方
```

插入操作后,字符串 str 的内容为"Welcome to C++"。

也可以将一个 string 对象插入到另一个 string 对象之中。例如:

```
string str = "WelcomeC++";
string str1 = " to ";
str.insert(7,str1); //将字符串 str1 插入到字符串 str 中下标为 7 的地方
```

插入操作后,字符串 str 的内容也是"Welcome to C++"。

(11) 成员函数 find 用来查找当前字符串中是否包含某个子串,若包含则返回子串首字符的下标。例如:

```
string str = "Welcome to C++";
string str1 = "to";
unsigned int pos = str.find(str1);
```

上边的语句查找 str1 中的子串"to"在字符串 str 中的位置,查找结束后 pos 的值为 8。

(12) 成员函数 substr 用来获得字符串中的子串,函数 substr 有两个整型参数,第一个参数表示子串的第一个字符在原字符串中的位置;第二个参数表示子串中的字符个数。例如:

```
string str1 = "Welcome to C++";
string str2 = str1.substr(11,3); //从下标为 11 的位置开始,取出长度为 3 个字符的子串
```

上面的语句从 str1 中取出子串赋值给 str2,str2 的内容为"C++"。

(13) 成员函数 swap 用来交换两个 string 对象的内容。例如:

```
string str1 = "Welcome to C++";
string str2 = "Hello!";
str1.swap(str2);
```

上边的语句交换了字符串 str1 和 str2 的内容。交换后,str1 的内容为"Hello!",而 str2 的内容为"Welcome to C++"。

小结

用关键字 static 声明的类成员称为类的静态成员,而没有用关键字 static 声明的类成员称为类的实例成员。类的实例成员属于具体的实例,而类的静态成员属于类,并被类的所有实例共享。

指向对象的指针称为对象指针。类的每个实例成员函数中都有一个隐含的参数 this,它是一个对象指针,指向调用函数的当前对象。

可以使用 new 操作符,在程序运行过程中动态地创建类的对象。动态创建的对象在程序运行结束前应使用 delete 操作符删除。

类的成员都具有类作用域,即在类的成员函数中,可以使用成员名直接访问它们。

一个类的数据成员可以是另一个类的对象,这种情况称为类组合。在类组合的情况下,当创建容器类对象时,首先要创建其中的内嵌对象;容器类的构造函数需要通过初始化列表向内嵌对象的构造函数传递参数。

用关键字 const 声明的对象称为常对象;用关键字 const 声明的类的成员称为类的常成员,包括常数据成员和常函数成员。常对象不能修改其中的数据成员,通过常对象只能调用类的常成员函数。

类模板就是将类中使用的数据类型参数化,以生成通用的类,可以用来创建具体的类。使用模板技术可以生成通用的代码,所以这种编程技术常被称为通用编程技术或泛型编程

技术。

可以使用关键字 friend 声明类的友元,包括友元函数和友元类。在类的友元中,可以使用成员名直接访问该类的非公有成员。

string 类是 C++标准库中预定义的类,用来处理字符串。该类中包含很多成员函数和重载的操作符。

习题

7.1 简述类的静态成员和实例成员的区别。

7.2 以下的叙述中,哪条是错误的? 为什么?

A. 类的实例成员函数可以访问类的实例数据成员

B. 类的实例成员函数可以访问类的静态数据成员

C. 类的静态成员函数可以访问类的实例数据成员

D. 类的静态成员函数可以访问类的静态数据成员

7.3 为习题 4.12 中创建的 employee 类添加一个静态数据成员 companyname,用来表示公司的名称;再声明一个静态数据成员 empnum,用来统计公司雇员的人数,并编写程序进行检测。

7.4 习题 4.6 中创建了一个类 automobile,表示汽车。请编写一段程序,在其中动态创建一个 automobile 类的对象,给对象的数据成员赋值,并输出对象信息。

7.5 编写程序,动态创建一个 employee 类的对象数组,表示公司雇员。从键盘给数组中的每个对象赋值,并输出所有雇员的信息。

7.6 读下面的程序,并写出运行结果。

```
#include <iostream>
using namespace std;
class A
{
public:
    A(){ a = 10;}
    void fun();
private:
    int a;
};
void A::fun()
{
    int a = 20;
    cout << a << endl;
    cout << this -> a << endl;
}
void main()
{
    A a;
    a.fun();
}
```

7.7 以下的叙述中,哪一条是错误的?

A. this 是一个对象指针

B. this 只能在类的实例成员函数中使用,不能在类的静态成员函数中使用

C. this 既可以在类的实例成员函数中使用,也可以在类的静态成员函数中使用

D. 使用 this 指针既可以访问类的实例数据成员,也可以访问类的静态数据成员

7.8 在类的成员函数中,如何返回调用该函数的当前对象?

7.9 假设 A 为一个类,请问执行下面的语句将调用几次 A 类的构造函数?

```
A  aobj, objArray[3], * objptr[2];
```

7.10 为习题 4.12 中创建的 employee 类添加一个实例成员函数,用来比较两个雇员的月薪,并返回月薪较多的雇员对象的引用。

7.11 定义一个 Point 类表示平面上的一个点,再定义一个 Rectangle 类表示矩形。Rectangle 类中包含 Point 类的对象,作为矩形左上角的坐标。要求为 Rectangle 类创建带参数的构造函数,并在其中初始化 Point 类的内嵌对象。

7.12 创建组合类对象时,要调用所有内嵌对象的构造函数,简述各类构造函数的调用顺序。

7.13 创建 Cpu 类和 Ram 类,分别表示计算机的中央处理器和主存储器。Cpu 类中包含数据成员 frequency 和 voltage 以及函数成员 run 和 stop。frequency 和 voltage 分别表示 Cpu 的运行频率和电压;函数成员 run 和 stop 表示 Cpu 开始运行和停止运行。Ram 类中包含数据成员 amount 和 frequency 以及函数成员 read 和 write。数据成员 amount 和 frequency 分别表示内存的数量和工作频率;函数成员 read 和 write 表示读和写内存。再创建一个类 Computer 表示计算机,其中包含数据成员 cpu 和 ram 以及函数成员 start、run 和 stop。cpu 和 ram 分别是 Cpu 类和 Ram 类的对象,代表计算机的中央处理器和内存储器;成员函数 start、run 和 stop 分别表示计算机的启动、运行和关闭。要求为 Computer 类创建构造函数,并在其中初始化数据成员 cpu 和 ram。

7.14 以下的叙述中,哪一条是错误的?

A. 用关键字 const 定义的类的对象称为常对象,常对象的数据成员不能被修改

B. 用关键字 const 定义的类的数据成员和函数成员分别称为常数据成员和常成员函数,常成员函数不能调用类的非 const 数据成员

C. 关键字 const 可以用来重载类的成员函数

D. 常对象既可以调用类的 const 成员函数,也可以调用类的非 const 成员函数

7.15 创建一个模板类 Chain(链表类)作为容器,其中的每个节点都可以存储任意类的对象。以 Chain 类为基础,分别创建整型链表类 Chain < int >和浮点型链表类 Chain < float >,用来操作整数和实数。

7.16 修改习题 5.9,创建一个 employee 类的友元函数,用来比较两个雇员的月薪,并返回其中月薪较多的雇员对象。

第8章 类的继承

随着计算机技术的高速发展，软件的规模也日益增大。如何提高开发程序的效率成为程序设计者的重要课题。代码重用是提高程序设计效率的重要手段；使用已有的代码可以节省编程时间，由于已有的代码是已经经过实践检验的正确代码，所以也提高了程序代码的正确性，减少了用于测试和维护的时间。前面的章节中，已经介绍过一些代码重用技术，如使用函数和模板；面向对象程序设计技术提供了一种更高层次的实现代码重用的方法——类继承。通过继承，可以从现有的类派生出新的类，新类自动拥有了被继承类的全部特征。类的继承是面向对象编程技术的重要特征之一。

前面的章节中，已经介绍了面向对象程序设计技术中的抽象和封装特性。本章中将介绍面向对象程序设计技术的另一个重要特征——类的继承。

8.1 基类和派生类

类的继承就是从现有类的基础上，派生出一个新的类，新派生的类自动具有了现有类的全部属性和特征，所以可以说新类继承了原有的类；同时，新类还加入了原来的类所没有的、新的属性和特征，所以又可以说新类是对原有类的扩展。在继承关系中，通常把被继承的类称为基类或父类，而把通过继承产生的新类称为派生类或子类。

在继承的关系中，基类和派生类之间是一般和具体、普遍和特殊的关系。例如，如果“汽车”类是一个已经存在的类，则通过继承可以派生出一个新类——“轿车”类；轿车是一种特殊的汽车，具有汽车的全部属性特征，同时又具有自己特有的属性。又如，可以从“水果”类派生出“苹果”类和“香蕉”类，苹果和香蕉都是水果，具有水果类植物的全部属性和特征，同时，苹果和香蕉又都具有自己特有的属性特征。

严格地说，**继承关系中的派生类和基类之间是“is-a”的关系，也就是说，一个派生类对象也是一个基类对象，但是一个基类的对象不一定是一个派生类的对象**。例如，可以说一辆轿车是一辆汽车，一个苹果是一个水果；但是反过来，一辆汽车不一定是轿车，一个水果也不一定就是一个苹果。

基类和派生类的关系是相对而言的，一个派生类也可以是另一个类的基类。在实际的程序设计中，通常需要通过继承和派生构建具有层次结构的类家族。

图 8.1～图 8.3 是通过继承衍生出的几个类家族，图中的每个矩形表示一个类，箭头从派生类指向基类。

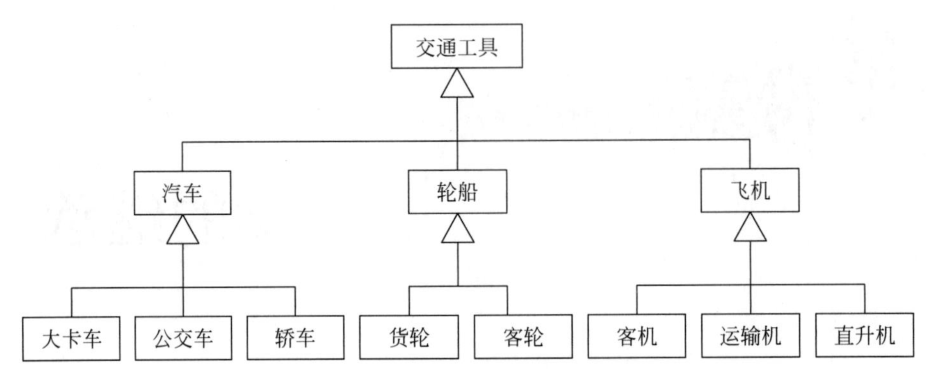

图 8.1　交通工具类层次图

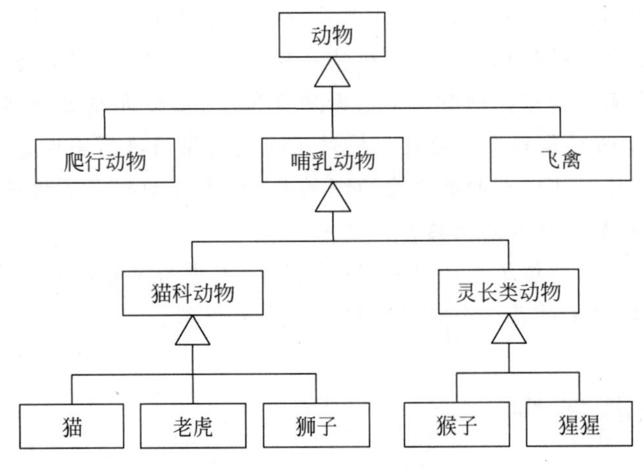

图 8.2　动物类层次图

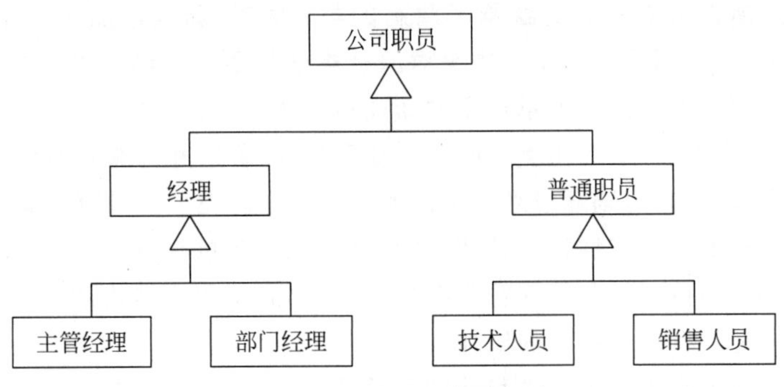

图 8.3　公司职员类层次图

8.2　定义派生类

C++语言中定义派生类的语法形式如下：

```
class 派生类名: 继承方式 基类 1,继承方式 基类 2,…
{
```

```
    派生类类体
};
```

通过继承,派生类自动拥有了基类的所有成员(除了基类的构造函数和析构函数),在派生类的类体中,只需声明属于派生类的成员。例如:

```
class A
{
public:
  void fun1( );
protected:
  int i1;
private:
  float f1;
};
class B: public A
{
public:
  void fun2( );
protected:
  int i2;
private:
  float f2;
};
```

在上面的类定义中,B类继承A类,A类是B类的基类(父类),B类是A类的派生类(子类)。B类继承了A类的所有成员,A类的成员函数fun1也成为B类的成员函数,A类的数据成员i1和f1也成为B类的数据成员;而成员函数fun2和数据成员i2和f2是派生类B自己的成员。

派生类定义中的继承方式包括公有继承、私有继承和保护继承三种,分别使用关键字public、private和protected来声明。例如,若用下面的语句定义类A:

```
class A: public B, private C, protected D
{
  …
};
```

则A类公有继承B类,私有继承C类,保护继承D类,继承方式的不同,决定了基类成员被派生类继承后,在派生类中的访问控制权限。

如果一个派生类只有一个基类,这种继承方式称为单重继承;如果一个派生类的基类个数多于一个,则称为多重继承。

在继承中基类和派生类的关系是相对的,一个派生类也可以是另一个类的基类。例如:

```
class A
{ … };
class B: public A
{ … };
class C: public B
{ … };
```

上面的三个类通过继承构成了一个层次结构的类家族，其中，B类是A类的派生类，同时B类又是C类的基类；C类通过B类间接继承了A类，所以，C类中也自动拥有了A类的所有成员；A类称为C类的间接基类。

8.3 继承方式与访问权限

派生类继承了基类的所有成员(除了基类的构造函数和析构函数)，那么这些被继承的基类成员在派生类中具有怎样的访问权限呢？

基类成员在派生类中的访问权限由两个因素决定：第一是该成员在基类中的访问权限；第二是继承方式。

表8.1给出了在不同的继承方式下，基类成员在派生类中的访问权限。

表8.1　基类成员在派生类中的访问权限

继承方式	基类成员在基类中的访问权限	基类成员在派生类中的访问权限
公有继承(public)	公有成员(public)	公有成员(public)
	保护成员(protected)	保护成员(protected)
	私有成员(private)	不能访问
保护继承(protected)	公有成员(public)	保护成员(protected)
	保护成员(protected)	保护成员(protected)
	私有成员(private)	不能访问
私有继承(private)	公有成员(public)	私有成员(private)
	保护成员(protected)	私有成员(private)
	私有成员(private)	不能访问

从表8.1中可以看出：

(1) 公有继承时，基类的公有成员在派生类中仍然是公有成员；基类的保护成员在派生类中仍然是保护成员；基类的私有成员在派生类中不能被访问。

(2) 保护继承时，基类的公有成员在派生类中成为保护成员；基类的保护成员在派生类中仍然是保护成员；而基类的私有成员在派生类中不可访问。

(3) 私有继承时，基类的公有成员和保护成员在派生类中都成为私有成员；而基类的私有成员在派生类中不能被访问。

6.4节介绍类成员的访问权限时曾经提到：**从一个类的外部看，类的私有(private)成员和保护(protected)成员的访问控制权限是相同的，即不能在类的外部(非成员函数中)访问私有成员和保护成员**。表8.1给出了**私有(private)成员和保护(protected)成员的区别：基类的保护成员被派生类继承后，成为派生类的保护成员或私有成员，在派生类中可以使用成员名直接访问这些成员；而在派生类中不能访问基类的私有成员**。

例8.1　基类成员在派生类中的访问控制权限。

```
#include <iostream>
using namespace std;
class baseClass
{
```

```
public:
    int i1;
    void seti3(int para)
    { i3 = para;}
    int geti3()
    { return i3;}
protected:
    int i2;
private:
    int i3;
};
class derivedClass:public baseClass    //公有继承
{
public:
    void set(int,int,int);
    void display();

};
void derivedClass::set(int par1,int par2,int par3)
{
    i1 = par1;          //通过公有继承,基类的公有成员 i1 成为派生类的公有成员
    i2 = par2;          //通过公有继承,基类的保护成员 i2 成为派生类的保护成员
    seti3(par3);        /* 通过继承,基类的私有成员 i3 在派生类中成为不可访问的
                          成员,要在派生类中访问 i3,只能通过基类提供的公有接口 */
}
void derivedClass::display()
{
    cout <<"i1 = "<< i1 << endl;  //通过公有继承,基类的公有成员 i1 成为派生类的公有成员
    cout <<"i2 = "<< i2 << endl;  //通过公有继承,基类的保护成员 i2 成为派生类的保护成员
    cout <<"i3 = "<< geti3()<< endl; /* 通过继承,基类的私有成员 i3 在派生类中成为不可访问
                                      的成员,要在派生类中访问 i3,只能通过基类提供的公有接口 */
}
void main()
{
    derivedClass d;  //创建派生类对象
d.set(1,2,3);
    d.display();
}
```

程序中定义了两个类 baseClass 和 derivedClass，derivedClass 类是公有继承 baseClass 类。i1、i2、i3 分别是 baseClass 类的公有数据成员、保护数据成员和私有数据成员；它们被 derivedClass 类继承；baseClass 类的公有数据成员 i1 被公有继承后，仍然是派生类 derivedClass 的公有成员；baseClass 类的保护数据成员 i2 被公有继承后，仍然是派生类 derivedClass 的保护成员；所以在派生类 derivedClass 的成员函数中，可以直接访问它们；baseClass 类的私有数据成员 i3 被继承后，在派生类 derivedClass 中成为不可访问的成员，所以在派生类 derivedClass 的成员函数中，必须使用 baseClass 类的公有成员函数间接地修改和读取 i3 的值。例 8.1 程序的运行结果如图 8.4 所示。

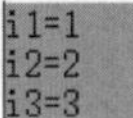

图 8.4　例 8.1 程序的运行结果

8.4 构造派生类对象

本节介绍派生类对象的结构以及如何创建派生类的构造方法。

8.4.1 派生类对象的结构

在7.5节中介绍过对象的存储结构,当创建一个对象时,系统会为对象分配一块存储空间,其中存放对象的实例数据成员。**一个派生类对象的实例数据成员由两部分组成,一部分是继承自基类的数据成员,这部分成员的集合在派生类对象中构成了一个基类子对象;另一部分是在派生类中声明的数据成员。所以,为派生类对象分配的内存空间中也包含两个部分,一部分用来存储基类子对象,另一部分存储派生类中声明的实例数据成员。**例如,若有如下定义的基类和派生类:

```
class baseClass
{
public:
     int i1;
     …
protected:
     int i2;
private:
     int i3;
};
class derivedClass:public baseClass
{
public:
     …
protected:
     int i4;
private:
     int i5;
};
void main()
{
  derivedClass d;
  …
}
```

其中,i1、i2、i3是在基类baseClass中声明的实例数据成员,i4、i5是在派生类derivedClass中声明的实例数据成员;d是派生类derivedClass的对象,则d的内存结构如图8.5所示。

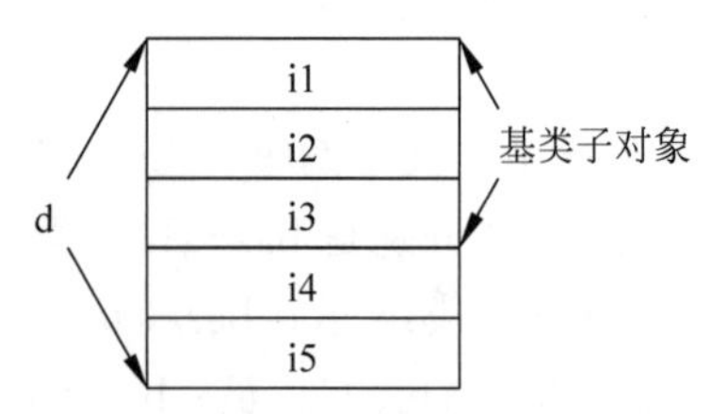

图8.5 派生类对象d的存储结构

8.4.2 派生类的构造函数

我们已经知道,类的构造函数是在创建对象时被系统自动调用,用来初始化对象中的实例数据成员。

在创建派生类对象时，系统自动调用派生类的构造函数初始化其中的数据成员；在即将执行派生类的构造函数体之前，系统会首先调用基类的构造函数初始化派生类对象中的基类子对象；然后执行派生类的构造函数体，初始化在派生类中声明的实例数据成员。如果派生类有多个基类（多重继承），则在即将执行派生类的构造函数体之前，先依次调用各个基类的构造函数，调用的顺序和定义派生类时声明其基类的顺序相同。例如，若有如下定义的派生类：

```
class derivedClass:public baseClass1,private baseClass2,public baseClass3
{ … };
```

则创建 derivedClass 类对象时，编译器首先调用 derivedClass 类的构造函数，在即将执行构造函数体之前，编译器会依次调用基类 baseClass1、baseClass2 和 baseClass3 的构造函数来初始化继承自它们的数据成员；然后执行派生类 derivedClass 的构造函数体，初始化在派生类 derivedClass 中声明的数据成员。

如果派生类的基类还有基类，则创建派生类对象时，先执行基类的基类的构造函数，再执行基类的构造函数，最后执行派生类本身的构造函数。例如，若有如下定义的类结构：

```
class A
{ … };
class B: public A
{ … };
class C: public B
{ … };
```

则创建 C 类的对象时，先执行 A 类的构造函数，再执行 B 类的构造函数，最后执行 C 类的构造函数。

创建派生类对象时，要先执行基类的构造函数，那么如果要执行基类的带参数的构造函数，该如何将参数传递给基类的构造函数呢？

由于基类的构造函数是在派生类的构造函数被调用后，即将执行其函数体之前被编译器调用的，所以可以使用派生类构造函数的初始化列表向基类的构造函数传递参数。定义派生类构造函数的语法格式如下：

```
派生类名::派生类名(参数列表):基类名 1(参数列表),基类名 2(参数列表),…
{
  初始化派生类的实例数据成员;
}
```

初始化列表的作用就是通过基类的名称向基类的构造函数传递参数，并通知编译器应调用基类的哪个构造函数。初始化列表中基类名称的先后顺序和基类构造函数的调用顺序无关，基类构造函数的调用顺序是由派生类定义中基类的声明顺序决定的。如果派生类构造函数的初始化列表中没有包含某个基类，则编译器将调用该基类的默认的构造函数。

例如，若有如下的类结构：

```
class B1
{
public:
```

```
        B1() { i1 = 0;}
        B1(int i)
        { i1 = i; }
    private:
        int i1;
    };
    class B2
    {
    public:
        B2() { i2 = 0;}
        B2(int i)
        { i2 = i; }
    private:
        int i2;
    };
    class B3
    {
    public:
        B3() { i3 = 0;}
      B3(int i)
        { i3 = i; }
    private:
        int i3;
    };
    class D:public B2,public B3,public B1
    {
    public:
        D() { i4 = 0;}
        D(int,int,int);
        D(int,int,int,int);
    private:
        int i4;
    };
```

则派生类D的两个带参数的构造函数定义如下：

```
D::D(int p1,int p2,int p3):B1(p1),B2(p2)
{   i4 = p3;   }
D::D(int p1,int p2,int p3,int p4):B1(p1),B2(p2),B3(p3)
{   i4 = p4;   }
```

B1、B2、B3是D的基类，D类的构造函数通过初始化列表向B1、B2、B3类的构造函数传递参数；D类的带3个参数的构造函数通过初始化列表将参数p1和p2传递给基类B1、B2的构造函数，初始化列表中没有包含基类B3，则编译器将调用B3类的默认的构造函数。D类的带4个参数的构造函数通过初始化列表将参数p1、p2和p3传递给基类B1、B2、B3的构造函数。创建D类对象时，基类构造函数的调用顺序应该和定义D类时声明基类的顺序相同——先调用B2类的构造函数，再调用B3类的构造函数，最后调用B1类的构造函数；而和D类构造函数的初始化列表的顺序无关。

如果创建派生类对象时，调用默认的构造函数，则在执行派生类的默认构造函数之前，

编译器将首先调用基类的默认的构造函数。例如，同样是上面的类结构，若用如下语句创建D类的对象：

```
D ObjectOfD;
```

则编译器将自动调用D类和它的各个基类的默认的构造函数，默认的构造函数的执行顺序为：B2类的构造函数→B3类的构造函数→B1类的构造函数→D类本身的构造函数。

当使用一个已存在的派生类对象初始化一个正在创建的派生类对象时，派生类的拷贝构造函数将被自动调用，在执行函数体之前将首先调用基类的拷贝构造函数初始化派生类对象中的基类子对象，然后再执行派生类拷贝构造函数的函数体初始化派生类中的实例数据成员。**如果派生类中定义了自己的拷贝构造函数，则必须使用初始化列表向基类的拷贝构造函数传递基类子对象**。定义派生类拷贝构造函数的语法格式如下：

```
派生类名::派生类名(派生类名 & 对象名):基类名1(对象名),基类名2(对象名),…
{
  初始化派生类的实例数据成员;
}
```

例如，为上面的派生类D定义的拷贝构造函数如下：

```
D::D(D &d):B1(d),B2(d),B3(d)
{
  i4 = d.i4;
}
```

虽然d是派生类D的对象，但通过初始化列表传递给基类拷贝构造函数的是其中的基类子对象。

当派生类对象被销毁时，派生类及其基类的析构函数将被自动调用，析构函数的调用顺序和构造函数的调用顺序正好相反。

例8.2中演示了创建和销毁派生类对象时，基类和派生类的构造函数和析构函数的调用顺序。

例8.2　创建如图8.6所示的类家族，其中，B2类是B1类的派生类，D类是B2和B3的派生类。定义D类时，基类的声明顺序为B3、B2。为B1、B2、B3、D类定义默认构造函数、带参数的构造函数、拷贝构造函数和析构函数。在main函数中创建派生类D的对象，观察各类构造函数的调用顺序。

程序代码如下。

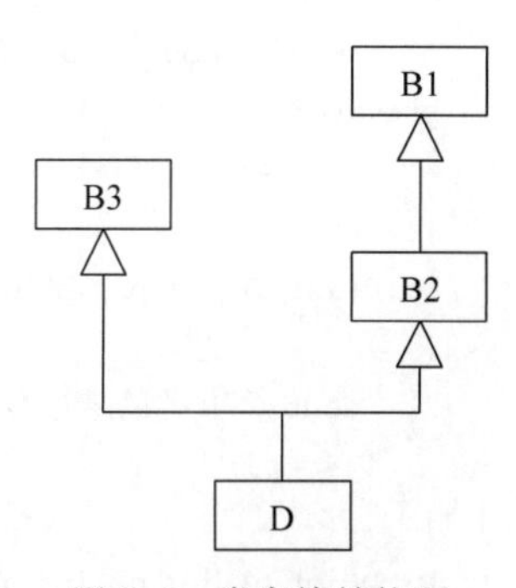

图8.6　类家族结构图

```
#include <iostream>
using namespace std;
class B1
{
public:
    B1() { cout <<"B1类的默认的构造函数\n"; i1 = 0;}
    B1(int i)
    { cout <<"B1类的带参数构造函数\n"; i1 = i; }
    B1(B1 &b1)
```

```
    { cout <<"B1 类的拷贝构造函数\n"; i1 = b1.i1; }
    ~B1() { cout <<"B1 类的析构函数\n"; }
private:
    int i1;
};
class B2: public B1
{
public:
    B2() { cout <<"B2 类的默认的构造函数\n"; i2 = 0;}
    B2(int i,int j):B1(i)
    { cout <<"B2 类的带参数构造函数\n"; i2 = j; }
    B2(B2 &b2):B1(b2)
    { cout <<"B2 类的拷贝构造函数\n"; i2 = b2.i2; }
    ~B2() { cout <<"B2 类的析构函数\n"; }
private:
    int i2;
};
class B3
{
public:
    B3() { cout <<"B3 类的默认的构造函数\n"; i3 = 0;}
B3(int i)
    { cout <<"B3 类的带参数构造函数\n"; i3 = i; }
B3(B3 &b3)
    { cout <<"B3 类的拷贝构造函数\n"; i3 = b3.i3; }
    ~B3() { cout <<"B3 类的析构函数\n"; }
private:
    int i3;
};
class D:public B3,public B2
{
public:
    D() {cout <<"D 类的默认的构造函数\n"; i4 = 0;}
    D(int,int,int);
D(int,int,int,int);
    D(D &d);
    ~D() { cout <<"D 类的析构函数\n"; }
private:
    int i4;
};
D::D(int p1,int p2,int p3):B2(p1,p2)
{
    cout <<"D 类的带参数构造函数\n";
    i4 = p3;
}
D::D(int p1,int p2,int p3,int p4):B2(p1,p2),B3(p3)
{
```

```
        cout <<"D 类的带参数构造函数\n";
        i4 = p4;
}
D::D(D &d):B2(d),B3(d)
{
        cout <<"D 类的拷贝构造函数\n";
        i4 = d.i4;
}
void main()
{
        D d1;                       //调用默认的构造函数
        D d2(1,2,3);                //调用带三个参数的构造函数
        D d3(1,2,3,4);              //调用带四个参数的构造函数
        D d4 = d3;                  //调用拷贝构造函数
}
```

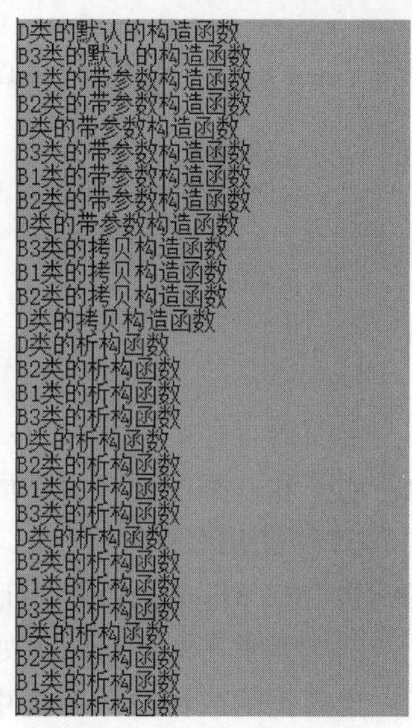

图 8.7 例 8.2 程序的运行结果

例 8.2 程序的运行结果如图 8.7 所示。

8.5 成员覆盖

如果派生类中的成员和基类的成员同名，则在派生类中使用该名称或通过派生类对象或指向派生类对象的指针使用该名称时，实际访问的是派生类的成员，这种情况称为派生类成员覆盖了基类中同名的成员。

例 8.3 派生类中的成员覆盖同名的基类成员。

```
#include <iostream>
using namespace std;
class B
{
public:
      B(int p){ i = p;}
   void fun1() { cout <<"B::i = "<< i << endl; }
protected:
   int i;
};
class D: public B
{
public:
      D(int p1,int p2):B(p1)
      { i = p2; }
   void fun1(){ cout <<"D::i = "<< i << endl; }  //覆盖了基类同名的成员函数
   void fun2();
private:
   int i;                    //覆盖了基类同名的数据成员
};
void D::fun2()
{
```

```
  fun1();                      //调用派生类 D 中定义的成员函数 fun1
  cout <<"i = "<< i << endl;   //访问派生类 D 中声明的数据成员 i
}
void main()
{
    D d(1,2);
    d.fun1();                  //调用派生类 D 中定义的成员函数 fun1
    d.fun2();
}
```

上面的程序中，B 类是 D 类的基类，B 类中声明了数据成员 i 和函数成员 fun1，D 类中也声明了和基类中同名的成员 i 和 fun1，它们将基类中同名的成员覆盖。在 D 类的成员函数 fun2 中使用名称 i 和 fun1 只能访问本类的成员；在 main 函数中，使用 D 类的对象 d 调用函数 fun1 时，也是调用了 D 类的成员函数 fun1。

例 8.3 程序的运行结果如图 8.8 所示。

图 8.8 例 8.3 程序的运行结果

当基类的成员被派生类中同名的成员覆盖时，可以使用基类名和域解析操作符::访问基类中被覆盖的成员。语法格式如下：

```
基类名::数据成员名               //访问基类中被覆盖的数据成员
基类名::函数成员名(参数表)        //访问基类中被覆盖的函数成员
```

例 8.4 使用域解析操作符访问被覆盖的基类成员。

```
#include < iostream >
using namespace std;
class B
{
public:
    B(int p){ i = p;}
  void fun1() { cout <<"B::i = "<< i << endl; }
protected:
  int i;
};
class D: public B
{
public:
    D(int p1,int p2):B(p1)
    { i = p2; }
   void fun1(){ cout <<"D::i = "<< i << endl; } //覆盖了基类同名的成员函数
   void fun2();
private:
   int i;                       //覆盖了基类同名的数据成员
};
void D::fun2()
{
    B::fun1();                  //使用域解析操作符调用基类 B 中被覆盖的成员函数 fun1
  cout <<"B::i = "<< B::i << endl;    //使用域解析操作符调用基类 B 中被覆盖的数据成员 i
}
void main()
```

```
{
    D d(1,2);
    d.B::fun1(); //派生类对象使用域解析操作符调用基类 B 中被覆盖的成员函数 fun1
    d.fun2();
}
```

派生类 D 的成员函数 fun2 中的语句：

```
B::fun1();
cout <<"B::i = "<< B::i << endl;
```

main 函数中的语句：

```
d. B::fun1();
```

这些语句中都使用基类名和域解析操作符::访问了基类中被覆盖的成员。

例 8.4 程序的运行结果如图 8.9 所示。

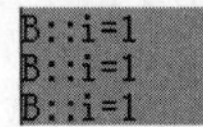

图 8.9　例 8.4 程序的执行结果

8.6 实例学习——图形类家族

前面的章节中，曾经创建了代表圆的类 Circle。本节中将利用本章所学的继承技术，创建一个简单的表示图形的类家族。家族中的基类为 Shape 类，其中包含所有几何图形都具有的属性和特征，例如图形的颜色、图形的填充属性、计算图形面积的函数等；从 Shape 类派生出两个类 Circle 和 Rectangle，分别表示几何图形圆和矩形；再从 Circle 类派生出一个 Cylinder 类，表示圆柱体。图形类家族的结构如图 8.10 所示。

Shape
Circle
Rectangle
Cylinder

图 8.10　图形类家族的结构

图形类家族的程序代码如例 8.5 所示。

例 8.5　利用继承实现具有层次结构的图形类家族。

```
#include <iostream>
#include <string>
using namespace std;
class Shape
{
public:
    Shape()                                  //默认的构造函数
    { color = "白色"; filled = false;}
    Shape(string fileColor,bool fill)       //带参数的构造函数
    { color = fileColor; filled = fill; }
    void setColor(string color)
    { this -> color = color; }
```

```
    string getcolor()
    { return color; }
    bool isfilled()
    { return filled;}
    float area(){ return 0.0;}              //求面积的函数,返回 0.0
    float perimeter(){}                     //求周长的函数,为空
    void displayInfo(){}                    //显示图形信息
protected:
    string color;                           //图形的颜色
    bool filled;                            //图形的填充属性
};
class Circle:public Shape
{
public:
    Circle()                                //定义类的默认构造函数
    { radius = 1.0;}
    Circle(float);                          //带 1 个参数的构造函数
    Circle(string,bool,float);              //带 3 个参数的构造函数
    bool setRadius(float r)                 //声明设定半径的公有成员函数
    { if(r > 0) radius = r; }
    float getRadius()                       //定义读取半径的公有成员函数
    {  return radius; }
    float area()                            //覆盖基类的成员函数,求圆的面积
    {  return radius * radius * 3.14159; }
    float perimeter()                       //覆盖基类的成员函数,求圆的周长
    { return 2 * radius * 3.14159; }
    void displayInfo();                     //显示圆形信息
protected:
    float radius;                           //圆的半径定义为保护的数据成员
};
class Rectangle:public Shape
{
public:
    Rectangle()                             //默认的构造函数
    { height = 1.0; width = 1.0;}
    Rectangle(float,float);                 //带 2 个参数的构造函数
    Rectangle(string,bool,float,float); //带 4 个参数的构造函数
    void setheight(float height)
    { if(height > 0) this -> height = height; }
    float getheight()
    { return height; }
    float area()                            //覆盖基类的成员函数,求矩形面积
    { return height * width; }
    float perimeter()                       //覆盖基类的成员函数,求矩形的周长
    { return 2 * (height + width); }
    void displayInfo();
protected:
    float height;                           //矩形的高
    float width;                            //矩形的宽
};
class Cylinder:public Circle
```

```
{
public:
    Cylinder()                          //默认的构造函数
    { height = 1.0; }
    Cylinder(float,float);              //带 2 个参数的构造函数
    Cylinder(string,bool,float,float);  //带 4 个参数的构造函数
    void setheight(float height)
    { if(height > 0) this -> height = height; }
    float getheight()
    { return height; }
    float area();                       //覆盖基类的成员函数,求圆柱体表面积
    float volume()
    { return Circle::area() * height; }
    void displayInfo();
private:
    float height;                       //圆柱体的高
};
Circle::Circle(float radius):Shape("white",false)
{
    this -> radius = radius;
}
Circle::Circle(string color,bool fill,float radius):Shape(color,fill)
{
    this -> radius = radius;
}
void Circle::displayInfo()
{
    string output = "一个颜色为";
    output += color;
    if(isfilled())
        output += "、填充的半径为";
    else
        output += "、没有填充的半径为";
    cout << output << radius <<"的圆\n";
}
Rectangle::Rectangle(float height,float width):Shape("white",false)
{
    this -> height = height;
    this -> width = width;
}
Rectangle::Rectangle(string color,bool fill,float height,
                     float width):Shape(color,fill)
{
    this -> height = height;
    this -> width = width;
}
void Rectangle::displayInfo()
{
    string output = "一个颜色为";
    output += color;
    if(isfilled())
```

```
        output += "、填充的矩形";
    else
        output += "、没有填充的矩形";
    cout << output <<",高为"<< height <<",宽为"<< width << endl;
}
Cylinder::Cylinder(float radius,float height):Circle("white",false,radius)
{
    this->height = height;
}
Cylinder::Cylinder(string color,bool fill,float radius,
                  float height):Circle(color,fill,radius)
{
    this->height = height;
}
float Cylinder::area()
{
    float areaOfCylinder;
    areaOfCylinder = 2 * Circle::area() + height * perimeter();
    return areaOfCylinder;
}
void Cylinder::displayInfo()
{
    string output = "一个颜色为";
    output += color;
    if(isfilled())
        output += "、填充的圆柱体";
    else
        output += "、没有填充的圆柱体";
    cout << output <<",底面半径为"<< radius <<",高为"<< height << endl;
}
void main()
{
    Circle circleOb("蓝色",false,10.0);
    Rectangle rectOb("黄色",true,10.0,20.0);
    Cylinder cylinderOb("红色",true,10.0,10.0);
    circleOb.displayInfo();
    cout <<"圆的面积为"<< circleOb.area()<< endl;
    rectOb.displayInfo();
    cout <<"矩形的面积为"<< rectOb.area()<< endl;
    cylinderOb.displayInfo();
    cout <<"圆柱体的表面积为"<< cylinderOb.area()<< endl;
}
```

例 8.5 程序的运行结果如图 8.11 所示。

```
一个颜色为蓝色、没有填充的半径为10的圆
圆的面积为314.159
一个颜色为黄色、填充的矩形,高为10,宽为20
矩形的面积为200
一个颜色为红色、填充的圆柱体,底面半径为10,高为10
圆柱体的表面积为1256.64
```

图 8.11 例 8.5 程序的运行结果

8.7 多重继承

多重继承技术为程序设计提供了强大的功能，但是同时也会带来二义性问题，增大了程序设计的难度。本节通过实例介绍多重继承技术、多重继承引发的二义性问题以及解决二义性问题的方法。

8.7.1 多重继承的实现

如果一个派生类具有多个基类，则它就同时继承了多个基类的属性、特征和功能，这种继承方式称为多重继承。

在6.4节的例6.10中曾经定义了两个类Date和Time类，分别用来处理日期和时间。本节中将使用多重继承从这两个类派生一个表示日期和时间的类DateAndTime。

例8.6 利用多重继承技术，从Date和Time类派生DateAndTime类。

程序代码如下，其中的黑体部分是新添加的内容。

```
#define _CRT_SECURE_NO_WARNINGS
#include <iostream>
#include <time.h>
using namespace std;
//以下是Date类的定义
class Date
{
  public:
      Date(){ getSystemDate();} //默认的构造函数，调用getSystemDate函数获取当前日期
      Date(int,int,int);
      bool setYear(int y);
      bool setMonth(int m);
      bool setDay(int d);
      int getYear();
      int getMonth();
      int getDay();
      void getSystemDate();               //获取当前日期的成员函数
      void displayDate();                 //成员函数，用来显示日期
  protected:
      int year;                           //数据成员，表示年
      int month;                          //数据成员，表示月
      int day;                            //数据成员，表示日
};
//以下是Time类的定义
class Time
{
  public:
      Time(){ getSystemTime();} //默认的构造函数，调用getSystemTime函数获取当前时间
      Time(int,int,int);
      bool setHour(int h);
      bool setMinute(int m);
```

```
        bool setSecond(int s);
        int getHour();
        int getMinute();
        int getSecond();
        void getSystemTime();              //获取当前时间的成员函数
        void displayTime();                //成员函数,用来显示时间
    protected:
        int hour;                          //数据成员,表示小时
        int minute;                        //数据成员,表示分钟
        int second;                        //数据成员,表示秒
};
//以下是 DateAndTime 类的定义
class DateAndTime:public Date,public Time //多重继承
{
public:
    DateAndTime(){} /* 默认的构造函数,函数体为空,当被调用时,编译器将首先调用基类的默认的构造函数 */
    DateAndTime(int,int,int,int,int,int);
    void displayDateAndTime();
};
//以下是 Date 类的实现
Date::Date(int year,int month,int day)  //带参数的构造函数
{
    setYear(year);
    setMonth(month);
    setDay(day);
}
bool Date::setYear(int y)
{
    if(y>0)
    {
        year = y;
        return true;
    }
    else
        return false;
}
bool Date::setMonth(int m)
{
    if(m>0&&m<=12)
    {
        month = m;
        return true;
    }
    else
        return false;
}
bool Date::setDay(int d)
{
    if(d>0&&((month==1)||(month==3)||(month==5)||(month==7)||(month==8)
        ||(month==10)||(month==12))&&d<=30)
```

```
    {
        day = d;
        return true;
    }
    else if(d > 0&&((month == 2)||(month == 4)||(month == 6)||(month == 9)||(month == 11))
        &&d <= 30)
    {
        day = d;
        return true;
    }
    else return false;
}
int Date::getYear()
{
    return year;
}
int Date::getMonth()
{
    return month;
}
int Date::getDay()
{
    return day;
}
void Date::getSystemDate()
{
    time_t timer;
    struct tm *tb;                    //*
    timer = time(NULL);               //*
    tb = localtime(&timer);           //*
/*以上4条语句获取当前时间,并存放在tm类型的结构体变量中,指针tb指向该结构体变量*/
    year = tb->tm_year + 1900;        //获取当前年份并赋值给当前对象的数据成员year
    month = tb->tm_mon + 1;           //获取当前月份并赋值给当前对象的数据成员month
    day = tb->tm_mday;                //获取当前日期并赋值给当前对象的数据成员day
}
void Date::displayDate()
{
    cout << year << "年"<< month << "月"<< day << "日\n";
}
//以下是Time类的实现
Time::Time(int hour,int minute,int second) //带参数的构造函数
{
    setHour(hour);
    setMinute(minute);
    setSecond(second);
}
bool Time::setHour(int h)
{
    if(h >= 0&&h <= 23)
    {
        hour = h;
```

```
            return true;
        }
        else return false;
}
bool Time::setMinute(int m)
{
        if(m>=0&&m<=59)
        {
            minute=m;
            return true;
        }
        else return false;
}
bool Time::setSecond(int s)
{
    if(s>=0&&s<=59)
        {
            second=s;
            return true;
        }
        else return false;
}
int Time::getHour()
{
        return hour;
}
int Time::getMinute()
{
        return minute;
}
int Time::getSecond()
{
        return second;
}
void Time::getSystemTime()
{
        time_t timer;
        struct tm  *tb;                 //*
        timer=time(NULL);               //*
        tb=localtime(&timer);           //*
/*以上4条语句获取当前时间,并存放在tm类型的结构体变量中,指针tb指向该结构体变量*/
        hour=tb->tm_hour;               //获取当前小时值并赋值给当前对象的数据成员hour
        minute=tb->tm_min;              //获取当前分值并赋值给当前对象的数据成员minute
        second=tb->tm_sec;              //获取当前秒值并赋值给当前对象的数据成员second
}
void Time::displayTime()
{
    cout<<hour<<": "<<minute<<": "<<second<<endl;
}
//以下是DateAndTime类的实现
DateAndTime::DateAndTime(int year,int month,int day,int hour,int minute,
```

```
        int second):Date(year,month,day),Time(hour,minute,second)
{}  /*DateAndTime类的带参数的构造函数通过初始化列表向基类的构造函数传递参数,本身的构造函数体为空*/
void DateAndTime::displayDateAndTime()
{
    displayDate();              //调用继承自基类的成员函数displayDate显示日期
    displayTime();              //调用继承自基类的成员函数displayTime显示时间
}
void main()
{
    DateAndTime d1;
    cout<<"当前日期和时间为:\n";
    d1.displayDateAndTime();
    DateAndTime d2(2008,1,1,10,10,10);
    cout<<"对象d2中存放的时间值为:\n";
    d2.displayDateAndTime();
}
```

程序中为 Date 类和 Time 类添加了构造函数,Date 类的默认的构造函数调用成员函数 getSystemDate 获取当前日期并用来初始化对象的数据成员；Time 类的默认的构造函数调用成员函数 getSystemTime 获取当前时间并用来初始化对象的数据成员。

DateAndTime 类是 Date 类和 Time 类的派生类,继承了 Date 类和 Time 类的全部成员。

DateAndTime 类的默认的构造函数体为空,当被调用时,编译器将首先自动调用两个基类的默认的构造函数。DateAndTime 类的带参数的构造函数通过初始化列表将参数传递给基类的带参数的构造函数,来初始化从两个基类继承的数据成员。

例 8.6 程序的运行结果如图 8.12 所示。

图 8.12　例 8.6 程序的运行结果

注意,在程序开始的地方增加了一条预编译指令:

```
#define _CRT_SECURE_NO_WARNINGS
```

这是因为 VS2012 更新了原来使用的运行时库,把一些原来的、存在安全问题的函数用一些更安全的函数取代。例如,本例中调用的库函数 localtime 就被更安全的库函数 localtime_s 所取代。所以使用这些旧的函数的程序在 VS2013 以上版本的编译环境中编译时会产生编译错误。

解决的方法之一就是在程序文件开始的地方加上上面那条预编译指令,这样编译器就会只给出警告而不是发生编译错误了。

第二种解决方法是:使用新版本的更加安全的函数。在本例中需要使用下面几条语句分别取代 Date 类和 Time 类的 getSystemTime()函数中用 * 注释的 3 条语句。

```
struct tm *tb;
tb = new tm();
timer = time(NULL);
localtime_s(tb, &timer);
```

8.7.2 多重继承引发的二义性问题

多重继承技术的功能强大,但是也容易引发二义性问题,导致程序无法正常运行。这里的二义性指的是:**当派生类的不同的基类中存在名称相同的成员时,在派生类中访问该名称时或通过派生类对象访问该名称时,就会出现二义性**。以下的两个例子中,说明了引发二义性问题的原因。

例 8.7 派生类的不同基类中存在同名的成员引发的二义性。

```
#include <iostream>
using namespace std;
class A
{
public:
    A(int ii)
    { i = ii;}
    void fun()
    { cout <<"A类的 fun 函数\n"; }
protected:
    int i;
};
class B
{
public:
    B(int ii)
    { i = ii;}
    void fun()
    { cout <<"B类的 fun 函数\n"; }
protected:
    int i;
};
class C :public A,public B
{
public:
    C(int i1,int i2):A(i1),B(i2) {}
    void funOfc()
    {
        i += 100;        //出现二义性
        fun();           //出现二义性
    }
};
void main()
{
    C cOb(10,20);
    cOb.fun();           //出现二义性
```

```
}
```

上面的程序中,A类和B类中包含同名的成员函数fun和同名的数据成员i,对这两个类而言,存在同名的成员不会导致任何问题。C类是A类和B类共同的派生类,则C类的成员函数funOfc中的如下语句将会引发二义性:

```
i+ =100;
fun();
```

这是因为,C类同时继承了A类和B类的所有成员,在C类的对象中包含两个同名的数据成员i,而C类中也同时包含两个同名的成员函数fun。编译器在编译这两条语句时,无法确定语句中的名称i是C类对象的两个同名数据成员中的哪一个,也无法确定名称fun是C类的两个同名成员函数中的哪一个。同样地,在main函数中的如下语句也引发了二义性:

```
cOb.fun();
```

cOb为C类的对象,语句中通过对象cOb调用C类的成员函数fun;由于C类分别从A类和B类继承了同名的成员函数fun,所以编译器无法确定语句中的名称fun是两个同名成员函数中的哪一个。

上面的例子中引发二义性的原因是在派生类的不同基类中声明了同名的成员。在有些情况下,虽然派生类的多个基类中都没有同名的成员,但是由于不同的基类本身还有共同的基类,也会引发二义性问题。

例8.8 在多重继承中,由于派生类的直接基类本身存在共同基类,引发的二义性问题。

```
#include <iostream>
using namespace std;
class A
{
public:
    A(int p){ i=p; }
    void fun()
    { cout<<"i="<< i << endl; }
protected:
    int i;
};
class B: public A
{
public:
    B(int p1,int p2):A(p1){ i1=p2;}
protected:
    int i1;
};
class C: public A
{
public:
    C(int p1,int p2):A(p1){ i2=p2;}
```

```
protected:
    int i2;
};
class D: public B,public C
{
public:
    D(int p1,int p2,int p3,int p4):B(p1,p2),C(p3,p4){}
    void funOfD();
};
void D::funOfD()
{
    i += 10;                //出现二义性
    fun();                  //出现二义性
}
void main()
{
    D dOb(1,2,3,4);
    dOb.fun();              //出现二义性
}
```

在上面的程序中,A类是B类和C类的基类,B类和C类是D类的基类。B类和C类分别继承了A类的数据成员i和函数成员fun; D类是B类的派生类,所以通过B类间接继承了A类的成员i和fun; 同时D类也是C类的派生类,所以也通过C类间接继承了A类的成员i和fun; 也就是说,D类中包含两个同名的成员函数fun和两个同名的数据成员i。D类对象的存储结构如图8.13所示。

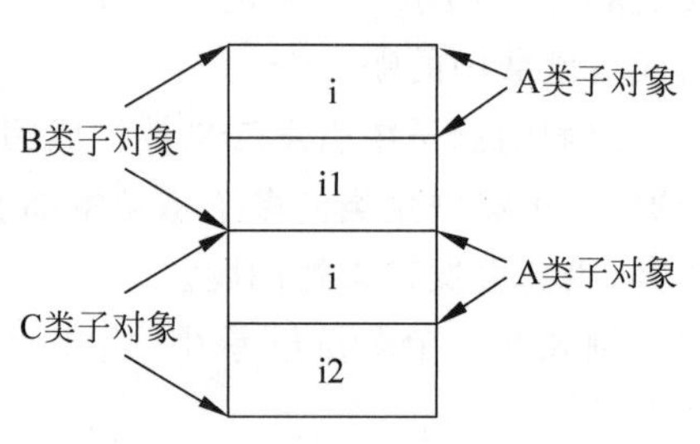

图 8.13　D类对象的存储结构

在D类的成员函数funOfD中的如下语句引发了二义性:

```
i+ =10;
fun();
```

因为编译器无法确定语句中的i和fun是D类从B类继承的成员还是D类从C类继承的同名成员。

同样地,main函数中的如下语句也引发了二义性:

```
dOb.fun();
```

dOb是D类的对象,由于D类中存在两个同名的成员函数fun,所以编译器无法确定对象dOb调用的是哪一个fun函数。

以上的两个例子说明了多重继承引发二义性的原因。以下介绍解决二义性的方法。

一种解决二义性的方法是使用基类名和域解析操作符明确地标识具有二义性的成员名称。例如,可以修改例8.7中派生类C的成员函数funOfc和main函数:

```
void funOfc()
{
    A::i += 100;        //用基类名限定被访问的数据成员 i 是 C 类从基类 A 继承的
```

```
        B::fun();           //用基类名限定了被调用的成员函数 fun 是从基类 B 继承的
}
void main()
{
    C cOb(10,20);
    cOb.A::fun();           //用基类名限定了被调用的函数 fun 是从基类 A 继承的
}
```

在派生类 C 的成员函数 funOfc 中,访问成员变量 i 时,使用基类名称和域解析操作符将访问的成员限定为 C 类从 A 类继承的数据成员 A::i,消除了名称 i 的二义性;当调用成员函数 fun 时,也使用基类名 B 和域解析操作符限定调用的是 C 类从 B 类继承的成员函数 B::fun();同样地,在 main 函数中使用 C 类的对象 cOb 调用成员函数 fun 时,使用基类名 A 进行限定,以消除名称 fun 的二义性。

可以修改例 8.8 中 D 类的成员函数 funOfD 和 main 函数,以消除二义性,如下所示。

```
void D::funOfD()
{
    B::i += 10;             //访问通过 B 类间接继承的数据成员 i
    C::fun();               //调用通过 C 类间接继承的成员函数 fun
}
void main()
{
    D dOb(1,2,3,4);
    dOb.B::fun();           //调用通过 B 类间接继承的成员函数 fun
}
```

还有一种消除成员函数名称存在二义性的方法,在存在二义性的派生类中,覆盖基类中存在的同名的成员函数,这样派生类中的成员函数就覆盖了从基类继承的多个同名的成员函数,消除了函数名称的二义性。

例 8.9　修改例 8.7 中的程序,为派生类 C 声明成员函数 fun,以覆盖基类的同名函数,消除二义性。

```
#include <iostream>
using namespace std;
class A
{
public:
    A(int ii)
    { i = ii;}
    void fun()
    { cout <<"A类的 fun 函数\n"; }
protected:
    int i;
};
class B
{
public:
    B(int ii)
    { i = ii;}
```

```
    void fun()
    { cout <<"B类的fun函数\n"; }
protected:
    int i;
};
class C :public A,public B
{
public:
    C(int i1,int i2):A(i1),B(i2) {}
    void fun()             //覆盖基类的同名函数
    { A::fun();}           //可以在覆盖的成员函数中访问基类的同名函数
    void fun0fc()
    {
        A::i += 100;       //用基类名限定被访问的数据成员i是C类从基类A继承的
        fun();             //调用C类覆盖的成员函数fun,不会产生二义性
    }
};
void main()
{
    C cOb(10,20);
    cOb.fun();             //调用C类覆盖的成员函数fun,不会产生二义性
}
```

以上介绍了两种消除二义性的方法。对于例8.8中所示的,由类家族中的共享基类引发的二义性问题,可以通过将共享基类设置为虚基类来消除二义性。

8.8 虚基类

例8.8演示了由类家族中的共有基类引发的二义性问题,其根本原因是派生类通过不同的途径,多次地继承了同一个间接基类,导致间接基类中的成员在派生类中存在多个副本。例如,例8.8中的派生类D中存在两个同名的成员函数fun,它们是派生类D通过不同的途径从间接基类A继承而来的;而D类的对象中也存在两个同名的数据成员i,它们同样是通过不同的途径由间接基类A继承而来的。

在这种情况下,可以将引发二义性的间接基类声明为虚基类,来消除由其引发的二义性。声明虚基类的语法格式如下:

```
class 派生类名: 继承方式 virtual 基类名
{
派生类的类体;
};
```

C++关键字virtual将基类声明为派生类的虚基类。例如,可以将例8.8中的类A声明为B类和C类的虚基类。

```
class B: public virtual A
{
  B类的类体;
};
```

```
class C: public virtual A
{
  C类的类体;
};
```

这样声明后,A 类就成为其所有派生类的虚基类。这时派生类 D 的成员函数 funOfD 中的语句:

```
i += 10;
fun();
```

以及函数 main 中的语句:

```
dOb.fun();
```

这些语句就不会引发二义性了。那么为什么虚基类可以避免二义性的产生呢?这是因为**虚基类的成员在其每个派生类中只存在一个副本**。例如,若将例 8.8 中的 A 类声明为虚基类,则在其间接派生类 D 中只存在一个由 A 类继承而来的成员函数 fun;在 D 类的对象中,也只存在一个由 A 类继承而来的数据成员 i。D 类对象的存储结构如图 8.14 所示。

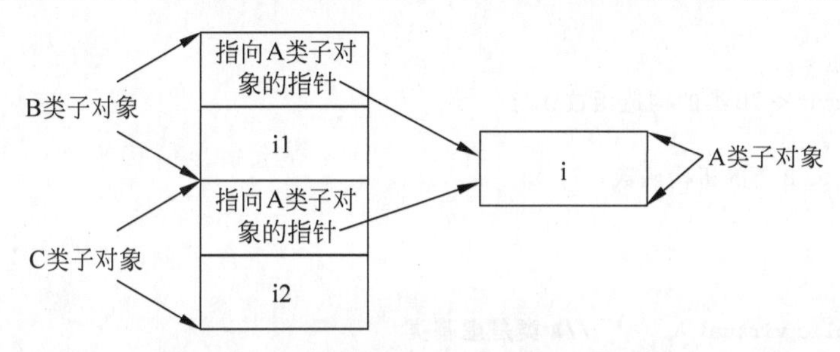

图 8.14　A 为虚基类时 D 类对象的存储结构

由于虚基类的成员在其每个派生类中只存在一个副本,所以消除了可能出现的二义性问题,但这个特征又带来了另一个问题:在创建派生类对象的过程中,需要调用虚基类的构造函数初始化虚基类子对象中的数据成员,那么何时调用虚基类的构造函数?怎样把参数传递给虚基类的构造函数呢?

C++语言规定:**在创建一个类 A 的对象时,如果 A 类的某个祖先类 B 是虚基类,则虚基类 B 的构造函数是在 A 类的构造函数中被调用的,而不是在 B 类的直接派生类中被调用。所以虚基类的每个派生类(包括所有直接派生类和间接派生类)的构造函数中都要使用初始化列表向虚基类的构造函数传递参数;如果某个派生类的构造函数没有在初始化列表中向虚基类的构造函数传递参数,则创建该派生类对象时,编译器将调用虚基类的默认构造函数。**

例 8.10　虚基类。

```
#include <iostream>
using namespace std;
class A
{
public:
     A()
```

```
    {
        i = 0;
        cout <<"虚基类 A 的默认构造函数\n";
    }
    A(int p)
    {
        i = p;
        cout <<"虚基类 A 的构造函数\n";
    }
    ~A(){ cout <<"虚基类 A 的析构函数\n"; }
    void fun()
    { cout <<"i = "<< i << endl; }
protected:
    int i;
};
class B: public virtual A       //A 类是虚基类
{
public:
    B(int p1,int p2):A(p1)    //在初始化列表中向虚基类的构造函数传递参数
    {
        i1 = p2;
        cout <<"B 类的构造函数\n";
    }
~B(){ cout <<"B 类的析构函数\n"; }
protected:
    int i1;
};
class C: public virtual A       //A 类是虚基类
{
public:
    C(int p1,int p2):A(p1)    //在初始化列表中向虚基类的构造函数传递参数
    {
        i2 = p2;
        cout <<"C 类的构造函数\n";
    }
  ~C(){ cout <<"C 类的析构函数\n"; }
protected:
    int i2;
};
class D: public B,public C
{
public:
    D(int p1,int p2,int p3):B(p1,p2),C(p1,p3),A(p1) /*D 类是虚基类 A 的间接派生类,也需
要在初始化列表中向虚基类的构造函数传递参数*/
    {
        cout <<"D 类的构造函数\n";
    }
  ~D(){ cout <<"D 类的析构函数\n"; }
    void funOfD();
};
class E: public D
```

```
{
public:
    E(int p1,int p2,int p3):D(p1,p2,p3),A(p1) /*E类是虚基类A的间接派生类,也需要在初始
                                                化列表中向虚基类的构造函数传递参数*/
    {}
  ~E(){ cout<<"E类的析构函数\n"; }
};
class F: public D
{
public:
    F(int p1,int p2,int p3):D(p1,p2,p3)   /*F类构造函数没有在初始化列表中向虚基类
                                            A传递参数,则调用A类的默认构造函数*/
    {}
  ~F(){ cout<<"F类的析构函数\n"; }
};
void D::funOfD()
{
    i += 10;                    //派生类中直接访问虚基类成员不会引发二义性
  fun();                        //派生类中直接访问虚基类成员不会引发二义性
}
void main()
{
    cout<<"创建一个派生类D的对象: \n";
    D d(1,2,3);
    cout<<"创建一个派生类E的对象: \n";
    E e(2,3,4);
    cout<<"创建一个派生类F的对象: \n";
    F f(3,4,5);
    f.fun();            //使用派生类对象直接访问虚基类的公有成员函数不会引发二义性
}
```

上面的程序中,A是类家族的虚基类,B和C类是A的直接派生类,D类是B类和C类的派生类,E类和F类是D类的派生类。类家族的结构如图8.15所示。

由于A类是虚基类,所以它的所有派生类(包括直接派生类B、C和间接派生类D、E、F)的构造函数中都直接调用A的构造函数,并通过初始化列表向其传递参数。F类的构造函数中没有通过初始化列表向A类的构造函数传递参数,则创建F类对象时,调用A类的默认构造函数。

main函数中,分别创建了D类、E类、F类的对象。创建D类对象时,构造函数的执行顺序为:

```
A类→B类→C类→D类
```

创建E类对象时,构造函数的调用顺序为:

```
A类→B类→C类→D类→E类
```

创建F类对象时,构造函数的调用顺序为:

```
A类→B类→C类→D类→F类
```

当对象被销毁时,各类析构函数的调用顺序总是和构造函数的调用顺序相反。例 8.10 程序的运行结构验证了创建和销毁派生类对象时,构造函数和析构函数的调用顺序。例 8.10 程序的运行结果如图 8.16 所示。

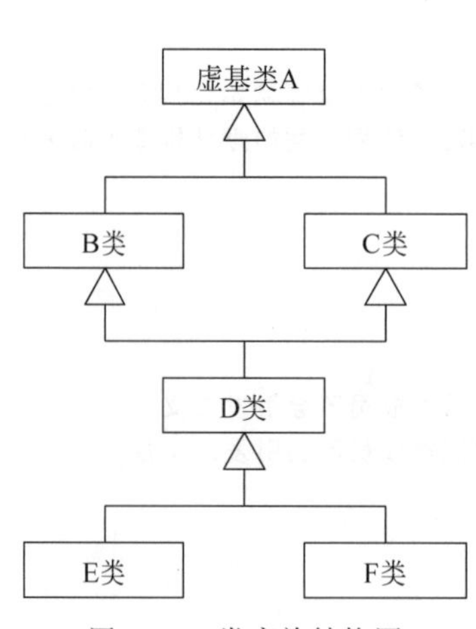

图 8.15 类家族结构图

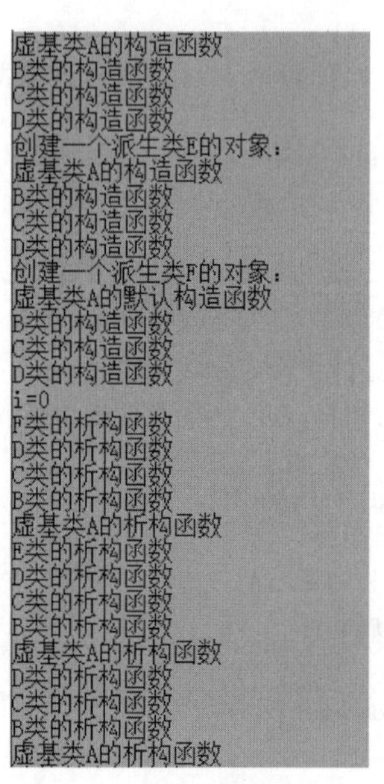

图 8.16 例 8.10 程序的运行结果

8.9 对象类型转换

通过继承可以构成具有层次结构的类家族。同一个家族的类的对象之间可以进行类型转换。对象类型转换包含向上类型转换和向下类型转换。

可以将派生类的对象的地址赋值给基类的指针,也可以用派生类的对象初始化基类的引用。这种操作可以看成是将一个派生类的对象转换为一个基类对象,称为向上类型转换,简称向上转型。

从逻辑的角度来看,对象的向上转型是合理的。前面介绍过,派生类对象和基类对象之间是"is a"的关系,一个派生类对象也是一个基类对象。例如,可以说小轿车(派生类对象)是一辆汽车(基类对象),苹果(派生类对象)是一个水果(基类对象),圆(派生类对象)是一个几何图形(基类对象)。

从技术实现的角度来看,对象的向上转型不会引发错误和异常。派生类继承了基类的所有成员,派生类对象中包含一个基类子对象,这就是说可以像使用基类对象一样来使用和操作派生类对象。所以 C++允许自动地(隐式地)进行向上转型。例如,对于前面创建的图形类家族,可进行如下操作:

```
Shape * s1, * s2, * s3;         //定义基类指针
Circle c;
s1 = &c;                        //将派生类对象的地址赋值给基类指针,自动进行向上转型
s2 = new Rectangle();           //用基类指针引用派生类对象,自动进行向上转型
```

```
s3 = new Cylinder();              //用基类指针引用派生类对象,自动进行向上转型
Shape &s = c;                     //用派生类对象初始化基类引用,自动进行向上转型
```

可以用基类的指针或引用变量引用派生类的对象,但是通过这些指针或引用只能访问在基类中声明和定义的成员。例如:

```
Shape * s1;
Circle c;
s1 = &c;
s1 -> setColor("white"); //正确的操作,setColor是基类Shape的成员函数
s1 -> setRadius(10.0); //错误,setRadius是派生类Circle的成员函数,但不是基类Shape的成员
float areaOfshape = s1 -> area(); //正确的操作,调用的是基类Shape的成员函数area,返回0
```

例 8.11 使用例 8.5 中定义的图形类家族,演示对象的向上类型转换。

程序代码如下。

```
#include <iostream>
#include <string>
using namespace std;
//以下是Shape类、Circle类、Rectangle类、Cylinder类的定义和实现
//程序代码参考例8.5
…
//以上是Shape类、Circle类、Rectangle类、Cylinder类的定义和实现
void displayShapeArea(Shape * s)//函数的参数为基类的指针
{
  cout <<"图形的面积为:"<< s -> area()<< endl;
                                        //通过基类指针只能调用基类中定义的成员函数
}
void main()
{
    Shape * s1, * s2, * s3;//定义基类的指针
    Circle c(10.0);
    Rectangle r(15.0,10.0);
    Cylinder cy(10.0,20.0);
    s1 = &c;                    //基类指针指向派生类对象
    s2 = &r;                    //基类指针指向派生类对象
    s3 = &cy;                   //基类指针指向派生类对象
displayShapeArea(s1);
    displayShapeArea(s2);
    displayShapeArea(s3);
}
```

上面的程序中试图定义一个通用的函数 displayShapeArea,它的参数是一个指向基类 Shape 对象的指针,函数中通过该指针调用成员函数 area 输出图形的面积。main 函数中定义了三个 Shape 类指针 s1、s2 和 s3,它们分别引用 Circle 类的对象 c、Rectangle 类的对象 r 和 Cylinder 类的对象 cy。然后用 s1、s2 和 s3 作参数分别调用函数 displayShapeArea,试图输出三个不同图形的面积;但是很不幸,由于不管基类指针实际指向哪个类的对象,通过基类指针只能调用在基类中声明和定义的成员;所以函数 displayShapeArea 中通过 Shape 类指针调用的都是 Shape 类中定义的函数 area,而不是在 Circle 类、Rectangle 类和 Cylinder

类中定义的同名函数 area。例 8.11 程序运行结果如图 8.17 所示。

```
图形的面积为:0
图形的面积为:0
图形的面积为:0
```

图 8.17 例 8.11 程序运行结果

那么应该如何实现这样的通用函数呢? 这个问题将在第 9 章中介绍。

在实际的程序设计中,通常要利用继承构造具有层次结构的类家族; 对象的向上转型技术使设计通用代码来处理类家族中不同类的对象成为可能,是实现面向对象的"多态性"的重要基础。

和向上转型相反,如果使用派生类的指针或引用变量去引用基类的对象,则相当于将一个基类对象转换为派生类对象,称为向下类型转换,简称向下转型。

首先,从逻辑上看,向下转型是不合理的,因为基类的对象不一定也是某个派生类的对象。例如,"一个水果(基类)是一个苹果(派生类)""一辆汽车(基类)是一辆小轿车(派生类)",这样的说法是不合逻辑的。

从技术实现的角度来看,对象的向下转型容易产生错误,引发异常。因为通过派生类的指针或引用,不仅能操作基类的成员,还能访问派生类新增的成员。如果被转换的对象确实是一个基类对象,则通过派生类的指针或引用就可能访问到未知的内存空间,是相当危险的。

C++允许有限制地使用对象的向下转型: 可以使用强制类型转换将一个基类的指针赋值给派生类的指针,同时要确保转换是安全的,即转换发生前,基类的指针确实指向了该派生类的对象。例如:

```
Shape * s = new Circle();  //向上转型,使用基类指针指向派生类对象
Circle * c;
c = (Circle * )s;          //显式地进行向下转型
```

也可以使用 2.5 节中介绍的 static_cast 操作符实现对象的向下转型。例如,上边最后一条语句可写为:

```
c = static_cast < Circle * >(s);
```

小结

继承是面向对象程序设计的重要特征。通过继承可以从原有的类派生出新的类。

在继承关系中,被继承的类称为基类或父类,新产生的类称为派生类或子类。派生类继承了基类的所有成员(除了基类的构造函数和析构函数),同时还有自己新增的成员,所以派生类既是对基类的继承,也是对基类的扩展。

C++中有三种方式的继承,分别是: 公有继承(public)、私有继承(private)和保护继承(protected)。

基类的成员被派生类继承后,成为派生类的成员,它在派生类中的访问权限由该成员在基类中的访问权限和继承方式决定。

基类和派生类的关系是相对而言的，从一个派生类还可以派生新的类，通过继承，可以构成一个具有层次结构的类家族。

派生类没有继承基类的构造函数和析构函数，在构造派生类对象时，首先要执行基类的构造函数初始化派生类对象中的基类子对象；然后执行派生类本身的构造函数初始化派生类自己的数据成员。派生类的构造函数通过初始化列表向基类的构造函数传递参数。

派生类中如果声明了和基类中同名的成员，则在派生类中，基类中成员被派生类中的同名成员所覆盖。

如果派生类只有一个基类，这种继承关系称为单重继承；如果一个派生类同时有多个直接基类，则派生类同时继承了所有基类的属性和特征，这种继承关系称为多重继承。

多重继承的功能非常强大，但同时也容易引发二义性问题。

如果在声明继承时，使用了关键字 virtual，则基类称为虚基类。虚基类是多重继承时避免产生二义性的重要手段。虚基类的成员在其所有的派生类(包括直接派生类和间接派生类)中都只有一个副本。

可以使用基类的指针或引用变量去引用派生类的对象。这种情况相当于将派生类对象转换为基类对象，称为对象的向上类型转换，简称向上转型。向上转型是实现多态的重要基础。

习题

8.1 在类的继承关系中，派生类从基类继承了什么？派生类不能继承基类的什么？

8.2 以下叙述中，哪个是错误的？

A. 公有继承时，基类的 public 型成员被派生类继承后，在派生类中仍然是 public 型

B. 公有继承时，基类的 private 型成员被派生类继承后，在派生类中仍然是 private 型

C. 公有继承时，基类的 protected 型成员被继承后，在派生类中仍然是 protected 型

D. 公有继承时，基类的 private 型成员被继承后，在派生类中不能访问

8.3 以下叙述中，哪个是错误的？

A. 保护继承时，基类的 public 型成员被派生类继承后，在派生类中仍然是 public 型

B. 保护继承时，基类的 private 型成员被派生类继承后，在派生类中是 protected 型

C. 保护继承时，基类的 protected 型成员被继承后，在派生类中仍然是 protected 型

D. 保护继承时，基类的 private 型成员被继承后，在派生类中不能访问

8.4 请找出下面程序中的错误，并进行修改。

```
#include <iostream>
using namespace std;
class A
{
```

```
public:
    A(int x){ a = x;}
    void printa(){ cout << a << endl;}
protected:
    int a;
};
class B:private A
{
public:
    B(int x,int y):A(x){b = y;}
    void printb(){ cout << b << endl;}
private:
    int b;
};
void main()
{
    B objb(5,10);
    objb.printa();
    objb.printb();
}
```

8.5 创建派生类对象时，会调用基类的构造函数初始化从基类继承的数据成员，如果派生类有多个基类，并且基类本身还有基类，则创建派生类对象时将形成一个构造函数的调用链。请简述各个类的构造函数的调用顺序。

8.6 请写出以下程序的运行结果。

```
#include <iostream>
using namespace std;
class B
{
public:
    B(int x){ b = x;}
    void print(){ cout << b << endl;}
protected:
    int b;
};
class D:public B
{
public:
    D(int x,int y):B(x){b = y;}
    void print(){ cout << b << endl;}
private:
    int b;
};
void main()
{
    D  obj(5,10);
    obj.print();
}
```

8.7 创建一个表示雇员信息的 employee 类，其中包含数据成员 name、empNo 和

salary，分别表示雇员的姓名、编号和月薪。再从 employee 类派生出 3 个类 worker、technician 和 salesman，分别代表普通工人、科研人员、销售人员。三个类中分别包含数据成员 productNum、workHours 和 monthlysales，分别代表工人每月生产产品的数量、科研人员每月工作的时数和销售人员每月的销售额。要求各类中都包含成员函数 pay，用来计算雇员的月薪，并假定：

普通工人的月薪＝每月生产的产品数×每件产品的赢利×20％

科研人员的月薪＝每月的工作时数×每小时工作的酬金

销售人员的月薪＝月销售额×销售额提成

8.8 创建一个 automobile 类表示汽车，其中包含数据成员 brand 和 speed，分别表示汽车的品牌和行驶速度；成员函数 run 和 stop 表示行驶和停止。再创建 automobile 类的派生类 car 和 truck，分别表示小轿车和卡车；car 类包含数据成员 num，表示可以乘载的人数；truck 类包含数据成员 load，表示卡车的载重量。

8.9 有如下的类结构：

```
class  A
{
 protected:
   int i;
   …
 public:
   …
   void fun();
   …
};

class  B
{
 protected:
   int i;
   …
 public:
   …
   void fun();
   …

};
class  C: public A, public B
{
   …
   …
};
```

请问如何在 C 类中，访问分别从 A 类和 B 类继承的数据成员 i？如何使用 C 类的对象访问从 A 类和 B 类继承的成员函数 fun？创建 C 类对象时，构造函数的调用顺序是什么？C 类对象被销毁时，析构函数的调用顺序是什么？

8.10 如何声明虚基类？为什么要声明虚基类？

8.11 有如下的类结构：

```
class  A
{
 protected:
   int a;

 public:
   A(int aa);

};
class  B : virtual public A
{
 protected:
   int b;

 public:
   B(int aa, int bb);

};
class  C: virtual public A
{
 protected:
   int c;

 public:
   C(int aa,int cc);
};
class D: public B, public C
{
 private:
   int d;
 public:
   D(int aa, int bb, int cc, int dd);

};
```

请写出B类、C类和D类的构造函数。并回答下面的问题：当创建D类的对象时，各类构造函数的调用顺序是什么？

8.12 请写出以下程序的运行结果。

```
#include <iostream>
using namespace std;
class B
{
public:
     B(int x){ b = x;}
     void print(){ cout << b << endl;}
protected:
     int b;
};
```

```
class D:public B
{
public:
    D(int x,int y):B(x){b = y;}
    void print(){ cout << b << endl;}
private:
    int b;
};
void main()
{
    B * obptr = new D(5,10);
    obptr -> print();
}
```

8.13 请为上一题(习题 8.12)中的 B 类和 D 类添加拷贝构造函数。

第9章 多态

多态是面向对象程序设计的重要特性，正是因为有了多态，面向对象程序设计方法才如此强大。本章将介绍多态的概念，以及C++语言实现多态的方法。

9.1 什么是多态

多态(Polymorphism)一词来源于希腊语，其含义是"多种形态"。

在面向对象程序设计技术中，简单地说，**多态**是指给不同类型的对象发送相同的消息时，这些不同类型的对象会做出不同的反应，引发不同的行为，导致不同的结果。

具体地说，**多态性是指：在由继承形成的类家族的各个类中可以存在具有相同名称的方法，这些同名的方法在不同类中的具体行为各不相同；当使用基类的引用变量或指针引用不同的派生类对象时，如果给它们发送相同的消息，请求它们执行同名的方法，则根据对象实际所属的类，在程序运行时动态地选用在该类中定义的方法，不同类的对象响应消息的具体行为各不相同。**

例如，对于描述几何图形的类家族，每个图形类中都有计算面积的方法；当利用向上转型技术，使用基类Shape的指针引用派生类对象，并通过该指针调用计算面积的方法时，应该能够根据该对象所属的类型，在程序运行过程中动态地来选用相应类中的方法来计算具体图形的面积；若该对象是一个圆类的对象，则应该选取圆类中计算面积的方法；若该对象是一个矩形，则应该选用矩形类中计算面积的方法；这就是所谓的"运行时多态"。

多态性是面向对象程序设计的基础，许多专业人士甚至将面向对象的程序设计说成是"实时多态下的继承"。

可以看到，利用多态技术，可以使用通用的语句形式来处理不同类的对象。多态机制不仅可以增加程序设计的灵活性，而且使编程者不必过多地考虑具体类型实现方法的细节，从而设计出通用于各种不同类型的"一般化"程序。这种一般化的程序具有更好的可读性、可重用性和可扩充性。

在C++语言中，多态性是通过类的虚成员函数实现的；动态绑定技术为使用虚函数提供了保证；而对象的向上转型则是实现多态的必要条件。

9.2 虚函数和动态绑定

回想例 8.11,在该例中试图创建一个通用的函数 displayShapeArea,用来输出各种图形的面积。以下列出程序的部分代码。

```
void displayShapeArea(Shape * s)          //函数的参数为基类的指针
{
    cout <<"图形的面积为:"<< s -> area()<< endl;
                                          //通过基类指针只能调用基类中定义的成员函数
}
void main()
{
    Shape * s1, * s2, * s3;               //定义基类的指针
    Circle c(10.0);
    Rectangle r(15.0,10.0);
    Cylinder cy(10.0,20.0);
    s1 = &c;                              //基类指针指向派生类对象
    s2 = &r;                              //基类指针指向派生类对象
    s3 = &cy;                             //基类指针指向派生类对象
    displayShapeArea(s1);
    displayShapeArea(s2);
    displayShapeArea(s3);
}
```

程序中使用了图形类家族中的类,Shape 类是图形类家族中所有类的基类,Circle 类、Rectangle 类和 Cylinder 类都是 Shape 类的派生类,Shape 类中声明了计算图形面积的成员函数 area,该函数只有一条语句,返回 0; Circle 类、Rectangle 类和 Cylinder 类都覆盖了 area 函数,分别计算圆、矩形的面积和圆柱体的表面积。

函数 displayShapeArea 以 Shape 类的指针 s 作参数,并用该指针调用成员函数 area。

main 函数中用 3 个 Shape 类的指针 s1、s2、s3 分别引用 Circle 类、Rectangle 类和 Cylinder 类的对象 c、r 和 cy,并用 s1、s2、s3 作参数分别调用函数 displayShapeArea。程序的运行结果(如图 8.17 所示)并没有像我们期望的那样分别输出 3 个图形的面积,而是输出了 3 个 0。这种结果说明,在 displayShapeArea 函数中,虽然指针 s 指向派生类的对象,但是由于 s 本身是指向基类对象的指针,所以通过 s 调用的成员函数 area 都是基类的成员函数。那么当基类指针指向派生类对象时,能否通过基类的指针调用派生类中定义的成员函数呢? **解决问题的方法是将成员函数声明为虚函数**。声明虚成员函数的语法格式如下:

```
virtual 返回值类型 成员函数名(形参列表);
```

这里使用 C++关键字 virtual 来声明类的虚成员函数。

如果在基类中声明虚成员函数,则在所有派生类中该函数都是虚函数,即使在派生类中声明该函数时没有使用关键字 virtual。

当使用基类指针或引用调用虚成员函数时,实际调用的是指针指向的具体对象所属类中定义(覆盖)的成员函数。

例如,可以将例 8.11 中 Shape 类的成员函数 area 声明为虚函数,再次运行程序,将得

到预期的结果——输出了3个不同图形的面积。

例9.1 修改例8.11中的程序,将Shape类的成员函数area声明为虚函数。

程序代码如下。

```
#include <iostream>
#include <string>
using namespace std;
//以下是 Shape 类的定义
class Shape
{
public:
    Shape()                                    //默认的构造函数
    { color = "白色"; filled = false;}
    Shape(string fileColor, bool fill)         //带参数的构造函数
    { color = fileColor; filled = fill; }
    void setColor(string color)
    { this -> color = color; }
    string getcolor()
    { return color; }
    bool isfilled()
    { return filled;}
    virtual float area(){ return 0.0;}         //求面积的函数,虚函数
    float perimeter(){return 0.0; }            //求周长的函数,返回 0.0
    void displayInfo(){}                       //显示图形信息
protected:
    string color;                              //图形的颜色
    bool filled;                               //图形的填充属性
};
//以下是 Circle 类、Rectangle 类、Cylinder 类的定义和实现
//程序代码同例 8.5
…
//以上是 Circle 类、Rectangle 类、Cylinder 类的定义和实现

void displayShapeArea(Shape * s)               //函数的参数为基类的指针
{
    cout <<"图形的面积为:"<< s -> area()<< endl;  //通过基类指针调用虚成员函数
}
void main()
{
    Shape * s1, * s2, * s3;                    //定义基类的指针
    Circle c(10.0);
    Rectangle r(15.0,10.0);
    Cylinder cy(10.0,20.0);
    s1 = &c;                                   //基类指针指向派生类对象
    s2 = &r;                                   //基类指针指向派生类对象
    s3 = &cy;                                  //基类指针指向派生类对象
    displayShapeArea(s1);
    displayShapeArea(s2);
    displayShapeArea(s3);
}
```

例 9.1 程序的运行结果如图 9.1 所示。

```
图形的面积为:314.159
图形的面积为:150
图形的面积为:1884.95
```

图 9.1 例 9.1 程序的运行结果

displayShapeArea 函数中,使用基类指针 s 调用虚成员函数 area,当 s 指向派生类的对象时,实际调用的是在派生类中定义(覆盖)的成员函数 area,当 s 指向的是 Circle 类的对象时,则 s—> area()调用的是 Circle 类中定义的虚函数 area;当 s 指向的是 Rectangle 类的对象时,则 s—> area()调用的是 Rectangle 类中定义的虚函数 area;而当 s 指向的是 Cylinder 类的对象时,s—> area()调用的则是 Cylinder 类中定义的虚函数 area。**对 area 函数 3 次调用的语句完全相同,但调用的具体函数不同,完成的任务也各不相同——这就是通过虚函数实现的多态。**

注意:虚函数的声明应该放在基类中,如果只在派生类中将成员函数声明为虚函数,则即使基类指针实际指向的是派生类的对象,也不能通过该指针调用派生类中的虚成员函数。例如,如果在例 9.1 中没有将 Shape 类中的 area 函数声明为虚函数,而将其派生类 Circle 和 Rectangle 中的 area 声明为虚函数,则再次运行程序后,仍然不能得到预期的结果。也就是说,如果想在某个类层次中实现多态,则应该在这个层次中的基类里声明虚函数。

例 9.2 在某个类的层次中利用虚函数实现多态。

程序代码如下。

```
#include <iostream>
using namespace std;
class A
{
public:
    void fun()
    { cout <<"A 类的成员函数 fun\n"; }
};
class B:public A
{
public:
    virtual void fun()              //声明虚函数
    { cout <<"B 类的成员函数 fun\n"; }
};
class C:public B
{
public:
    void fun()
    { cout <<"C 类的成员函数 fun\n"; }
};
class D:public B
{
public:
    void fun()
    { cout <<"D 类的成员函数 fun\n"; }
};
```

```
class E:public C
{
public:
    void fun()
    { cout <<"E类的成员函数 fun\n"; }
};
void main()
{
    A *pa;
    B *pb;
    E d;
    pa = &d;
    pb = &d;
    pa->fun();                          //非多态调用
    pb->fun();                          //多态调用
}
```

程序中类家族的层次结构如图9.2所示,图中的矩形表示类,箭头由派生类指向基类。

在类家族的所有类中都定义了成员函数fun,A类是基类,A类中没有将fun声明为虚函数,则使用A类的指针或引用都无法实现多态调用,即使该指针指向了派生类的对象,通过该指针调用的也是A类中定义的成员函数fun。

B类是A类的派生类,在B类中将fun函数声明为虚函数,则在以B类为基类的类层次中,才可以实现对fun函数的多态调用。

例9.2程序的运行结果如图9.3所示。

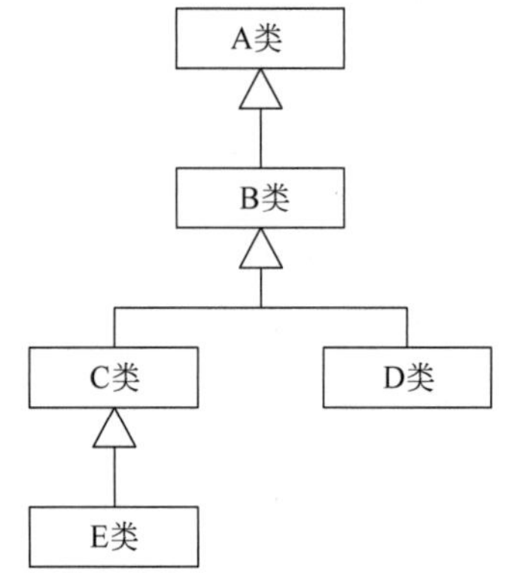

图9.2 例9.2程序中类家族的层次结构

```
A类的成员函数fun
E类的成员函数fun
```

图9.3 例9.2程序的运行结果

那么为什么只有虚成员函数才能实现多态调用呢?这是由编译器处理函数调用的方式决定的。**非虚函数的调用方式为静态绑定,而虚函数的调用方式为动态绑定。**

绑定是指将函数调用和实际的函数相连接的过程,分为静态绑定和动态绑定;静态绑定是在程序编译时,就确定要调用的函数,并用函数的相对地址直接调用函数,所以静态绑定又被称为编译期绑定或前期绑定。C++中所有的非虚函数都使用静态绑定方式进行调用,对于类的非虚成员函数而言,当该函数被调用时,编译器将根据调用该函数的对象、指针或引用的类型决定应该调用哪个类中的成员函数。例如,若有如下的函数调用语句:

```
s->fun();
```

其中,s是指针,fun是在类家族的各个类中定义的同名非虚函数。则编译器编译这条语句时,将根据指针 s 所属的类型,决定应该调用哪个类中的成员函数 fun,如果 s 是基类的指针,则只能调用基类的成员函数 fun。所以非虚函数无法实现运行时多态。

和静态绑定不同,**动态绑定是指,在程序编译期无法确定要调用的函数,在程序的运行过程中,根据调用函数的指针或引用变量所引用的对象的具体类型动态地确定要调用的函数。所以动态绑定又被称为运行期绑定或后期绑定。C++中的虚成员函数使用动态绑定方式进行调用**。例如,对于上面的函数调用语句,如果 fun 是在基类中声明的虚成员函数,则要调用哪个类的成员函数 fun,是在执行该语句时,由指针 s 所指向的**对象的真实类型**决定的。所以虚函数可以实现多态调用,而动态绑定是实现多态的基础。下面修改例 9.1 中的程序,进一步阐明如何使用动态绑定和虚函数来实现运行时多态。

在例 9.1 中,几个派生类的对象是在 main 函数中创建的,下面将定义一个函数 creatOneShape,该函数根据一个随机产生的整数值,在程序运行过程中动态地创建派生类的对象,并返回一个指向该对象的 Shape 类指针。随机整数通过调用 C++库函数 rand 产生,随机整数的范围是 0~2,当产生的随机整数为 0 时,函数 creatOneShape 将动态创建一个 Circle 类的对象;当产生的随机整数为 1 时,函数 creatOneShape 将动态创建一个 Rectangle 类的对象;当产生的随机整数为 2 时,函数 creatOneShape 将动态创建一个 Cylinder 类的对象。在 main 函数中将使用函数 creatOneShape 返回的对象指针作为参数调用函数 displayShapeArea 输出图形的相关信息和面积值。由于要输出随机产生的对象的类型信息和图形的面积,所以 Shape 类中将成员函数 displayInfo 和 area 都声明为虚函数。

程序代码如例 9.3 所示。

例 9.3 随机地创建图形派生类对象,并使用基类指针对该对象的虚成员函数进行多态调用。

程序的完整代码如下。

```
#include <iostream>
#include <string>
#include <ctime>
using namespace std;
//以下是 Shape 类、Circle 类、Rectangle 类、Cylinder 类的定义和实现
class Shape
{
public:
    Shape()                                     //默认的构造函数
    {
        color = "白色"; filled = false;
    }
    Shape(string fileColor, bool fill)          //带参数的构造函数
    {
        color = fileColor; filled = fill;
    }
    void setColor(string color)
```

```
    {
        this->color = color;
    }
    string getColor()
    {
        return color;
    }
    bool isfilled()
    {
        return filled;
    }
    virtual float area() { return 0.0; }        //求面积的函数,虚函数
    float perimeter() { return 0.0; }           //求周长的函数,返回 0.0
    virtual void displayInfo() {}               //显示图形信息,虚函数
protected:
    string color;                               //图形的颜色
    bool filled;                                //图形的填充属性
};
class Circle :public Shape
{
public:
    Circle()                                    //定义类的默认构造函数
    {
        radius = 1.0;
    }
    Circle(float);                              //带 1 个参数的构造函数
    Circle(string, bool, float);                //带 3 个参数的构造函数
    bool setRadius(float r)                     //声明设定半径的公有成员函数
    {
        if (r > 0) radius = r;
    }
    float getRadius()                           //定义读取半径的公有成员函数
    {
        return radius;
    }
    float area()                                //虚成员函数,求圆的面积
    {
        return radius * radius * 3.14159;
    }
    float perimeter()                           //虚成员函数,求圆的周长
    {
        return 2 * radius * 3.14159;
    }
    void displayInfo();                         //显示圆形信息,虚函数
protected:
    float radius;                               //圆的半径定义为保护的数据成员
};
class Rectangle :public Shape
{
public:
    Rectangle()                                 //默认的构造函数
```

```
    {
        height = 1.0; width = 1.0;
    }
    Rectangle(float, float);                    //带 2 个参数的构造函数
    Rectangle(string, bool, float, float);     //带 4 个参数的构造函数
    void setheight(float height)
    {
        if (height > 0) this -> height = height;
    }
    float getheight()
    {
        return height;
    }
    float area()                                //虚成员函数,求矩形面积
    {
        return height * width;
    }
    float perimeter()                           //虚成员函数,求矩形的周长
    {
        return 2 * (height + width);
    }
    void displayInfo();                         //虚函数
protected:
    float height;                               //矩形的高
    float width;                                //矩形的宽
};
class Cylinder :public Circle
{
public:
    Cylinder()                                  //默认的构造函数
    {
        height = 1.0;
    }
    Cylinder(float, float);                     //带 2 个参数的构造函数
    Cylinder(string, bool, float, float);      //带 4 个参数的构造函数
    void setheight(float height)
    {
        if (height > 0) this -> height = height;
    }
    float getheight()
    {
        return height;
    }
    float area();                               //覆盖基类的成员函数,求圆柱体表面积
    float volume()
    {
        return Circle::area() * height;
    }
    void displayInfo();                         //虚函数
private:
    float height;                               //圆柱体的高
```

```
};
Circle::Circle(float radius) :Shape("白色", false)
{
    this->radius = radius;
}
Circle::Circle(string color, bool fill, float radius) : Shape(color, fill)
{
    this->radius = radius;
}
void Circle::displayInfo()
{
    string output = "一个颜色为";
    output += color;
    if (isfilled())
        output += "、填充的圆,半径为";
    else
        output += "、没有填充的圆,半径为";
    cout << output << radius << endl;
}
Rectangle::Rectangle(float height, float width) :Shape("白色", false)
{
    this->height = height;
    this->width = width;
}
Rectangle::Rectangle(string color, bool fill, float height,
    float width) : Shape(color, fill)
{
    this->height = height;
    this->width = width;
}
void Rectangle::displayInfo()
{
    string output = "一个颜色为";
    output += color;
    if (isfilled())
        output += "、填充的矩形";
    else
        output += "、没有填充的矩形";
    cout << output << ",高为" << height << ",宽为" << width << endl;
}
Cylinder::Cylinder(float radius, float height) :Circle("白色", false, radius)
{
    this->height = height;
}
Cylinder::Cylinder(string color, bool fill, float radius,
    float height) : Circle(color, fill, radius)
{
    this->height = height;
}
float Cylinder::area()
{
```

```
    float areaOfCylinder;
    areaOfCylinder = 2 * Circle::area() + height * perimeter();
    return areaOfCylinder;
}
void Cylinder::displayInfo()
{
    string output = "一个颜色为";
    output += color;
    if (isfilled())
        output += "、填充的圆柱体";
    else
        output += "、没有填充的圆柱体";
    cout << output << ",底面半径为" << radius << ",高为" << height << endl;
}
//以上是 Shape 类、Circle 类、Rectangle 类、Cylinder 类的定义和实现

void displayShapeArea(Shape * s)               //函数的参数为基类的指针
{
    s -> displayInfo();                         //通过基类指针调用虚成员函数
    cout << "图形的面积为:" << s -> area() << endl;  //通过基类指针调用虚成员函数
}
Shape * creatOneShape()                        //动态创建对象的函数
{
    Shape * s = NULL;
    int randomInt;
    randomInt = rand() % 3;                    //生成 0~2 的随机整数
    switch (randomInt)
    {
    case 0:
        s = new Circle(10.0);                  //若生成的随机数为 0,则创建 Circle 类对象
        break;
    case 1:
        s = new Rectangle(10.0, 15.0); //若生成的随机数为 1,则创建 Rectangle 类对象
        break;
    case 2:
        s = new Cylinder(10.0, 10.0);          //若生成的随机数为 2,则创建 Cylinder 类对象
        break;
    }
    return s;
}
void main()
{
    srand(time(0));                            //向生成随机数的函数 rand 传递种子
    Shape * s;                                 //定义基类的指针
    for (int i = 0;i < 3;i++)
    {
        s = creatOneShape();                   //调用函数 creatOneShape,随机创建对象
        displayShapeArea(s);                   //调用函数 displayShapeArea,显示对象的信息
        delete s;
    }
}
```

由于派生类的对象是在程序运行过程中根据随机整数值动态创建的,所以在程序编译时无法确定对象的具体类型,则在函数 displayShapeArea 中,通过基类指针调用对象的虚成员函数时,必须使用动态绑定来实现函数的多态调用。而且由于对象是在程序运行过程中随机产生的,所以如果多次运行程序,每次的运行结果都可能不同。图 9.4 和图 9.5 为例 9.3 程序的两次运行的结果。

```
一个颜色为白色、没有填充的圆, 半径为10
图形的面积为:314.159
一个颜色为白色、没有填充的矩形,高为10,宽为15
图形的面积为:150
一个颜色为白色、没有填充的圆柱体,底面半径为10,高为10
图形的面积为:1256.64
```

图 9.4 例 9.3 程序的第 1 次运行结果

```
一个颜色为白色、没有填充的圆, 半径为10
图形的面积为:314.159
一个颜色为白色、没有填充的矩形,高为10,宽为15
图形的面积为:150
一个颜色为白色、没有填充的矩形,高为10,宽为15
图形的面积为:150
```

图 9.5 例 9.3 程序的第 2 次运行结果

声明虚函数时,应注意以下几点。

(1) 不能将类的静态成员函数声明为虚函数。

(2) 不能将类的构造函数声明为虚函数;因为使用虚函数是为了在同一个类家族的不同类对象间实现运行时多态,而类的构造函数被调用时,具体的对象还没有创建完成,所以将构造函数声明为虚函数是没有意义的。

(3) 应该把类的析构函数声明为虚函数。例如,对于一个由继承派生出的类家族,若 ptr 是基类指针,并且它引用了派生类的对象,则执行下面的语句时:

```
delete ptr;
```

类的析构函数将被调用;如果析构函数不是虚函数,则只有基类的析构函数将被调用,而对象实际所属的派生类的构造函数将不会被调用。所以应该将类的析构函数声明为虚函数,以便在对象被销毁时,调用正确的析构函数。

9.3 纯虚函数和抽象类

回想例 9.3,Shape 类中声明了虚函数 area 和 displayInfo,分别用来计算图形的面积和显示具体图形的相关信息。在 Shape 类中实现这两个函数几乎是毫无意义的,因为 Shape 本身是一个抽象的概念,并不代表任何具体的图形,所以也无从计算它的面积和输出与具体图形相关的信息。通常可以将这样的函数声明为纯虚函数。声明纯虚函数的语法格式如下:

```
virtual 返回值类型 函数名(形参列表) = 0;
```

将 0 赋值给一个虚函数代表将它声明为一个纯虚函数。C++允许不为纯虚函数提供具体的实现。而包含纯虚函数的类称为抽象类。C++规定不能创建抽象类的实例(对象)。例

如，可将 Shape 类中的虚函数 area 和 displayInfo 声明为纯虚函数：

```
virtual float area() = 0;              //求面积的函数，纯虚函数
virtual void displayInfo() = 0;        //显示图形信息，纯虚函数
```

由于函数 area 和 displayInfo 是纯虚函数，所以不需要为其提供具体的实现。

由于包含纯虚函数，所以 Shape 类成为抽象类，程序中不能创建 Shape 类的对象，试想在现实世界中也不可能存在这样的对象。

抽象类的派生类应该为其继承的纯虚函数提供具体的实现，否则它们也包含纯虚函数，变成了抽象类。例如，Shape 类的派生类 Circle、Rectangle 和 Cylinder 中，都应该实现虚函数 area 和 displayInfo，以计算具体图形的面积和输出相关信息。

虽然不能声明抽象基类的实例，但是仍然可以声明抽象基类的指针，并利用向上转型技术令其引用派生类的对象。例如，下面的语句是合法的。

```
Shape ptr;
Circle c;
ptr = &c;
```

在抽象类中声明纯虚函数的目的，就是为其派生类提供一个接口，迫使派生类遵循抽象基类所设置的接口规则；而由其派生类为接口函数提供具体的实现，以便在类家族中实现运行时多态。

9.4 限定符 override 和 final

C++ 11 引入了两个限定符用来管理类的虚函数，它们是 override 和 final。

9.4.1 限定符 override

通过学习以上两节我们知道，类的虚函数具有多态调用的能力。但有时程序员在编写继承虚函数的代码时，可能会因为疏忽，出现了不易察觉的错误，使程序中潜藏了意外的 bug。请看下例。

例 9.4 子类继承父类的虚函数时潜藏的问题。

```
#include <iostream>
#include <string>
using namespace std;

class A
{
public:
    A()
    {
        cout << "A()" << endl;
    }
    virtual void fun(float f)
    {
```

```
        cout << "执行 A 类的 fun 函数" << endl;
    }
};

class B :public A
{
public:
    B()
    {
        cout << "B()" << endl;
    }
    void fun(double f)
    {
        cout << "执行 B 类的 fun 函数" << endl;
    }
};

void main()
{
    A * ptr = new B();
    ptr -> fun(10.34);
}
```

上面的程序中定义了两个类：父类 A 和子类 B。A 类中定义了虚函数 fun，程序的本意是在子类 B 中覆盖(改写)A 类的 fun 函数。主函数 main 中先定义了一个 A 类的指针 ptr，并用它去引用一个 B 类的对象，再通过该指针对类中的虚函数 fun 进行多态调用。通过本章前面几节的学习，我们知道这里应该调用的是 B 类的 fun 函数。为了便于观察程序的执行，两个类的函数中都包含输出语句。例 9.4 程序的执行结果如图 9.6 所示。

```
A()
B()
执行A类的fun函数
```

图 9.6　例 9.4 程序的运行结果

观察图 9.6 可知，程序的执行结果出乎了我们的预料，程序并没有对虚函数 fun 进行多态调用。到底出了什么问题呢？再仔细观察程序，我们发现父类 A 中的虚函数 fun 和子类 B 中的函数 fun 的形式不完全一致，它们的参数形式不一致。A::fun 有一个 float 型的形式参数，而 B::fun 的参数的数据类型为 double 型，这可能是由于程序员写程序时的小失误造成的，但后果却十分严重。

这个失误导致的结果是：B::fun 并不是对 A::fun 函数的覆盖(改写)，它事实上是 B 类中新定义的一个成员函数，并且由于它和父类中的虚成员函数 fun 同名，它把从父类继承的虚函数 fun 隐藏了。也就是说，B 类中有两个 fun 函数，一个是从父类 A 继承的，另一个是自己定义的。由于两个函数的名字一样，但原型不同，所以自定义的一个 fun 函数把从父类继承而来的 fun 函数隐藏了。

C++ 11 引入了一个限定说明符 override，它可以避免程序员在编程时出现的这种失误。限定符 override 被写在限定函数的函数名之后，它告诉编译器这个函数是从父类继承的虚函数。如果程序员误把函数的定义形式(称为函数特征标)写错了，编译器就会报错。

例 9.5 使用限定说明符 override。

```
#include < iostream >
#include < string >
using namespace std;
class A
{
public:
    A()
    {
        cout << "A()" << endl;
    }
    virtual void fun(float f)
    {
        cout << "执行 A 类的 fun 函数" << endl;
    }
};

class B :public A
{
public:
    B()
    {
        cout << "B()" << endl;
    }
    void fun(double f) override
    {
        cout << "执行 B 类的 fun 函数" << endl;
    }
};

void main()
{
    A * ptr = new B();
    ptr -> fun(10.34);
}
```

由于上面程序中使用了 override 对 fun 函数进行了限定，这回编译器发现了程序中存在的问题并报告出错。

9.4.2 限定符 final

C++ 11 引入了限定符 final，它会禁止虚函数被子类继承。例如：

```
class A
{
public:
    A()
    {
        cout << "A()" << endl;
    }
```

```
    virtual void fun(double f) final;
};
void A::fun(double f)
{
    cout << "f" << endl;
    cout << "A::fun()" << endl;
}

class B :public A
{
    B()
    {
        cout << "B()" << endl;
    }
    void fun(double f)
    {
        cout << f << endl;
        cout << "B::fun()" << endl;
    }
};
```

由于 A 类中的虚函数 fun 被限定符 final 限定,B 类是 A 类的子类,且 B 类试图覆盖 A 类的虚函数 fun。这段程序在 VS2015 中编译时会发生错误,如图 9.7 所示。

C3248 "A::fun":声明为"final"的函数无法被"B::fun"重写
无法重写"final"函数"A::fun"(已声明 所在行数:13)

图 9.7 被 final 限定的虚函数不能被子类覆盖

9.5 编译期多态——运算符重载

简单地说,多态就是给不同类型的对象发送相同的消息时,对象会做出不同的响应。一般情况下,我们所说的面向对象程序设计中的多态,所指的都是由虚函数实现的运行时多态。然而,从概念上看,C++的运算符重载技术也可以看成是一种实现多态的手段。本节将介绍运算符重载的实现方法。

9.5.1 什么是运算符重载

C++中现有的绝大多数运算符只能以基本数据类型的量作为其操作的对象。**运算符重载就是要给现有的运算符赋予新的功能,使其可以操作类的对象。**

运算符重载的本质是函数重载。如果为某个类设计了运算符 op 的重载函数,则当使用 op 操作该类的对象时,编译器将调用运算符重载函数完成操作任务。由于运算符重载函数的调用方式是静态绑定,所以可以将运算符重载称为编译期多态。

以下是 C++系统对于运算符重载的几点限定。

(1) 只能重载现有的运算符,而不能创造新的运算符。

(2) 现有运算符中,以下几个不能被重载,它们是:用于访问对象成员的"."操作符,成员指针运算符“*”,域解析操作符“::”,条件运算符“?”,sizeof 运算符,typeid 运算符,以及四个类型转换操作符:const_cast、static_cast、dynamic_cast、reinterpret_cast。

(3) 运算符重载不能改变原运算符的优先级和结合性。

(4) 运算符重载不能改变原运算符的操作数个数;即一元运算符被重载后,还是一元运算符;二元运算符被重载后,还是二元运算符。

(5) 重载后的运算符必须至少有一个操作数是类的对象。这条限定防止编程者为基本数据类型重载运算符。否则,编程者有可能重载加法运算符“+”,来完成基本数据类型的减法运算。

(6) 运算符重载函数可以是类的成员函数,也可以是类的友元函数。但是以下的运算符只能通过成员函数进行重载。它们是:赋值运算符“=”、函数调用操作符“()”、数组下标操作符“[]”、使用指针访问对象成员的操作符“->”。

关键字 operator 用来声明和定义运算符重载函数。运算符重载函数可以是类的非静态成员函数,也可以是类的友元函数。以下分别进行介绍。

9.5.2 用类的成员函数实现运算符重载

当运算符重载函数被定义为类的成员函数时,声明和定义的语法格式如下:

在类中声明运算符重载函数(类的成员函数)的语法格式:

```
返回值类型 operator 运算符(形参列表);
```

定义运算符重载函数(类的成员函数)的语法格式:

```
返回值类型 类名::operator 运算符(形参列表)
{
  函数体;
}
```

形参列表中是运算符的操作对象,需要注意,因为被定义为是类的成员函数,所以参数的个数应该比运算符实际的操作数个数少一个,因为调用函数的对象本身就是运算符的一个操作数。例如,如果为 A 类重载了加法运算符“+”,用来完成两个 A 类对象的相加操作,且运算符重载函数为类的成员函数,则函数的声明语句为:

```
A  operator + (A a);
```

函数只有一个参数,是加号“+”运算符的右操作数,而成员函数内部的 this 指针指向运算符的左操作数,它是调用函数的当前对象。

执行下面的语句时将调用这个运算符重载函数:

```
a3 = a1 + a2;
```

其中,a1、a2、a3 都是 A 类的对象,而这条语句等价于下面的语句:

```
a3 = a1.operator + (a2);
```

也就是说,当执行 a1+a2 的操作时,将通过左操作数 a1 调用运算符重载函数,右操作数 a2 作为函数的参数。

下面的实例演示了用类的成员函数实现运算符重载的方法。

例 9.6 为 Circle 类重载比较运算符“==”和“>”,用于比较两个圆的大小。

程序代码如下。

```
#include <iostream>
using namespace std;
class Circle
{
public:
    Circle()
    {
       radius = 1.0;
    }
    Circle(float);
    bool setRadius(float r);
    float getRadius()
    {   return radius; }
    float area()
    {   return radius * radius * 3.14159; }
    bool operator == (Circle c);                //声明运算符 == 的重载函数
    bool operator >(Circle c);                  //声明运算符>的重载函数
private:
    float radius;
};
Circle::Circle(float r)
{
    if(r > 0)
        radius = r;
    else
        radius = 0;
}
bool Circle::setRadius(float r)
{
        if(r >= 0)
        {
           radius  =  r;
           return true;
        }
        else
           return false;
}
bool Circle::operator  == (Circle c)            //实现运算符 == 的重载函数
{
    if(radius == c.radius)
        return true;
    else
        return false;
}
bool Circle::operator >(Circle c)               //实现运算符>的重载函数
{
```

```
    if(radius > c.radius)
        return true;
    else
        return false;
}
void main()
{
    Circle c1(10.0),c2(15.0);
    if(c1 == c2)                             //调用 == 运算符重载函数
        cout <<"对象 c1 和 c2 表示的圆大小相等\n";
    else if(c1 > c2)                         //调用>运算符重载函数
        cout <<"圆 c1 的面积大于圆 c2\n";
    else
        cout <<"圆 c1 的面积小于圆 c2\n";
}
```

例 9.6 程序的运行结果如图 9.8 所示。

圆c1的面积小于圆c2

图 9.8 例 9.6 程序的运行结果

一元运算符有前置(运算符在操作数之前)和后置(运算符在操作数之后)之分,例如,自加运算符++就分为前置自加运算符和后置自加运算符。那么该如何重载一元运算符?如何区分前置一元运算符和后置一元运算符呢?

C++语法规定,当使用类的成员函数实现一元运算符重载时,前置一元运算符的重载函数没有形式参数;而后置一元运算符的重载函数有一个 int 型的形式参数,这个 int 型参数的作用就是帮助编译器区分前置和后置的一元运算符重载函数,所以在定义函数时,无须写出参数名。

例 9.7 为 Time 类重载二元运算符"+"、一元前置自加运算符"++"、一元后置自加运算符"++"。其中,二元运算符"+"用来将两个时间相加得到一个新的时间值;一元自加运算符"++"用来将当前时间加 1 秒钟。

程序代码如下。

```
#define _CRT_SECURE_NO_WARNINGS
#include < iostream >
#include < time.h >
using namespace std;
class Time
{
public:
    Time() { getSystemTime(); }
    Time(int, int, int);
    bool setHour(int h);
    bool setMinute(int m);
    bool setSecond(int s);
    int getHour();
    int getMinute();
    int getSecond();
```

```
    void getSystemTime();                  //获取当前时间的成员函数
    void displayTime();                    //成员函数,用来显示时间
    Time operator + (Time);                //声明二元运算符 + 的重载函数
    Time &operator++();                    //声明前置一元运算符++的重载函数
    Time const operator++(int);            //声明后置一元运算符++的重载函数
protected:
    int hour;                              //数据成员,表示小时
    int minute;                            //数据成员,表示分钟
    int second;                            //数据成员,表示秒
};
Time::Time(int hour, int minute, int second)
{
    setHour(hour);
    setMinute(minute);
    setSecond(second);
}
bool Time::setHour(int h)
{
    if (h >= 0 && h <= 23)
    {
        hour = h;
        return true;
    }
    else return false;
}
bool Time::setMinute(int m)
{
    if (m >= 0 && m <= 59)
    {
        minute = m;
        return true;
    }
    else return false;
}
bool Time::setSecond(int s)
{
    if (s >= 0 && s <= 59)
    {
        second = s;
        return true;
    }
    else return false;
}
int Time::getHour()
{
    return hour;
}
int Time::getMinute()
{
    return minute;
}
```

```
int Time::getSecond()
{
    return second;
}
void Time::getSystemTime()
{
    time_t timer;
    struct tm * tb;
    timer = time(NULL);
    tb = localtime(&timer);
/*以上4条语句获取当前时间,并存放在tm类型的结构体变量中,指针tb指向该结构体变量*/
    hour = tb->tm_hour;              //获取当前小时值并赋值给当前对象的数据成员hour
    minute = tb->tm_min;             //获取当前分值并赋值给当前对象的数据成员minute
    second = tb->tm_sec;             //获取当前秒值并赋值给当前对象的数据成员second
}
void Time::displayTime()
{
    cout << hour << ":" << minute << ":" << second << endl;
}
Time Time::operator +(Time time)     //实现二元运算符"+"的重载函数
{
    Time retime;
    retime.second = (second + time.second) % 60;
    if ((second + time.second) >= 60)
    {
        retime.minute = (minute + time.minute + 1) % 60;
        if ((minute + time.minute + 1) >= 60)
        {
            retime.hour = (hour + time.hour + 1) % 24;
        }
        else
            retime.hour = (hour + time.hour) % 24;
    }
    else
    {
        retime.minute = (minute + time.minute) % 60;
        if ((minute + time.minute) >= 60)
        {
            retime.hour = (hour + time.hour + 1) % 24;
        }
        else
            retime.hour = (hour + time.hour) % 24;
    }
    return retime;
}
Time &Time::operator ++()            //实现前置一元运算符"++"的重载函数
{
    second++;
    if (second >= 60)
    {
        second %= 60;
```

```
            minute++;
            if (minute >= 60)
            {
                minute % = 60;
                (++hour) % = 24;
            }
        }
        return * this;
    }
    Time const Time::operator ++(int)           //实现后置一元运算符"+ +"的重载函数
    {
        Time returntime = * this;
        second++;
        if (second >= 60)
        {
            second % = 60;
            minute++;
            if (minute >= 60)
            {
                minute % = 60;
                (++hour) % = 24;
            }
        }
        return returntime;
    }
    void main()
    {
        Time time1(23, 59, 59);
        Time time2 = time1++;                   //调用后置一元运算符"++"的重载函数
        time2.displayTime();
        (++time2).displayTime();                //调用前置一元运算符"++"的重载函数
        Time time3 = (++time1) + (time2++);  //同一个语句中调用了3个运算符重载函数
        time1.displayTime();
        time2.displayTime();
        time3.displayTime();
    }
```

前置一元运算符"++"的重载函数中,先将当前时间加上一秒,然后返回当前对象的引用;这样做是为了使自加表达式可以在其他表达式中使用。后置一元运算符"++"的重载函数中,因为函数的返回值应该是加1秒操作之前的时间,所以先把当前对象的值(* this)保存到一个局部对象 returntime 之中,然后将当前时间加上1秒,最后返回局部对象 returntime 的值。例9.7程序的运行结果如图9.9所示。

```
23: 59: 59
0: 0: 0
0: 0: 1
0: 0: 1
0: 0: 1
```

图9.9 例9.7程序的运行结果

9.5.3 用类的友元函数实现运算符重载

除了类的成员函数之外，还可以使用类的友元函数实现运算符重载。将运算符重载函数声明和定义为类的友元函数的语法格式如下。

首先在类中使用关键字 friend，将运算符重载函数声明为类的友元函数：

```
friend 返回值类型 operator 运算符(形参列表);
```

在类外定义友元函数时，不能使用关键字 friend：

```
返回值类型 operator 运算符(形参列表)
{
  函数体;
}
```

因为友元函数不是类的成员函数，所以函数内部没有隐含的 this 指针，函数的参数个数和运算符的操作数个数相同。但对于一元运算符重载函数而言，在后置运算符重载函数中应多声明一个 int 型参数，该参数的唯一作用就是区分前置和后置重载函数。

例 9.8　修改例 9.5 中的程序，将 Time 类的三个运算符重载函数定义为类的友元函数。

程序代码如下。

```
#define _CRT_SECURE_NO_WARNINGS
#include <iostream>
#include <time.h>
using namespace std;
class Time
{
public:
  Time(){ getSystemTime();}
  Time(int,int,int);
  bool setHour(int h);
  bool setMinute(int m);
  bool setSecond(int s);
  int getHour();
  int getMinute();
  int getSecond();
  void getSystemTime();                  //获取当前时间的成员函数
  void displayTime();                    //成员函数,用来显示时间
protected:
  int hour;                              //数据成员,表示小时
  int minute;                            //数据成员,表示分钟
  int second;                            //数据成员,表示秒
  friend Time operator +(Time time1,Time time2);  //声明二元运算符 + 的重载函数,友元函数
  friend Time &operator ++(Time&);         //声明一元前置运算符"++"的重载函数,友元函数
  friend Time const operator ++(Time&,int);  //声明一元后置运算符"++"的重载函数,友元函数
};
//以下是类 Time 成员函数的实现,和例 9.7 相同
…
```

```
//以上是 Time 类成员函数的实现,和例 9.7 相同
Time operator +(Time time1,Time time2)  //实现二元运算符"+"的重载函数,类的友元函数
{
    Time retime;
    retime.second = (time1.second + time2.second) % 60;
    if((time1.second + time2.second)> = 60)
    {
        retime.minute = (time1.minute + time2.minute + 1) % 60;
        if((time1.minute + time2.minute + 1)> = 60)
        {
            retime.hour = (time1.hour + time2.hour + 1) % 24;
        }
        else
            retime.hour = (time1.hour + time2.hour) % 24;
    }
    else
    {
        retime.minute = (time1.minute + time2.minute) % 60;
        if((time1.minute + time2.minute)> = 60)
        {
            retime.hour = (time1.hour + time2.hour + 1) % 24;
        }
        else
            retime.hour = (time1.hour + time2.hour) % 24;
    }
    return retime;
}
Time &operator++(Time &time)              //实现前置一元运算符"++"的重载函数,类的友元函数
{
    time.second++;
    if(time.second > = 60)
    {
        time.second % = 60;
        time.minute++;
        if(time.minute > = 60)
        {
            time.minute % = 60;
            (++time.hour) % = 24;
        }
    }
    return time;
}
Time const operator++(Time &time,int)  //实现后置一元运算符"++"的重载函数,类的友元函数
{
    Time returntime = time;
        time.second++;
    if(time.second > = 60)
    {
        time.second % = 60;
        time.minute++;
        if(time.minute > = 60)
```

```
        {
            time.minute % = 60;
            (++time.hour) % = 24;
        }
    }
    return returntime;
}
void main()
{
    Time time1(23,59,59);
    Time time2 = time1++;               //调用后置一元运算符"++"的重载函数
    time2.displayTime();
    (++time2).displayTime();            //调用前置一元运算符"++"的重载函数
    Time time3 = (++time1) + (time2++); //同一个语句中调用了 3 个运算符重载函数
    time1.displayTime();
    time2.displayTime();
    time3.displayTime();
}
```

从程序中可以看到,二元运算符"+"的重载函数为类的友元函数时,参数的个数为 2;一元前置运算符"++"的重载函数为类的友元函数时,有一个参数;而一元后置运算符"++"的重载函数为了和前置运算符的重载函数相区别,多声明了一个 int 型参数。程序中除了将运算符重载函数定义为类的友元函数之外,其他部分和例 9.7 完全相同,程序的运行结果也和例 9.7 程序的运行结果相同。

C++运算符重载是强有力的编程技术,不仅可以使语句的形式更加友好,在某些情况下甚至是不可缺少的。下面使用运算符重载技术来解决 6.7 节中的遗留问题。

9.6 拷贝赋值运算符

6.7 节的例 6.15 中,讨论了对象浅拷贝的问题,即如果类的对象中存在指针类型的数据成员时,当使用一个已经存在的对象去初始化另一个正在创建的对象时,会导致两个对象的指针成员指向了相同的内存地址,这种现象称为对象的浅拷贝。浅拷贝增加了程序模块间的耦合性,在程序的运行过程中容易引发异常,导致严重的后果。

在 6.7 节的例 6.16 中,创建了类的拷贝构造函数来消除对象的浅拷贝现象。但是这并不能彻底地解决对象的浅拷贝问题。请看下面的程序。

例 9.9 由赋值操作引发的对象浅拷贝。

程序代码如下。

```
#include <iostream>
using namespace std;
class A
{
public:
    A()
    {   numptr = new int(1);}
    A(int num)
```

```
    { numptr = new int(num);}
    A(A &);                        //声明拷贝构造函数
    ~A()
    { delete numptr;}
    void setnum(int num)
    { * numptr = num;}
    int getnum()
    { return * numptr;}
private:
    int * numptr;
};
//以下为拷贝构造函数的实现
A::A(A &a)
{
    numptr = new int( * a.numptr);
    cout <<"类的拷贝构造函数被调用!\n";
}

void main()
{
    A a1(10),a2;
    a2 = a1;                       //将 a1 赋值给 a2,将引发对象的浅拷贝
    cout <<"对象 a1 中存放的整数为:"<< a1.getnum()<< endl;
    cout <<"对象 a2 中存放的整数为:"<< a2.getnum()<< endl;
    a1.setnum(20);
    cout <<"对象 a1 中存放的整数为:"<< a1.getnum()<< endl;
    cout <<"对象 a2 中存放的整数为:"<< a2.getnum()<< endl;
}
```

程序中的 A 类有一个指针类型的数据成员,并且为 A 类添加了拷贝构造函数来消除对象的浅拷贝现象。main 函数中,首先创建了 A 类的两个对象 a1 和 a2,然后将 a1 赋值给 a2,然后修改 a1 中的指针所指向的整数的值,最后分别输出 a1 和 a2 中指针指向的整数。这个程序虽然可以通过编译,但是会产生运行期异常,而且运行结果也出乎预料。例 9.9 程序的运行结果如图 9.10 所示。

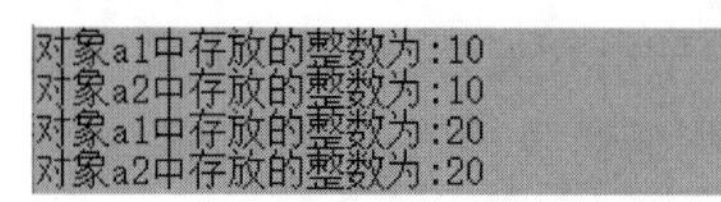

图 9.10 例 9.9 程序的运行结果

从程序运行结果可以看到,将对象 a1 赋值给 a2 之后,如果修改 a1 中指针所指的整数值,则 a2 中指针所指的整数也发生了改变。导致这种结果的原因是:**对象的赋值操作引发的浅拷贝**。虽然为类添加了拷贝构造函数,但是**给对象赋值并不是初始化对象,所以赋值操作并不调用类的拷贝构造函数,默认情况下的赋值操作所完成的任务,就是将赋值号右边的对象内容,按字节拷贝给赋值号左边的对象。而对象中指针类型的数据成员也被按字节拷贝,导致两个对象中的指针成员的值相等,即它们指向相同的内存地址,从而引发了对象的浅拷贝**。这种浅拷贝现象是非常危险的,因为在程序运行结束时,对象 a1 和 a2 将被销毁,这时要调用类的析构函数,在析构函数中使用操作符 delete 来释放对象中的指针指向的内

存空间；由于 a1 和 a2 中的指针指向相同的内存地址，所以该地址的内存被释放了两次，导致程序运行异常，如图 9.11 所示。

图 9.11　例 9.9 程序运行时产生的异常

解决问题的方法是：为类 A 重载赋值运算符。再进行对象赋值时，赋值运算符重载函数将被调用。这样就可以保证 A 类的对象不存在浅拷贝问题了。

例 9.10　为类 A 重载赋值运算符，以彻底解决对象的浅拷贝问题。

程序代码如下。

```
#include <iostream>
using namespace std;
class A
{
public:
    A()
    {
        numptr = new int(1);
    }
    A(int num)
    {
        numptr = new int(num);
    }
    A(A &);                         //声明拷贝构造函数
    ~A()
    {
        delete numptr;
    }
    void setnum(int num)
    {
        *numptr = num;
    }
    int getnum()
    {
        return *numptr;
    }
```

```
    A& operator = (A&);          //声明拷贝赋值运算符重载函数
private:
    int * numptr;
};
//以下为拷贝构造函数的实现
A::A(A &a)
{
    numptr = new int( * a.numptr);
}
//以下是拷贝赋值运算符重载函数的实现
A& A::operator = (A &a)
{
    numptr = new int( * a.numptr);
    cout << "拷贝赋值运算符重载函数被执行\n";
    return * this;               //返回当前对象的引用,以保证可以连续赋值
}

void main()
{
    A a1(10), a2;
    a2 = a1;                     //将 a1 赋值给 a2,调用赋值运算符重载函数
    cout << "对象 a1 中存放的整数为:" << a1.getnum() << endl;
    cout << "对象 a2 中存放的整数为:" << a2.getnum() << endl;
    a1.setnum(20);
    cout << "对象 a1 中存放的整数为:" << a1.getnum() << endl;
    cout << "对象 a2 中存放的整数为:" << a2.getnum() << endl;
}
```

例 9.10 程序的运行结果如图 9.12 所示。

```
拷贝赋值运算符重载函数被执行
对象a1中存放的整数为:10
对象a2中存放的整数为:10
对象a1中存放的整数为:20
对象a2中存放的整数为:10
```

图 9.12 例 9.10 程序的运行结果

从例 9.10 程序的运行结果可以清楚地看到：①A 类的赋值运算符重载函数被执行；②解决了例 9.9 程序中的浅拷贝问题。

C++ 11 把例 9.10 程序中的赋值运算符重载函数称为**拷贝赋值运算符重载函数，且规定它的参数必须是左值引用形式**：

```
A& A::operator = (A&a)
{
    numptr = new int( * a.numptr);
    cout << "拷贝赋值运算符重载函数被执行\n";
    return * this;             //返回当前对象的引用,以保证可以连续赋值
}
```

在本例中如果把函数参数修改成传值传递，程序也是可以编译运行的。但这样做有一个很大的缺点，如果 A 类对象占据很大的内存空间，则和引用方式相比，以传值方式传递参数在运行效率方面存在明显的劣势。但这还不够，当为 A 类引入了移动赋值运算符重载函

数时，程序就会出现编译问题。所以 C++ 11 规定**拷贝赋值运算符重载函数的参数必须是左值引用**主要是为了让它区别于新引入的移动赋值运算符重载函数。

9.7 移动赋值运算符

移动赋值运算符也是对赋值运算符"＝"的一种重载函数，和移动构造函数一样，它也是 C++ 11 引入的移动语义的一部分。本节介绍移动赋值运算符重载函数的作用和实现方法。

在介绍移动赋值运算符重载函数之前，首先为例 9.10 中的 A 类添加一个"＋"运算符重载函数，功能是实现两个 A 类对象相加。

```
A  A::operator + (A  &a)
{
    A at;
    at.numptr = new int( * numptr +  * a.numptr);
    return at;
}
```

函数返回一个 A 类对象，如前所述，由于程序中有可能用该函数的返回值对象去初始化一个正在创建的对象，所以有必要为 A 类定义一个移动构造函数，以提高对象初始化的效率。A 类的移动构造函数如下：

```
A::A(A &&a)
{
    numptr = a.numptr;
    a. numptr = NULL;
}
```

现在，执行下面的程序语句时，就会自动调用 A 类的移动构造函数。因为下面的语句相当于执行 A 类中加法运算符"＋"的重载函数。

```
A  a3 = a1 + a2;  //a1 和 a2 是 A 类的对象
```

那么如果执行下面的程序语句会得到怎样的结果呢？

```
A  a3;
a3 = a1 + a2;
```

下面用例子演示程序的运行结果。

例 9.11 用"＋"运算符重载函数计算 A 类两个对象的和。

完整程序代码如下。

```
#include < iostream >
using namespace std;
class A
{
public:
    A()
    {
```

```
        numptr = new int(1);
    }
    A(int num)
    {
        numptr = new int(num);
    }
    A(A &);                              //声明拷贝构造函数
    A(A &&);                             //声明移动构造函数
    ~A()
    {
        delete numptr;
    }
    void setnum(int num)
    {
        * numptr = num;
    }
    int getnum()
    {
        return * numptr;
    }
    A& operator= (A);                    //声明赋值运算符重载函数
    A operator + (A &);
private:
    int * numptr;
};
//以下为拷贝构造函数的实现
A::A(A &a)
{
    numptr = new int( * a.numptr);
    cout << "拷贝构造函数被调用\n";
}
//以下是赋值运算符重载函数的实现
A& A::operator =(A a)
{
    numptr = new int( * a.numptr);
    cout << "拷贝赋值运算符重载函数被执行\n";
    return * this;                       //返回当前对象的引用,以保证可以连续赋值
}
A A::operator + (A &a)
{
    A at;                                //创建 A 类局部对象
    at.numptr = new int( * numptr + * a.numptr);
    return at;                           //返回对象 at
}
A::A(A &&a)
{
    numptr = a.numptr;
    a.numptr = NULL;
    cout << "移动构造函数被调用\n";
}
```

```
void main()
{
    A a1(10), a2(20),a3;
    a3 = a1 + a2;
    cout << "a3 中的整数为: " << a3.getnum() << endl;
}
```

例 9.11 程序的运行结果如图 9.13 所示。

```
移动构造函数被调用
拷贝赋值运算符重载函数被执行
a3中的整数为: 30
```

图 9.13 例 9.11 程序运行结果

对照程序运行结果进行分析,可以窥见编译器处理"a3 = a1 + a2;"这条语句的过程。

(1) 首先调用 A 类的"+"运算符重载函数,由于函数的参数是引用形式,所以不需要调用拷贝构造函数。

(2) 函数中创建一个 A 类的局部对象 at,然后把 at 中指针 numptr 指向的整数值设置为 a1 和 a2 对象中指针 numptr 指向的整数值的和,最后返回对象 at 的值。

(3) 由于"a3 = a1 + a2;"这条语句不是变量初始化语句,而是赋值语句,所以编译器先把 at 的值传递给一个临时对象,这一步会调用类的移动构造函数(由于 at 马上会被销毁,所以编译器认为它是一个右值对象)。

(4) 编译器调用 A 类的拷贝赋值运算符重载函数,把临时对象的值赋值给对象 a3。

上边第(4)步是调用拷贝赋值运算符重载函数把临时对象的值赋值给对象 a3,首先这个临时对象以后都不会被再次使用了;其次如果 A 类每个对象中动态分配的内存空间很大的话,拷贝赋值运算符重载函数使用的"纯粹"的拷贝操作也会降低程序的执行效率。此时更加经济和有效的做法是,把临时对象中的内容"移交"给对象 a3,而不是"拷贝"给它。基于这种考虑,C++ 11 继引入了移动构造函数之后又引入了移动赋值运算符重载函数。下面是为 A 类添加的移动赋值运算符重载函数:

```
A& A::operator = (A &&a)
{
    numptr = a.numptr;
    a. numptr = NULL;
    cout << "移动赋值运算符重载函数被调用!\n";
    return * this;
}
```

移动赋值运算符重载函数的设计要点如下。

(1) 参数必须是右值引用,代表临时对象。

(2) 函数内部使用移动语义而不是拷贝完成赋值任务。这里的移动语义是指,把要拷贝内容的地址直接交给目标对象。例如:numptr = a.numptr;。

(3) 不要忘记把临时对象中的指针置空。例如:a.numptr = NULL;。

(4) 参数对象不能是 const 型右值引用。

(5) 为了区别于移动赋值运算符,C++ 11 规定,拷贝赋值运算符的参数必须是左值引用。

例 9.12 是为 A 类添加了移动赋值运算符之后的程序实现。

例 9.12 为 A 类添加移动赋值运算符重载函数,并使用"+"运算符重载函数计算两个对象的和。

程序完整代码如下。

```
#include <iostream>
using namespace std;
class A
{
public:
    A()
    {
        numptr = new int(1);
    }
    A(int num)
    {
        numptr = new int(num);
    }
    A(A &);                        //声明拷贝构造函数
    A(A &&);                       //声明移动构造函数
    ~A()
    {
        delete numptr;
    }
    void setnum(int num)
    {
        *numptr = num;
    }
    int getnum()
    {
        return *numptr;
    }
    A& operator = (A &);           //声明拷贝赋值运算符重载函数
    A& operator = (A &&);          //声明移动赋值运算符重载函数

    A operator + (A &);
private:
    int *numptr;
};
//以下为拷贝构造函数的实现
A::A(A &a)
{
    numptr = new int(*a.numptr);
    cout << "拷贝构造函数被调用\n";
}
//以下是赋值运算符重载函数的实现
A& A::operator = (A &a)
{
    numptr = new int(*a.numptr);
    cout << "拷贝赋值运算符重载函数被执行\n";
```

```
    return * this;                    //返回当前对象的引用,以保证可以连续赋值
}
A A::operator + (A &a)
{
    A at;
    at.numptr = new int( * numptr + * a.numptr);
    return at;
}
A::A(A &&a)
{
    numptr = a.numptr;
    a.numptr = NULL;
    cout << "移动构造函数被调用\n";
}
A& A::operator = (A &&a)
{
    numptr = a.numptr;
    a.numptr = NULL;
    cout << "移动赋值运算符重载函数被执行\n";
    return * this;

}


void main()
{
    A a1(10), a2(20), a3;
    a3 = a1 + a2;
    cout << "a3 中的整数为: " << a3.getnum() << endl;
}
```

例 9.12 程序的运行结果如图 9.14 所示。

```
移动构造函数被调用
移动赋值运算符重载函数被执行
a3中的整数为: 30
```

图 9.14　例 9.12 程序的运行结果

9.8 强制移动

如 9.7 节所述,当把一个右值对象赋值给一个左值对象时,编译器会使用移动赋值运算符完成赋值操作;当把一个左值对象赋值给另一个对象时,编译器会调用拷贝赋值运算符。但有时会出现下面这样的情况。

(1) 类的对象中有动态分配的内存空间;

(2) 要把该类的一个左值对象赋值给另一个对象;

(3) 已知该左值对象在赋值后就不会再被程序使用了。

既然该左值对象在被赋值后就不再使用了,那么此时调用移动赋值运算符来完成赋值

操作显然是一种更高效的做法。但如前所述,C++编译器的选择却是移动赋值运算符。对于这种情况,C++ 11/C++ 14 引入了一个函数 move 强制编译器调用移动赋值运算符来实现对象的赋值操作,该函数是一个模板函数,包含在命名空间 std 中。例如:

```
A a1(10);
A a2;
a2 = std::move(a1);  //调用类的移动赋值运算符实现对象赋值
```

上面例子中的第 3 条语句使编译器调用 A 类的移动赋值运算符重载函数实现对象的赋值操作;如果 A 类中没有重载移动赋值运算符,则会调用类的拷贝赋值运算符实现赋值操作;如果 A 类中也没有重载拷贝赋值运算符,则上面的赋值语句将产生编译错误。

9.9 运行时类型识别

前面学过,在一个通过继承衍生出的类家族中,可以利用向上转型技术,使用基类的指针指向派生类的对象,但是通过基类的指针只能访问在基类中定义的成员,而不能访问那些派生类中新增加的成员(8.9 节)。那么该如何访问这些属于派生类的成员呢?

一种办法是利用 9.2 节中介绍的运行时多态机制,在基类中将成员函数声明为虚函数,而在派生类中重新定义(覆盖)这些虚函数。这样,当通过基类指针指向派生类对象,并通过该指针调用这些虚函数时,实际调用的是派生类中定义的虚成员函数。由于虚函数使用动态绑定技术,所以此时并不需要确切地知道对象的实际类型。

但是,派生类中可能包含不是从基类继承而来的成员函数,该如何访问这些成员函数呢?要实现这个功能必须完成以下两个步骤。

第一步,是能够在程序运行期间获得对象的具体类型信息,即能够准确地判断出对象实际所属的类。

第二步,利用向下转型技术,将基类指针转换成派生类指针,这样就可以通过该指针访问到派生类中定义的成员函数了。

C++提供了运行时类型识别(Runtime Type Identification,RTTI)机制来完成以上两步的功能。

利用 RTTI 机制,可以在程序运行时准确地判断对象所属的类;获得对象的类型信息;并完成对象类型转换。

C++提供了两个操作符和一个类来实现运行时类型识别机制,它们是:操作符 dynamic_cast、操作符 typeid 和类 type_info。

注意,**只能在含有虚函数的类层次中实现运行时类型识别(RTTI)**;另外,实现 RTTI 时,可能需要重新设置程序的编译选项。例如,使用 VC++ 6.0 的用户,默认的情况下,编译器不支持 RTTI,需要重新设置程序项目的编译选项,使编译器支持 RTTI。设置的步骤是:通过选择 Projects→Setting 命令打开项目的 Project Settings 对话框,选中 C/C++选项卡,并在 Category 下拉列表中选择 C++ Language,然后选中下面的 Enable Run-Time Type Information(RTTI)选项,如图 9.15 所示。在 Visual Studio 2015 环境中 RTTI 的设置步骤是:使用菜单命令“项目”→“属性页”打开项目的属性对话框,在左侧的“配置属性”下拉列表中选择 C/C++→"语言",打开"语言"选项卡,把其中的"启用运行时类型信息"设置为"是",如图 9.16 所示。

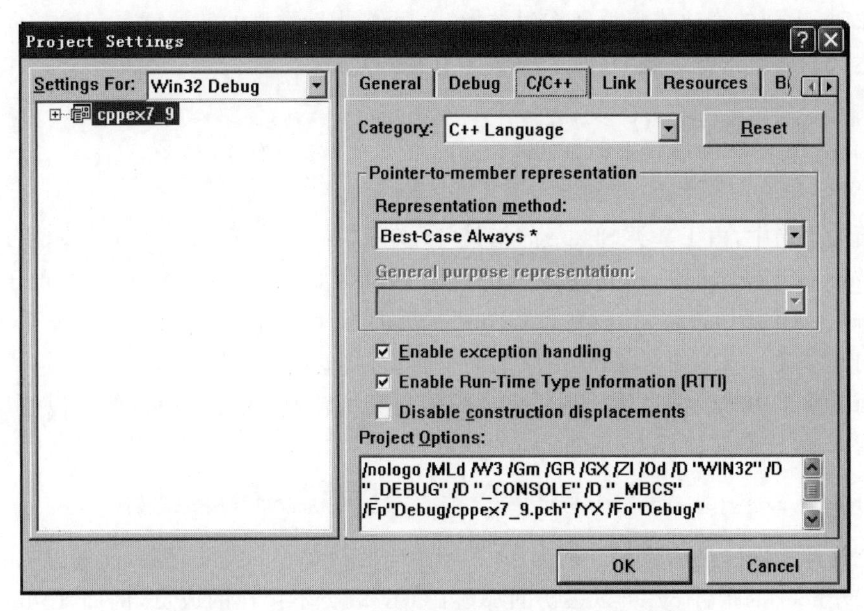

图 9.15 VC++ 6.0 为程序设置运行时类型识别选项

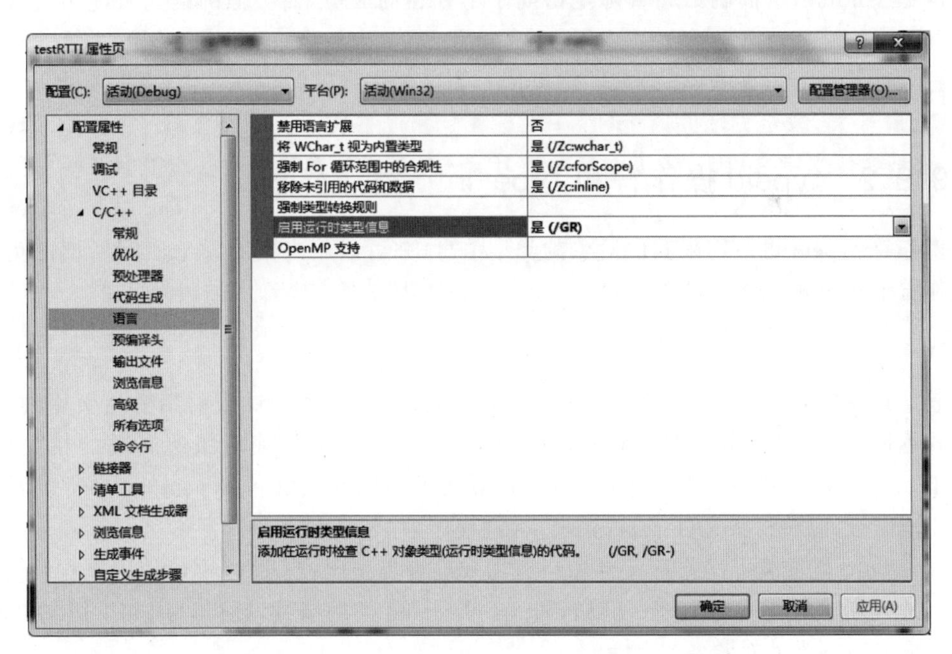

图 9.16 VS 2015 为程序设置运行时类型识别选项

9.9.1 dynamic_cast 操作符

dynamic_cast 操作符可以将基类的指针安全地向下转型为派生类指针。语法格式为:

```
dynamic_cast <派生类名 *>(基类指针)
```

上面的表达式将基类指针安全地转型为由派生类名指明的派生类指针。安全转型是指,当基类指针实际指向的对象本身就是该派生类对象,或是由该派生类进一步派生出的子孙类对象时,上面的表达式将返回派生类指针;否则指针类型的转换就是危险的向下转型,这时表达式返回空指针。例如,对于例 9.3 中的类家族:

```
Shape * sp = new Circle();
Circle * cp = dynamic_cast<Circle *>(sp);          //安全的向下转型
Cylinder * cy = dynamic_cast<Cylinder *>(sp);      //返回空指针
```

上面的语句中,由于基类 Shape 的指针 sp 实际指向派生类 Circle 的对象,所以可以使用 dynamic_cast 操作符将 sp 转型为 Circle 类的指针;而 Cylinder 是 Circle 类的子类,当使用 dynamic_cast 操作符将 sp 转型为 Cylinder 类的指针时,就是试图用派生类 Cylinder 的指针指向其基类 Circle 的对象,是危险的向下转型,将返回空指针。

前面的章节中曾经学过用小括号完成的强制类型转换,在程序中当然可以使用下面的语句将指针 sp 强行转换成 Cylinder 类的指针:

```
Cylinder * cy = (Cylinder * )sp;                   //危险的强制类型转换
```

但是这样的做法是危险的。因为 sp 实际指向的是 Circle 类的对象,而通过 Circle 类的派生类 Cylinder 的指针 cy,可以去访问那些在 Circle 类不存在的成员,例如,Cylinder 类的成员函数 volume,下面的语句实际上访问了不存在的成员,而类似的语句可能引发程序执行异常。

```
float v = cp -> volume();  //访问不存在的成员函数
```

9.9.2 typeid 操作符和 type_info 类

操作符 typeid 可以用来获取对象的类型信息,并可以用来判断对象实际所属的类。使用操作符 typeid 的语法格式如下:

```
typeid(e)
```

表达式中的 e 可以是一个类型名,一个对象名,或者是由指针或引用变量引用的对象;表达式返回一个 type_info 类的对象,其中包含小括号中的类或对象所属类的相关信息。type_info 类在命名空间 std 中定义,type_info 类的声明在头文件 typeinfo 中,所以要使用 typeid 操作符,应该将头文件 typeinfo 包含到程序中。

type_info 类重载了操作符==和!=,用来进行类型比较;所以可以使用操作符 typeid 来准确地判断对象所属的类型。例如,若 sp 为 Shape 类的指针,则可以用如下语句判断 sp 是否指向 Circle 类的对象:

```
if(typeid(Circle) == (typeid( * sp))
```

type_info 类中还定义了一个成员函数 name(),用来返回表示类名的字符串。例如,如果 sp 是 Shape 类的指针,并指向一个 Circle 类的对象,则表达式 typeid(* sp). name()将返回字符串"class Circle "。

例 9.13 修改例 9.3 中的程序,利用运行时类型识别(RTTI)机制,求出 Cylinder 类对象的体积。

解题思路：在例 9.3 中，使用函数 creatOneShape 随机地创建 Shape 类家族中的某个派生类的对象，并对虚函数 displayInfo 和 area 进行多态调用，输出具体图形对象的信息和图形的面积。现在要求当函数 creatOneShape 创建的是一个 Cylinder 类对象时，计算并显示该圆柱体对象的体积。由于 Cylinder 类中计算体积的成员函数 volume()并不是虚函数，无法进行多态调用，所以必须使用运行时类型识别(RTTI)机制来完成这一新增功能。

程序代码如下。

```
#include <iostream>
#include <string>
#include <ctime>
#include <typeinfo>                          //实现 RTTI 机制，需包含这个头文件
using namespace std;
//以下是 Shape 类、Circle 类、Rectangle 类、Cylinder 类的定义
class Shape
{
public:
  Shape()
  { color = "白色"; filled = false;}
  Shape(string fileColor,bool fill)
  { color = fileColor; filled = fill; }
    void setColor(string color)
  { this -> color = color; }
  string getcolor()
  { return color; }
  bool isfilled()
  { return filled;}
  virtual float area(){ return 0.0;}         //求面积的函数，虚函数
  float perimeter(){return 0.0; }
  virtual void displayInfo(){}               //显示图形信息，虚函数
protected:
  string color;
  bool filled;
};
class Circle:public Shape
{
  public:
  Circle()
  { radius = 1.0;}
  Circle(float);
  Circle(string,bool,float);
  bool setRadius(float r)
  { if(r > 0) radius = r; }
    float getRadius()
  {  return radius; }
    float area()                             //覆盖基类的虚成员函数，求圆的面积
  {  return radius * radius * 3.14159; }
  float perimeter()
  { return 2 * radius * 3.14159; }
```

```
    void displayInfo();                          //显示圆形信息,虚函数
protected:
    float radius;
};
class Rectangle:public Shape
{
public:
    Rectangle()
    { height = 1.0; width = 1.0;}
    Rectangle(float,float);
    Rectangle(string,bool,float,float);
    void setheight(float height)
    { if(height > 0) this -> height = height; }
    float getheight()
    { return height; }
    float area()                                 //覆盖基类的虚成员函数,求矩形面积
    { return height * width; }
    float perimeter()
    { return 2 * (height + width); }
    void displayInfo();
protected:
    float height;
    float width;
};
class Cylinder:public Circle
{
public:
    Cylinder()
    { height = 1.0; }
    Cylinder(float,float);
    Cylinder(string,bool,float,float);
    void setheight(float height)
    { if(height > 0) this -> height = height; }
    float getheight()
    { return height; }
    float area();                                //覆盖基类的成员函数,求圆柱体表面积
    float volume()                               //本类中定义的非虚成员函数,求圆柱体体积
    { return Circle::area() * height; }
    void displayInfo();
private:
    float height;
};
//以上是 Shape 类、Circle 类、Rectangle 类、Cylinder 类的定义
//以下是 Shape 类、Circle 类、Rectangle 类、Cylinder 类的实现
//Shape 类、Circle 类、Rectangle 类、Cylinder 类的实现和例 9.3 相同,为节省篇幅,在此省略
  …
//以上是 Shape 类、Circle 类、Rectangle 类、Cylinder 类的实现,和例 9.3 相同

void displayShapeArea(Shape * s)                 //函数的参数为基类的指针
{
    s -> displayInfo();
```

```
    cout <<"图形的面积为:"<< s -> area()<< endl; //通过基类指针调用虚成员函数
}
Shape * creatOneShape()                          //随机创建派生类对象
{
    Shape * s = NULL;
    int randomInt;
    randomInt = rand() % 3;
    switch(randomInt)
    {
    case 0:
        s = new Circle(10.0);
        break;
    case 1:
        s = new Rectangle(10.0,15.0);
        break;
    case 2:
        s = new Cylinder(10.0,10.0);
        break;
    }
    return s;
}
void main()
{
    srand(time(0));
    Shape * s;                                  //定义基类的指针
    for(int i = 0;i < 3;i++)
    {
        s = creatOneShape();
        displayShapeArea(s);
        if(typeid(Cylinder) == typeid( * s))    //判断 s 指向的对象是否为 Cylinder 类对象
        {
            Cylinder * cp = dynamic_cast < Cylinder * >(s);      //安全的向下转型
            cout << typeid( * s).name()<<"对象代表的圆柱体体积为: "   //运行时获得类名信息
                 << cp -> volume()<< endl;
        }
        delete s;
    }
}
```

程序中使用操作符 typeid 来判断函数 creatOneShape()创建的对象是否为 Cylinder 类对象。

当函数 creatOneShape()创建的对象为 Cylinder 类对象时,必须使用操作符 dynamic_cast 进行安全向下转型以获得指向该对象的 Cylinder 类指针,然后才能通过该指针调用 Cylinder 中定义的非虚成员函数 volume 来计算圆柱体体积。

例 9.13 程序的运行结果如图 9.17 所示。

```
一个颜色为白色、没有填充的圆柱体,底面半径为10,高为10
图形的面积为:1256.64
class Cylinder对象代表的圆柱体体积为: 3141.59
一个颜色为白色、没有填充的矩形,高为10,宽为15
图形的面积为:150
一个颜色为白色、没有填充的圆, 半径为10
图形的面积为:314.159
```

图 9.17 例 9.13 程序的运行结果

小结

多态性是面向对象程序设计的一个重要特性。简单地说,多态就是指当给不同类的对象发送相同的消息时,不同对象对消息的响应也各不相同。利用多态性,可以为不同类的对象设计出通用的程序语句,使程序具有更好的可读性、可重用性和可扩充性。

C++采用类的虚成员函数实现运行时多态;动态绑定技术是对虚函数实现多态调用的保证;对象的向上转型是实现运行时多态的必要条件。

在C++中,运行时多态是指:可以在一个由继承衍生的类家族的基类中,定义虚成员函数,各个派生类继承并覆盖基类的虚函数,当使用基类的引用或指针引用派生类对象,并通过该指针调用虚函数时,实际调用的是在对象所属类中定义的虚函数。

除了运行时多态,C++中还存在另一种形式的多态——运算符重载。运算符重载就是为类创建运算符重载函数,为现有的运算符赋予新的功能,使它们可以操作类的对象。运算符重载函数既可以是类的成员函数,也可以是类的友元函数。对运算符重载函数的调用是在编译期决定的,所以运算符重载又被称为编译期多态。

运行时类型识别(RTTI)是C++新增的功能。利用RTTI,可以在程序运行时判断对象的具体类型,获得类型信息,并进行安全的向下转型。必须在含有虚函数的类层次中实现RTTI。

习题

9.1 什么叫动态绑定?C++中哪些函数采用动态绑定?

9.2 什么是运行时多态?C++中如何实现运行时多态?

9.3 写出下面程序的运行结果,并和习题6.12的结果相比较。

```
#include <iostream>
using namespace std;
class B
{
 public:
    B(int x){ b = x;}
    virtual void print(){ cout << b << endl;}
 protected:
    int b;
};
class D:public B
{
 public:
    D(int x,int y):B(x){b = y;}
    void print(){ cout << b << endl;}
 private:
    int b;
};
```

```
void main()
 {
    B * obptr = new D(5,10);
    obptr -> print();
}
```

9.4 什么是抽象类？为什么要使用抽象类？

9.5 以下关于抽象类的叙述中，哪个是错误的？

A. 包含纯虚函数的类称为抽象类

B. 如果基类是抽象类，则其派生类必须实现从基类继承的所有纯虚函数，否则派生类也是抽象类

C. 不能定义抽象类的对象，但是可以声明抽象类的指针或引用，并用其引用非抽象的派生类对象

D. 不能创建抽象类的对象，所以也不能给抽象类声明构造函数

9.6 创建一个表示雇员信息的 employee 类，其中包含数据成员 name、empNo 和 salary，分别表示雇员的姓名、编号和月薪。再从 employee 类派生出 3 个类 worker、technician 和 salesman，分别代表普通工人、科研人员、销售人员。三个类中分别包含数据成员 productNum、workHours 和 monthlysales，分别代表工人每月生产产品的数量、科研人员每月工作的时数和销售人员每月的销售额。要求在 employee 类中声明虚成员函数 pay，并在各个派生类中覆盖 pay 函数，用来计算雇员的月薪，并假定：

普通工人的月薪＝每月生产的产品数×每件产品的赢利×20％

科研人员的月薪＝每月的工作时数×每小时工作的酬金

销售人员的月薪＝月销售额×销售额提成

创建一个通用函数 CalculateSalary，用来计算并返回各种不同类型雇员的月薪。函数 CalculateSalary 的原型如下：

```
float  CalculateSalary(employee * emptr) ;
```

在 main 函数中分别声明 worker 类、technician 类和 salesman 类的对象代表各种类型的雇员，并调用函数 CalculateSalary 计算他们的月薪。

9.7 创建复数类 complex，其中包含 double 型数据成员 real 和 imag，分别表示复数的实域和虚域。为 complex 类重载运算符“＋”和“－”，用来实现两个复数的加法和减法运算。要求重载函数为类的友元函数。

9.8 重新创建上题中的复数类 complex，并将运算符“＋”和“－”重载为类的成员函数。

9.9 创建一个计数器类 Counter，对其重载单目运算符“＋＋”，要求包含前置和后置的重载函数，并分别用类的成员函数和友元函数实现。

9.10 修改 7.8 节中例 7.11 中的程序，为 Stack < T >类添加拷贝赋值运算符和移动赋值运算符重载函数。

标准模板库

标准模板库(STL)是C++标准库的一部分,其中包含一组使用类模板定义的容器类和由模板函数定义的操作容器的算法。标准模板库为程序员编写复杂的程序提供了极大的方便。

10.1 标准模板库简介

标准模板库主要由以下3个部分组成:容器、算法和迭代器。

容器是一组模板类,其作用是保存数据,包含顺序容器、关联容器和容器适配器3类。

1. 顺序容器

顺序容器以一维线性的方式存储数据元素,其中的数据元素可以是无序的。STL中的顺序容器包括以下几种。

(1) vector:一个vector中保存一组相同类型的数据,相当于动态数组。可以从vector的后端向其中添加数据。和C++数组不同的是,数组的大小是确定的,即使是用new操作符创建的数组,其元素个数也是确定的;而vector中的元素个数是可以动态调整的。

(2) deque:是与vector类似的顺序容器,但可以从容器的前端插入或删除数据。

(3) list:类似于双向链表的顺序容器,可以从任何位置插入或删除数据。

(4) array:这是C++ 11新引入的一个线性容器,相当于静态数组。创建array时,其元素个数是确定的,这是它与vector的不同点。

(5) forward_list:C++ 11新引入的顺序容器,相当于单向链表。

2. 关联容器

关联容器以有序的方式保存数据元素。STL中常用的关联容器包括以下几种。

(1) set:set(集合)中存储各不相同的数据,且数据的存储是有序的。

(2) multiset:multiset是与set类似的集合,但集合中允许包含值相同的数据项。

(3) unordered_set:unordered_set集合中的数据可以是无序的,是C++ 11新增的容器。

(4) map:map(图)中存储的每个数据项都是一个键-值对,其中的键是唯一的,即不能包含两个键值相同的元素,且map中的元素按其键值排序。

(5) multimap：是与 map 类似的容器，但不要求每个元素的键值必须唯一。

(6) unordered_map：是与 map 类似的容器，用来存储无序的键-值对，是 C++ 11 新引入的容器。

(7) unordered_multimap：与 unordered_map 类似，且不要求每个元素的键值是唯一的，是 C++ 11 新引入的容器类型。

3. 容器适配器

容器适配器是一个封装了顺序容器的模板类，在顺序容器的基础上提供了一些特殊的功能。常用的容器适配器包括以下几个。

(1) stack：stack(栈)以后进先出(LIFO)的方式存储数据元素，元素的入栈和出栈都从栈顶进行。

(2) queue：queue(队列)以先进先出(FIFO)的方式存储数据元素，可以从队尾插入元素，从队头删除元素。

(3) priority_queue：priority_queue(优先级队列)是一种特殊的队列，队列中的数据元素是有序的，默认优先级最高的元素位于队头。

算法是 STL 中实现特定功能的一系列模板函数，如排序、转置和查找等。算法可通过迭代器施加于任何类型的容器。

迭代器也是一组模板类，其用法类似于指针，可用来访问容器中保存的数据，并把容器和操作容器的算法联系起来。

下面简单介绍几种常用的容器。

10.2 vector 容器

vector 是一种功能强大的顺序容器，相当于动态数组，当 vector 容器已满，用户依然向其中插入数据元素时，容器对象会自动追加存储空间以接收用户添加的数据。vector 是一个模板类，其声明位于头文件 vector 中。vector 类的构造函数有很多重载版本，所以可以用多种形式创建 vector 容器。例如：

```
vector< int > vi1{};
vector< int > vi2{8,23,12,6,32,44,89,3};
vector< double > vx1(5);
vector< double > vx2{4.8,72.3,3.45,28.5};
```

上面的语句定义了 4 个 vector 容器 vi1、vi2、vx1 和 vx2。vi1 是一个初始容量为 0 的整型 vector 容器；vi2 被初始化为一个包含 8 个整型元素的 vector 容器；vx1 是一个双精度浮点型 vector 容器，其初始容量为 5，其中的 5 个元素都被初始化为 0.0；vx2 是一个双精度浮点型 vector 容器，并用 4 个元素对其进行初始化。

下面是 vector 类中常用的成员函数，这些函数同时也适用于顺序容器 array 和 deque。

(1) begin：返回容器开始元素的迭代器，类似于指向容器开始元素的指针。

(2) end：返回容器结束迭代器，类似于指向容器中末尾元素后面位置的指针。

(3) cbegin：返回容器开始元素的 const 型迭代器，不能使用该迭代器修改元素的值。

(4) cend：返回 const 型的结束迭代器。
(5) rbegin：返回反向的开始迭代器。
(6) rend：返回反向的结束迭代器。
(7) size：返回容器中包含的元素的个数。
(8) capacity：返回容器的当前容量。
(9) empty：判断容器是否为空，如果容器中没有元素，则返回 true。
(10) front：返回容器中第一个元素的引用。
(11) back：返回容器中最后一个元素的引用。
(12) operator =：赋值运算符的重载函数，用于复制容器。
(13) operator []：方括号的重载函数，可使用索引访问容器元素。
(14) push_back：在元素序列的尾部添加一个元素，不适用于 array 容器。
(15) pop_back：删除容器序列尾部的元素，不适用于 array 容器。
(16) insert：在容器中指定的位置插入一个或多个元素。
(17) clear：清空容器。
(18) swap：交换两个容器的内容。

例 10.1 创建和使用 vector 容器。

程序完整代码如下。

```
#include <iostream>
#include <vector>
using namespace std;
void main()
{
    vector<int> vi{ 4,7,2,5,3,8,4,9 };
    cout << "容器中的元素：";
    for (int i = 0;i < vi.size();i++)
        cout << vi[i] << " ";
    cout << endl;
    vi[6] = 6;                                      //................................①
    vi.push_back(1);                                //................................②
    vector<int>::iterator iter1 = vi.begin();       //................................③
    iter1 += 3;                                     //................................④
    vi.insert(iter1, 10);                           //................................⑤
    cout << "修改容器后：";
    for (auto iter2 = vi.begin();iter2 < vi.end();++iter2)
        cout << *iter2 << " ";
    cout << endl;
}
```

上面程序中首先创建一个包含 8 个元素的整型 vector 容器 vi，然后输出容器中的每个元素的值；注释为①的语句使用数组语法访问容器中索引为 6 的元素 vi[6]，并把它的值修改为 6；注释为②的语句调用 push_back 成员函数在容器的尾部添加一个元素 1；注释为③的语句创建一个迭代器对象 iter1，并把它的值初始化为 vi.begin()，begin()是 vector 类的成员函数，返回引用容器 vi 开始元素的迭代器；这条语句也可以写成如下形式：

```
auto iter1 = vi.begin();
```

以上语句利用关键字 auto 让编译器自行推定迭代器的类型，这种写法更加简单高效。获得迭代器后就可以使用它去访问容器中的元素，迭代器本质上是一个模板类的对象，施加于其上的操作类似于指针，所以，下面的语句（程序中注释为④的语句）让迭代器 iter1 引用容器开始元素后面的第 3 个元素：

```
iter1 + = 3;
```

程序中接下来一条语句（注释为⑤的语句）调用 vector 的成员函数 insert，在迭代器 iter1 所在的位置插入一个元素 10：

```
vi.insert(iter1, 10);
```

程序最后的 for 循环，使用迭代器输出修改后的容器 vi：

```
for (auto iter2 = vi.begin();iter2 < vi.end(); + + iter2)
    cout << * iter2 << " ";
```

例 10.1 程序的运行结果如图 10.1 所示。

```
容器中的元素：4 7 2 5 3 8 4 9
修改容器后：4 7 2 10 5 3 8 6 9 1
```

图 10.1　例 10.1 程序的运行结果

10.3　list 容器

list 容器相当于双向链表，它是一个模板类，其声明包含在头文件 list 中。可用多种方式定义 list 容器。例如：

```
list < int > ls1;
list < int > ls2(5);
list < int > ls3(5,10);
list < int > ls4{ 45,22,9,13,100 };
```

上面第 1 条语句创建一个初始容量为 0 的整型 list 容器 ls1；第 2 条语句创建包含 5 个元素的整型 list 容器 ls2，且 5 个元素的值都为 0；第 3 条语句创建包含 5 个元素的整型 list 容器，且每个元素的值都为 10；第 4 条语句创建包含 5 个元素的整型 list 容器 ls4，同时对容器中的元素进行了初始化。

下面列出 list 类常用的成员函数，这些函数中有很多也适用于 forward_list 容器。

（1）begin：返回容器开始元素的迭代器，类似于指向容器开始元素的指针。

（2）end：返回容器结束迭代器，类似于指向容器中末尾元素后面位置的指针。

（3）cbegin：返回容器开始元素的 const 型迭代器，不能使用该迭代器修改元素的值。

（4）cend：返回 const 型的结束迭代器。

（5）rbegin：返回反向的开始迭代器。

（6）rend：返回反向的结束迭代器。

(7) before_begin：返回指向第一个元素前一个位置的迭代器。
(8) size：返回容器中包含的元素的个数。
(9) empty：判断容器是否为空，如果容器中没有元素，则返回 true。
(10) front：返回容器中第一个元素的引用。
(11) back：返回容器中最后一个元素的引用，不适用于 forward_list 容器。
(12) operator =：赋值运算符的重载函数，用于复制容器。
(13) push_back：在元素序列的尾部添加一个元素，不适用于 forward_list 容器。
(14) push_front：在元素序列的起始位置添加一个元素。
(15) pop_back：删除容器序列尾部的元素，不适用于 forward_list 容器。
(16) pop_ front ：删除容器序列头部的元素。
(17) insert：在容器中指定的位置插入一个或多个元素。
(18) clear：清空容器。
(19) swap：交换两个容器的内容。
(20) sort：对容器中的元素进行排序。
(21) erase：移除指定位置的一个或多个元素。
(22) erase_after：移除指定位置后面的一个或多个元素。
(23) merge：合并两个有序的 list 容器。
(24) remove：删除所有和参数匹配的元素。
(25) unique：移除所有连续重复的元素。

下面的程序演示了常用的 list 成员函数的使用方法。

例 10.2 创建和使用 list 容器。

程序完整代码如下。

```
#include < iostream >
#include < list >
using namespace std;
void main()
{
    list < int > ls1{ 45,22,9,13,100 };
    cout << "ls1 = ";
    for (auto iter2 = ls1.cbegin();iter2 != ls1.end();++iter2)
        cout << * iter2 << " ";
    cout << endl;
    ls1.push_front(10);
    ls1.push_back(100);
    list < int > ls2{ 20,20 };
    auto iter1 = ls1.cbegin();
    ++iter1;
    ++iter1;
    auto itb = ls2.begin();
    auto ite = ls2.end();
    ls1.insert(iter1, itb, ite);
    cout << "向容器插入元素: \nls1 = ";
    for (auto iter2 = ls1.cbegin();iter2 != ls1.end();++iter2)
```

```
            cout << * iter2 << " ";
        cout << endl;
        ls1.unique();
        cout << "删除重复元素: \nls1 = ";
        for (auto iter2 = ls1.cbegin();iter2 != ls1.end();++iter2)
            cout << * iter2 << " ";
        cout << endl;
        ls1.sort();
        cout << "对容器进行排序: \nls1 = ";
        for (auto iter2 = ls1.cbegin();iter2 != ls1.end();++iter2)
            cout << * iter2 << " ";
        cout << endl;
        ls1.remove(20);
        cout << "删除元素 20: \nls1 = ";
        for (auto iter2 = ls1.cbegin();iter2 != ls1.end();++iter2)
            cout << * iter2 << " ";
        cout << endl;
    }
```

程序创建一个包含 5 个元素的 list 容器 ls1,然后在容器头尾分别添加元素 10 和 100,接着定义了第 2 个 list 容器 ls2,ls2 包含两个值为 20 的元素,接下来调用 ist 类的 insert 函数把 ls2 插入到 ls1 中,相关语句如下。

```
auto iter1 = ls1.cbegin();      //获得 ls1 起始位置的 const 迭代器 iter1
++iter1;
++iter1;                        //将迭代器 iter1 向后移动两个位置
auto itb = ls2.begin();         //获得 ls2 起始位置的迭代器 itb
auto ite = ls2.end();           //获得 ls2 结束位置的迭代器 ite
ls1.insert(iter1, itb, ite);    //把迭代器 itb 和 ite 之间的内容(ls2 的内容)插入到 ls1 中
```

上面最后一条语句,用迭代器 iter1 控制插入的位置。

向容器 ls1 插入元素后,容器中出现了两对连续重复的元素,分别是 20 和 100,程序接下来调用 unique 函数删除了重复出现的元素。然后再调用 sort 函数对容器进行排序;程序最后使用成员函数 remove 删除了容器中的元素 20。例 10.2 程序的运行结果如图 10.2 所示。

```
ls1=45 22 9 13 100
向容器插入元素:
ls1=10 45 20 20 22 9 13 100 100
删除重复元素:
ls1=10 45 20 22 9 13 100
对容器进行排序:
ls1=9 10 13 20 22 45 100
删除元素20:
ls1=9 10 13 22 45 100
```

图 10.2 例 10.2 程序的运行结果

从表面上看,vector 容器和 list 容器具有很多相同的成员函数,但两者之间的区别是显而易见的。vector 相当于动态数组,可使用索引随机地访问其中的元素,在 vector 容器尾部添加数据的效率也比较高。由于 vector 中的元素一般是连续存储的,所以在容器中间位置插入元素的效率就非常低。而 list 容器相当于双向链表,在这种容器中插入元素的执行效率很高,但其缺点是无法像 vector 容器一样使用索引随机访问元素,且实现 list 容器对存储

空间的要求也较高。

list 容器中不仅能存放简单类型的数据元素,也可以存放类的对象。例 10.2 中使用 list 类的 sort 方法对容器中保存的整数进行了排序,如果容器中存储的是某个类的对象,且要用 sort 方法排序,则该类必须实现运算符<。下面的例子演示用 list 容器存放类的对象,且对容器进行排序。

例 10.3 用 list 容器存储类的对象,并对容器内容进行排序。

程序完整代码如下。

```
#include <iostream>
#include <list>
using namespace std;
class A
{
private:
    int i;
public:
    A() { i = 10; }
    A(int i)
    {  this->i = i; }
    int getI()
    {  return i; }
    void setI(int i)
    {  this->i = i; }
    bool operator <(A a);
};
bool A::operator <(A a)
{
    return this->i < a.i;
}
void main()
{
    A a1;
    A a2(50);
    A a3(20);
    list<A> lsA;
    lsA.push_back(a1);
    lsA.push_back(a2);
    lsA.push_back(a3);
    cout << "排序前: ";
    for (auto iter = lsA.begin();iter != lsA.end();++iter)
        cout << ((A)(*iter)).getI() << " ";
    cout << endl;
    lsA.sort();
    cout << "排序后: ";
    for (auto iter = lsA.begin();iter != lsA.end();++iter)
        cout << ((A)(*iter)).getI() << " ";
    cout << endl;
}
```

上面程序中创建了 A 类的 3 个对象，然后把它们添加到 list 容器 lsA 中，再对容器中的对象进行排序，为此 A 类实现了<运算符的重载函数（如程序中的黑体部分所示）。例 10.3 程序的运行结果如图 10.3 所示。

```
排序前：10 50 20
排序后：10 20 50
```

图 10.3　例 10.3 程序的运行结果

10.4　map 容器

map 容器是一种关联容器，其中存储的每个元素都是一个 pair 类的对象，而每个 pair 对象都是一个键-值对，容器中不能存在键值相同的元素，所有元素按键值排序。map 也是一个模板类，其声明包含在头文件 map 中。

下面的语句定义了一个空的 map 容器 students，容器中元素键的类型为 int 型，值的类型为 string。

```
map < int, string > students;
```

可以用 C++ 11 引入的初始化列表定义一个 map 容器。例如：

```
map < int, string > students{ {1,"张飞"},{2,"李四"},{3,"王春明"},{4,"赵云"} };
```

对于上面的语句，C++编译器会自动生成 4 个 pair 对象，并把它们添加到 map 容器 students 之中。

也可以使用标准模板库中的 make_pair 方法来生成 pair 类的对象，再用它们初始化 map 容器。例如：

```
map < int, string > students{make_pair(1,"张飞"),make_pair(2,"李四") ,make_pair(3,"王春明"),make_pair(4,"赵云") };
```

下面列出 map 类的部分成员函数。

（1）at：根据作为参数的键在容器中查找相应的值。

（2）begin：返回指向 map 容器中开始元素的迭代器。

（3）cbegin：返回指向 map 容器中开始元素的 const 型迭代器。

（4）end：返回指向 map 容器中最后一个元素后面的位置的迭代器。

（5）cend：返回指向 map 容器中最后一个元素后面的位置的 const 型迭代器。

（6）rbegin：返回反向的指向开始元素的迭代器。

（7）rend：返回反向的指向结束位置的迭代器。

（8）size：返回容器中元素的个数。

（9）operator =：赋值运算符的重载函数，用于复制容器。

（10）find：使用一个给定的键在 map 中查找和它匹配的元素，若找到，则返回指向该元素的迭代器。

（11）insert：向容器中插入一个元素或一段范围中的几个元素。

(12) empty：判断容器是否为空，若为空则返回 true。

(13) erase：删除容器中的一个元素或删除容器中连续的几个元素。

map 容器中的每个元素都是 pair 类的对象，可以使用 pair 类的两个共有数据成员访问对象中保存的键和值。例如：

```
map< int, string>::iterator it = students.begin();
cout << it->first << " " << it->second << endl;
```

上面第一条语句获得指向容器 students 中第一个元素的迭代器，第二条语句输出这个元素的键和值。其中，it—> first 是这个元素的键，it—> second 是该元素的值。

下面的程序演示了 map 容器的使用方法。

例 10.4 创建和使用 map 容器。

程序完整代码如下所示。

```
#include< iostream>
#include< map>
#include< string>
using namespace std;
void main()
{
    map< int, string> students{make_pair(2,"张飞"),make_pair(4,"李四") ,make_pair(1,"王春
明") ,make_pair(3,"赵云") };
    cout << "容器中包括: "<< endl;
    for (auto iter = students.begin();iter != students.end();++iter)
    {
        cout << iter->first << " " << iter->second << endl;
    }
    cout << "向容器中插入一个元素: " << endl;
    students.insert(make_pair(5, "刘晓亮"));
    for (auto iter = students.begin();iter != students.end();++iter)
    {
        cout << iter->first << " " << iter->second << endl;
    }
    cout << "键为 2 的元素的值为: ";
    cout << students.at(2) << endl;
    cout << "容器中的元素个数为: ";
    cout << students.size() << endl;
    cout << "容器中最多可容纳的元素个数为: ";
    cout << students.max_size() << endl;
    cout << "从容器中删除键等于 1 的元素: "<< endl;
    students.erase(1);
    for (auto iter = students.begin();iter != students.end();++iter)
    {
        cout << iter->first << " " << iter->second << endl;
    }
}
```

上面的程序演示了创建 map 容器的方法，以及使用 map 类的成员函数 insert、at、size、max_size、erase 操作容器的方法。例 10.4 程序的运行结果如图 10.4 所示。

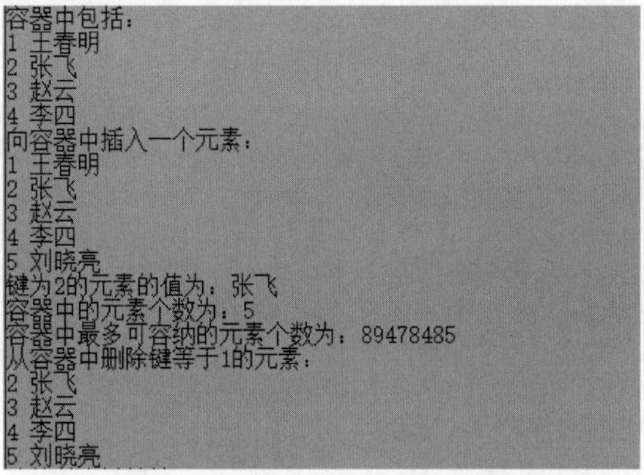

```
容器中包括：
1 王春明
2 张飞
3 赵云
4 李四
向容器中插入一个元素：
1 王春明
2 张飞
3 赵云
4 李四
5 刘晓亮
键为2的元素的值为：张飞
容器中的元素个数为：5
容器中最多可容纳的元素个数为：89478485
从容器中删除键等于1的元素：
2 张飞
3 赵云
4 李四
5 刘晓亮
```

图 10.4　例 10.4 程序的运行结果

10.5　算法

标准模板库(STL)提供了一系列操作容器的算法,算法是一组模板函数,它们通过迭代器作用于特定的容器。所有的算法声明都包含在头文件 algorithm 中。下面以查找算法和排序算法为例,介绍如何使用算法操作容器。

STL 中的查找算法用模板函数 find 实现,其原型为：

```
template < class _InIt, class _Ty > inline
_InIt find(_InIt _First, _InIt _Last, const _Ty & _Val);
```

find 函数有 3 个参数,前两个参数_First 和_Last 是表示查找范围的迭代器,第 3 个参数_Val 是要查找的值。若在容器中找到和第 3 个参数匹配的元素,则返回指向该元素的迭代器；若查找范围中没有和第 3 个参数匹配的元素,则返回指向容器结尾位置的迭代器。

STL 中实现排序的算法由 sort 模板函数实现,sort 有两个重载的版本,这里只介绍其中之一。其函数原型为：

```
template < class _RanIt > inline
void sort(_RanIt _First, _RanIt _Last);
```

sort 函数有两个迭代器类型的参数_First 和_Last,它们代表要排序的元素的范围。

例 10.5 演示如何使用 STL 算法对 vector 容器进行查找和排序。

例 10.5　创建一个 vector < int >型容器,使用查找算法 find 在容器中查找特定的值；使用排序算法 sort 对容器进行排序。

程序完整代码如下所示。

```
#include < iostream >
#include < vector >
#include < algorithm >
using namespace std;
void main()
```

```
{
    vector< int > vi{ 12,452,32,98,2,664 };
    vector< int >::iterator fe;
    fe = find(vi.begin(), vi.end(), 98);              //查找算法
    if (fe == vi.end())
        cout << "容器中没有要查找的元素" << endl;
    else
    {
        cout << "在容器中存在查找的元素 " << * fe << endl;
        cout << "该元素在容器中的索引值为 " << fe - vi.begin ()<< endl;
    }
    cout << "对容器进行排序: " << endl;
    sort(vi.begin(), vi.end());                        //排序算法
    for (auto iter = vi.begin();iter != vi.end();++iter)
    {
        cout << * iter << " ";
    }
    cout << endl;
}
```

程序中创建了 vector<int>型容器 vi,语句 fe = find(vi.begin(), vi.end(), 98);在容器 vi 中查找值为 98 的元素,find 函数的前两个参数 vi.begin()和 vi.end()是指向容器 vi 首元素和容器 vi 结尾的迭代器;第 3 个参数就是要查找的值。函数 find 的返回值是 vector<int>::iterator 型的迭代器对象,如果没有找到要找的元素,则返回值为 vi.end();若找到,则输出该元素在容器中的索引位置:fe-vi.begin ()。

程序接下来使用排序算法 sort 对容器 vi 中的元素进行排序,然后输出容器的内容。例 10.5 程序的运行结果如图 10.5 所示。

```
在容器中存在查找的元素 98
该元素在容器中的索引值为 3
对容器进行排序:
2 12 32 98 452 664
```

图 10.5 例 10.5 程序的运行结果

10.6 容器、迭代器和算法之间的关系

为了透彻认识和理解标准模板库,本节讨论容器、迭代器和算法之间的关系。

标准模板库主要由容器、迭代器和算法组成。其中,容器是三者中相对独立的存在,它的主要作用就是以各种不同的形式存储数据;算法是施加于容器上的各种操作的集合,其目的是为程序员编程提供方便;而迭代器是容器和算法之间联系的纽带,它可以使算法以统一的方式操作各种不同类型的容器。通过 10.5 节的学习,可以看到:算法并不直接作用于某个特定的容器,而是通过迭代器去操作容器。一个算法就是施加于由两个迭代器所指定的一段容器数据元素上的操作。试想如果没有迭代器,那么每一种算法势必要为不同种类的容器设计不同的重载函数,这样就会增大算法设计和使用的难度。

小结

标准模板库(STL)是C++标准库的一部分，其中定义了一些常用的容器和施加于容器之上的算法。标准模板库中的容器和算法都是模板类或模板函数，程序员编程时可以直接使用其中的容器和算法，大大提高了编程效率。本章简要介绍了标准模板库中的几种常用容器以及怎样使用算法操作容器。

vector是一种常用的顺序容器，相当于一个动态数组；list也是一种顺序容器，它是一个双向链表；map是一种关联容器，其中存储的每个元素都是一个用pair类对象表示的键-值对。

算法是一组模板函数，它们提供了查找、排序、转置等功能，用于操作STL容器。

迭代器也是一种模板类，它的作用是以统一的形式访问不同容器中的元素对象，同时迭代器是连接容器和算法的纽带，算法通过迭代器操作容器。

习题

10.1 简述标准模板库中容器、算法和迭代器三者之间的关系。

10.2 创建一个字符型的vector容器，对其进行添加、插入、移除等操作，并输出容器中保存的元素。

10.3 创建一个字符型的list容器，对其进行添加、插入、移除、排序等操作，并输出容器中保存的元素。

10.4 简述vector容器和list容器的特征和优缺点。

10.5 创建一个表示圆形的类Circle，然后一个list容器用来存储Circle类的对象，并对容器分别进行添加、插入、移除、排序等操作。

10.6 创建一个vector容器，用来存储上题中创建的Circle对象，然后使用STL算法对其进行查找和排序。

10.7 创建一个map容器保存< char, int >型键-值对，对容器进行插入、查找、删除等操作。

第11章 程序结构、预处理和命名空间

本章介绍C++源程序结构、源程序预处理和命名空间。

11.1 多文件结构的源程序

在前面的章节中,编写的程序都写在一个C++源文件中。事实上,C++的源程序为多文件结构。一个真正的C++应用程序往往包含多个头文件和源文件。

头文件是扩展名为.h的程序文件(也可以没有任何扩展名)。头文件中应该只包含声明语句,例如,常量声明,函数声明,类声明等;不应该把涉及具体实现的语句放到头文件中,例如,变量定义,函数实现,类实现等;这些涉及具体实现操作的语句应该放到C++源文件中;这些使用了在头文件中声明的常量、函数和类的源文件应该用预编译指令#include将头文件包含进来。

源文件是扩展名为.cpp的程序文件。源文件中应该包含程序的main函数、全局变量和类的静态变量的定义,以及函数和类的实现等内容。可以对每个源文件分别进行编译,所以源文件是C++程序最基本的编译单元。

面向对象程序设计中,通常把一个类的声明放在单独的头文件中,而把类的实现也放在一个单独的源文件中,并用类名来命名头文件和源文件;这时要在源文件中使用#include指令包含相应的头文件。而使用该类的其他源程序文件也要用#include指令包含该头文件。例如,可以将Circle类的声明放在头文件Circle.h中,而将Circle类的实现放在源文件Circle.cpp中;并在源文件Circle.cpp中用指令#include"Circle.h"包含相应的头文件。例11.1中,修改例7.3中的程序,使其成为多文件结构的C++程序。

例11.1 简单的多文件C++源程序。

```
//以下程序代码声明类Circle,放在头文件Circle.h中
class Circle
{
public:
    Circle();                              //声明类的默认构造函数
    Circle(float);                         //声明类的带参数的构造函数
    Circle(Circle &c);                     //声明类的拷贝构造函数
    float area()                           //定义求面积的公有成员函数
    {   return radius * radius * 3.14159; }
    bool setRadius(float r);               //声明设定半径的公有成员函数
```

```
    float getRadius()                      //定义读取半径的公有成员函数
    {  return radius; }
    static int getnumberOfCircle()         /*定义静态成员函数,用来返回静态数据
                                            成员 numberOfCircle 的值*/
    {  return numberOfCircle;}
private:
    float radius;                          //圆的半径定义为私有的数据成员
    static int numberOfCircle;             /*声明静态数据成员,用来统计程序中创建的
                                            Circle 类对象的数目*/
};
//以下程序代码是对类 Circle 的实现,包括定义其中的静态数据成员 numberOfCircle,
//这些代码放在源文件 Circle.cpp 中
#include<iostream>
#include"Circle.h"                         //包含 Circle 类的头文件
using namespace std;
int Circle::numberOfCircle = 0;    /*定义静态数据成员 numberOfCircle,并将其初始化为 0*/
//以下为类的实现
Circle::Circle()
{
    radius = 1.0;
    numberOfCircle++;                      //在构造函数中将 numberOfCircle 自加 1
}
Circle::Circle(float r)                    //实现带参数的构造函数
{
    if(r>0)
        radius = r;
    else
        radius = 0;
    numberOfCircle++;                      //在构造函数中将 numberOfCircle 自加 1
}
Circle::Circle(Circle &c)                  //定义拷贝构造函数
{
    radius = c.radius;
    numberOfCircle++;                      //在拷贝构造函数中将 numberOfCircle 自加 1
}
bool Circle::setRadius(float r)
{
     if(r>=0)
     {
        radius = r;
        return true;
     }
     else
        return false;
}
//以下是程序的主函数 main,放在源文件 exp11.1.cpp 中
#include<iostream>
#include"Circle.h"                         //包含 Circle 类的头文件
using namespace std;
void main()
{
```

```
    Circle c1;                              //调用默认构造函数创建对象
    Circle c2(10.5);                        //调用带参数的构造函数创建对象
    cout <<"创建对象 c3 前,共有"<< Circle::getnumberOfCircle()<<"个 Circle 类对象\n";
    Circle c3 = c2;                         //调用拷贝构造函数创建对象
    cout <<"创建对象 c3 后,共有"<< Circle::getnumberOfCircle()<<"个 Circle 类对象\n";
}
```

上面的程序中包含 3 个文件,头文件 Circle. h 中包含类 Circle 的声明。源文件 Circle. cpp 是 Circle 类的实现文件,其中包含 Circle 类所有成员函数的实现以及静态数据成员的定义。源文件 cppex10_1 中则包含程序的主函数 main。由于源文件 Circle. cpp 和 cppex10_1 中的程序都使用了 Circle 类,所以都要使用指令 #include"Circle. h"包含头文件 Circle. h。#include 指令的功能是在程序即将编译前,用头文件的内容取代该指令,嵌入到该指令处。

例 11.1 演示了通用的 C++多文件源程序结构,程序中把类声明和类实现分别放在头文件和源文件中,并在源文件中用#include 指令包含头文件。以前章节中编写的所有程序都可以用这种多文件结构来实现。但是有一种情况例外——使用模板。**如果程序中定义了模板函数或模板类,则模板函数和模板类的声明和实现都必须包含在同一个头文件(或同一个源文件)中;而使用该模板的源程序文件应该用#include 指令包含该头文件(或源文件)。** 例如,例 7.11 程序中定义了两个类 Circle 类和 Stack 类,其中,Stack 类是一个模板类;可以像例 11.1 中那样,创建头文件 Circle. h 和源文件 Circle. cpp 分别存放类 Circle 的声明和实现;但是,由于 Stack 为模板类,所以不能像普通类那样使用头文件 Stack. h 和源文件 Stack. cpp 分别存放类的声明和实现;而应该将 Stack 类的声明和实现都放在头文件 Stack. h(或源文件 Stack. cpp)中。程序的具体实现如例 11.2 所示。

例 11.2 包含模板类的多文件源程序。

```
//头文件 Circle.h,包含 Circle 类的声明
class Circle
{
  … //程序代码和例 11.1 相同
}
//源文件 Circle.cpp,包含 Circle 类的实现
#include <iostream>
#include"Circle.h"
using namespace std;
…                                       //程序代码和例 11.1 相同
//以下是头文件 Stack.h,其中包含模板类 Stack 的声明和实现
#include <iostream>
using namespace std;
template <class T>
class Stack
{
public:
    Stack();
    Stack(int c);
    Stack(Stack &);
    ~Stack();
    void push(T);                       //用模板参数 T 取代具体类型声明元素入栈的成员函数
    T peek();                           //返回栈顶元素的值,但不弹出栈顶元素
```

```
    T pop();                              //弹出栈顶元素,并返回它的值
    void appendCapacity();                //用来追加栈的容量
    int getNumberOfelement()              //返回栈中元素的个数
    { return numberOfelement;}
    bool empty()                          //判断栈是否为空
    { return numberOfelement == 0;}
private:
    T *ptrOfele;                          //指向动态创建的数组,用模板参数T取代具体类型
    int capacity;                         //栈的容量
    int numberOfelement;                  //栈中元素的个数
};
template<class T>                         //类模板的所有成员函数都是模板函数
Stack<T>::Stack()                         //模板"栈"类的全名是 Stack<T>
{
    ptrOfele = new T[10];
    capacity = 10;
    numberOfelement = 0;
}
template<class T>
Stack<T>::Stack(int c)
{
    ptrOfele = new T[c];
    capacity = c;
    numberOfelement = 0;
}
template<class T>
Stack<T>::Stack(Stack &anotherStack)
{
    capacity = anotherStack.capacity;
    numberOfelement = anotherStack.numberOfelement;
    ptrOfele = new T[capacity];
    for(int i = 0;i < numberOfelement;i++)
        ptrOfele[i] = anotherStack.ptrOfele[i];
}
template<class T>
Stack<T>::~Stack()
{
    delete ptrOfele;
}
template<class T>
void Stack<T>::appendCapacity()
{
    capacity += 10;
    T *tptr = new T[capacity];
    for(int i = 0;i < numberOfelement;i++)
        tptr[i] = ptrOfele[i];
    delete ptrOfele;
    ptrOfele = tptr;
}
template<class T>
void Stack<T>::push(T anele)
```

```
{
    if(numberOfelement == capacity)
        appendCapacity();
    ptrOfele[numberOfelement++] = anele;
}
template < class T >
T Stack < T >::peek()
{
    return ptrOfele[numberOfelement - 1];
}
template < class T >                      //类模板的所有成员函数都是模板函数
T Stack < T >::pop()                      //模板"栈"类的全名是 Stack < T >
{
    return ptrOfele[ -- numberOfelement];
}
//以下是源文件 exp11.2.cpp,包含程序的主函数 main
# include < iostream >
# include"Circle.h"                      //包含 Circle 类的头文件
# include"Stack.h"                       //包含 Stack 类的头文件
using namespace std;
void main()
{
    Stack < int > stackOfint(16);         //生成整数"栈"类 Stack < int >,并创建对象
    for(int i = 0;i < 10;i++)
        stackOfint.push(i);               //向栈中压入整型元素
    cout <<"整数栈中的元素为: ";
    while(!stackOfint.empty())
        cout << stackOfint.pop()<<" ";  //逐个从栈顶弹出整数,并输出其值
    cout << endl;
    Stack < char > stackOfchar;           //生成字符"栈"类 Stack < char >,并创建对象
    for(int j = 65;j <= 70;j++)
        stackOfchar.push((char)j);        //以 ASCII 码值向栈中压入字符
    cout <<"字符栈中的字符为: ";
    while(!stackOfchar.empty())
        cout << stackOfchar.pop()<<" "; //逐个从栈顶弹出字符,并输出其值
    cout << endl;
    Stack < Circle > stackOfCircle; /* 生成保存 Circle 类对象的"栈"类 Stack < Circle >,并创建
                                    对象 */
    Circle c1(10.0),c2(20.5),c3(5.0);
    stackOfCircle.push(c1);               //Circle 类对象入栈
    stackOfCircle.push(c2);               //Circle 类对象入栈
    stackOfCircle.push(c3);               //Circle 类对象入栈
    while(!stackOfCircle.empty())
    {
        Circle ctemp = stackOfCircle.pop();   //逐个从栈顶弹出的 Circle 类对象
        cout <<"半径为"<< ctemp.getRadius()
            <<"的圆的面积为"<< ctemp.area()<< endl;
    }
}
```

程序中将模板类 Stack 的声明和实现都放在头文件 Stack.h 中,并用 # include 指令将

其包含在使用 Stack 类的源程序文件中。如果不使用头文件，也可以创建源文件 Stack.cpp，将类 Stack 的声明和实现放入其中，并用指令 #include"Stack.cpp"将该源文件包含到使用 Stack 类的其他源程序文件中。读者可以自行编译和运行上面的程序，并观察程序的运行结果。

多文件结构将源程序分为多个逻辑上独立的单元，其中每个源文件都可以作为一个独立的编译单位单独进行编译；其优点是可以提高编译效率。例如，对于体积非常庞大的源程序，如果修改了其中某个文件中的程序，则只需要重新编译和修改的内容相关的部分源文件，而不需要重新编译整个程序，极大地提高了编译效率。

11.2 文件间的信息共享

如 11.1 节所述，C++源程序通常由多个文件组成，本节讨论如何实现文件间的信息共享和通信。

11.2.1 头文件

C++头文件通常以.h 为扩展名，也可以没有扩展名。例如，前面的程序中经常使用的标准库中的头文件 iostream 或 iostream.h。

使用头文件的原因，是为多个源文件提供同样的信息，以实现信息共享。头文件中应包括各种信息的声明，例如变量或对象的声明、函数的声明和类的声明。在使用预编译指令 #include 包含头文件的所有源文件中，都可以共享在头文件中声明的变量、对象、函数和类。

注意这里所说的变量(或对象)的声明和变量(或对象)的定义不同。变量(或对象)的声明是指声明已经在程序的其他地方定义的变量(或对象)，编译器在编译声明语句时，并不会为声明的变量(或对象)分配内存空间。而变量(或对象)定义时，编译器将会为变量(或对象)分配内存。同样，函数和类的声明(有时也称为类的定义)也不会占用内存。头文件中应放置对程序元素的声明，而不是定义。否则，当多个源文件包含同一个头文件时，将产生重复定义的编译错误。而变量或对象的定义语句，以及函数的定义都应该放在程序的源文件中。以上说明了声明变量(或对象)和定义变量(或对象)的区别，那么如何声明定义过的变量呢？答案是使用关键字 extern。

11.2.2 关键字 extern

关键字 extern 可以用来声明已经定义过的变量(或对象)。声明语句既可以放在头文件中，也可以放在某一个源文件中。由 extern 声明的变量(或对象)必须是在某个源文件中定义的全局变量(或全局对象)。例如：

```
extern int someVar;                //someVar 是在某个源文件中定义的全局整型变量
extern Circle someCircleObj;       // someCircleObj 是在某个源文件中定义的全局型对象
```

当这样的变量声明语句包含在头文件中时，则所有包含该头文件的源文件将共享所声明的全局变量或对象；当这样的变量(或对象)声明语句出现在某一个源文件中时，则仅在

这个源文件中共享这个变量(或对象)。例如,若程序结构如下:

```
//file1.h
extern Circle someCircleObj;
…
//file2.cpp
…
Circle someCircleObj;
…
//file3.cpp
#include"file1.h"
…
//file4.cpp
#include"file1.h"
…
```

在源文件 file2.cpp 中定义了 Circle 类的全局对象 someCircleObj,在头文件 file1.h 中使用关键字 extern 声明了该对象,而源文件 file3.cpp 和 file4.cpp 都包含头文件 file1.h,则在源文件 file3.cpp 和 file4.cpp 中都可以共享在 file2.cpp 中定义的对象 someCircleObj。

若程序结构如下。

```
//file1.cpp
…
Circle someCircleObj;
…
//file2.cpp
extern Circle someCircleObj;
…
```

在源文件 file1.cpp 中定义了全局对象 someCircleObj,在源文件 file2.cpp 中使用关键字 extern 声明了该对象,则仅在 file2.cpp 中可以共享 file1.cpp 中定义的对象 someCircleObj。

11.2.3 使用关键字 static 避免同名冲突

在 5.3 节和 7.1 节中已经介绍过关键字 static,本节将介绍关键字 static 的另一个功能。

通过 11.2.2 节的学习,我们知道关键字 extern 可以使不同的文件共享相同的全局变量或全局对象。那么,如果想在不同的文件中使用相同名称的全局变量或对象,该怎样做呢?请看下面的程序结构:

```
//file1.cpp
…
int someVar;
…
//file2.cpp
…
float someVar;
…
```

在源文件 file1.cpp 和 file2.cpp 中都定义了同名的全局变量 someVar，这样结构的程序会产生命名冲突错误而无法正确编译。

如果想在不同的源文件中定义同名的全局变量或全局对象，并且不产生命名冲突，就必须使用关键字 static。关键字 static 将它所定义的全局变量（或全局对象）的可见性限制在本文件中。所以下面结构的程序不会产生名称冲突。

```
//file1.cpp
…
static int someVar;
…
//file2.cpp
…
static float someVar;
…
```

由此可见，关键字 static 用于定义局部变量、全局变量和类的数据成员时，分别具有不同的含义。

11.2.4　函数的声明

和变量的声明相同，函数的声明也是声明已经定义过的函数，声明函数的目的也是在不同的文件中共享函数。

C++使用函数原型来声明函数。关于函数原型的知识已在 5.1.3 节中介绍过，请读者自行复习。请看下面的程序段。

```
//file1.cpp
…
int add(int i, int j)              //在 file1.cpp 中定义函数 add
{  return i + j; }
…
//file2.cpp
…
int add(int, int);                 //使用函数原型在 file2.cpp 中声明函数 add
…
```

上面的程序段中，在源文件 file1.cpp 中定义了函数 add，在源文件 file2.cpp 中用函数原型声明了 add 函数。则在文件 file2.cpp 的函数声明之后，就可以调用 add 函数了。

也可以将函数的声明放在头文件中，则所有包含该头文件的源文件都可以使用其中声明的函数。

11.2.5　类的声明

我们已经知道，如果类的定义包含在头文件中，则若要在源文件中使用该类，就必须使用预编译指令＃include 将该头文件包含到源文件内部。那么，如果类的定义位于某个源文件内部，并且要在同一个源文件之中类的定义之前使用该类，或者要在其他的源文件中使用该类，该怎样做呢？

如果要在同一个源文件之中类的定义之前使用该类,则应该在使用该类之前,对类进行声明。类的声明语句格式如下:

```
class 类名;
```

但是经过声明之后,也只能使用该类的类名,而不能涉及任何有关该类的细节信息。例如,只能定义指向该类对象的指针,而不能定义该类的对象。这是因为编译器在编译该类之前,无法确定该类中包含哪些成员,所以就不能确定该类对象应占据的内存空间的大小,也就无法为该类的对象分配内存。

同理,如果类的定义在某个源文件中,要在其他的源文件中使用该类,仅使用类的声明是不行的(除非只使用该类型的指针)。例如:

```
//file1.cpp
…
class  A          //在文件 file1.cpp 中定义类 A
{
…
};
//file2.cpp
…
class  A;         //在文件 file2.cpp 中声明类 A
…
A  obj;           //错误,不能定义类 A 的对象
A  * ptr;         //正确,只能定义该类的指针
ptr = new A();    //错误,不能创建类 A 的对象
```

通过上面的讨论,我们知道,要在源文件中使用一个类(而不仅是定义类的指针),就必须在该源文件中使用该类之前定义该类。C++允许在多个源文件中定义同名的类,而不会发生命名冲突。但是不能在同一个文件中多次定义同名的类。

11.3 预处理

C++源程序在编译前需要进行预处理。完成预处理的程序称为预处理器,预处理过程就是由预处理器逐条执行源程序中的预处理指令。预处理指令又称为预处理宏,是由#开头的指令;预处理指令不是有效的程序语句;一条预处理指令占据一行,结尾没有分号。以下介绍几种常用的预处理指令。

11.3.1 #include 指令

#include 指令是最常用的预处理指令,其语法格式为:

```
#include<头文件或源文件名>
```

或

```
#include"头文件或源文件名"
```

例如：

```
#include<iostream>
```

#include 指令的功能是：将指定文件的内容嵌入到该指令处，以取代该指令。#include 指令具有两种形式；一种是以尖括号括住要包含的文件名，另一种是以双引号括住要包含的文件名。两种形式的区别是：寻找文件的路径不同。如果是以尖括号括住文件名，则预处理器将到 C++系统目录的 include 子目录下去寻找被包含的文件；如果以双引号括住文件名，则预处理器先在当前目录中寻找文件，若没有找到，再到 C++系统目录的 include 子目录中寻找。

11.3.2 #define 指令

#define 指令用来定义符号常量，语法格式为：

```
#define 符号常量名 字符串
```

例如：

```
#define PI 3.14159
```

上面的语句将符号常量 PI 的值定义为 3.14159。预处理器在处理上面的指令时，将程序中所有的符号常量 PI 用字符串"3.14159"来取代。

除了可以定义符号常量，#define 指令还可以用来定义宏。语法格式为：

```
#define 宏名 字符串
```

例如：

```
#define AREA(r) PI*r*r
```

上面的指令定义了带参数 r 的宏 AREA(r)，用来计算半径为 r 的圆的面积。预处理器在处理上面的指令时，将程序中所有的宏 AREA(r)用字符串"PI*r*r"来取代。

#define 指令常用于 C 语言中，C++语言对 C 语言进行了改进和扩充。在 C++语言中多采用关键字 const 定义常量，而采用由关键字 inline 定义的内联函数取代宏的功能。采用关键字 const 定义的常量可以像变量一样具有数据类型，并占据内存空间，而且编译器会对其进行类型检查；而编译器也会像预处理器处理宏一样，用内联函数的内容取代函数调用语句，所不同的是，编译器会对内联函数的参数进行类型检查。

11.3.3 条件预处理指令

条件预处理指令可以通过对条件的判断来决定对程序中的哪些内容进行编译。有多种不同格式的条件预处理指令，这里只介绍其中较常用的两种。

1. #ifdef 指令

#ifdef 指令的语法格式为：

```
#ifdef 标识符
```

```
    程序段 1;
#else
    程序段 2;
#endif
```

预处理器处理该指令时，首先对“标识符”进行判断；如果“标识符”是经#define指令定义过的，则编译程序段1，而忽略程序段2；否则忽略程序段1，编译程序段2。其中的#else指令和其后的程序段2是可以省略的。

2. #ifndef 指令

#ifdef指令的语法格式为：

```
#ifndef 标识符
    程序段 1;
#else
    程序段 2;
#endif
```

预处理器处理该指令时，首先对“标识符”进行判断；如果“标识符”是经#define指令定义过的，则忽略程序段1，而编译程序段2；否则编译程序段1，忽略程序段2。其中的#else指令和其后的程序段2是可以省略的。

11.3.4 使用条件预处理指令避免重复包含

对于多文件结构的应用程序，有时可能出现一个文件被另一个文件重复包含的现象。请看下面的程序：

```
//头文件 file1.h
class A
{
   …;
   };
   //头文件 file2.h
   #include"file1.h"
   …;
   //头文件 file3.h
   #include"file1.h"
   …;
   //源文件 file4.cpp
   #include"file2.h"
   #include"file3.h"
   void main()
   …;
```

上面的程序中包含4个文件，分别为头文件file1.h、file2.h、file3.h和源文件file4.cpp。源文件file4.cpp中包含头文件file2.h和file3.h。由于头文件file2.h和file3.h中都包含头文件file1.h，导致头文件file1.h在源文件file4.cpp中被重复包含；重复包含将使file1.h中的内容(类A)被重复定义，导致程序编译失败。对于这种情况，可以使用条件预处理指令避免文件内容被重复包含。

可以按如下格式修改头文件 file1. h：

```
//头文件 file1.h
#ifndef HEADR
#define HEADR
class A
{
    …;
};
#endif
```

预处理器每次处理头文件 file1. h 的内容时，首先判断标识符 HEADER 是否已被定义过，如果标识符 HEADER 没有被定义，则使用 # define 指令定义该标识符，并使其后直到指令 # endif 之间的程序成为可编译的程序段；如果标识符 HEADER 已经被定义，则忽略其后直到指令 # endif 之间的程序段。这样做的结果是：头文件 file1. h 虽然被源文件 file4. cpp 包含多次，但是其中内容（类 A 的定义）只被编译一次，避免重复定义导致的编译错误。

11.4 命名空间

C++是当前使用最广泛的程序设计语言，许多软件生产厂家都生产了 C++类库，提供给编程者使用。但是，不同软件厂家生产的类库中可能存在名称相同的类或函数。如果程序员编程时需要同时使用两个厂家生产的类库，而不同类库中又存在同名的类或函数，则在使用这些类或函数时，就会引发名称冲突。C++为这个问题提供了解决方法：即使用命名空间来限定和区分不同类库中的类。

命名空间是命名程序元素的有效范围。命名空间中可以包含常量、变量、函数和类等程序元素的声明和定义。定义在命名空间中的程序元素称为命名空间的成员。声明命名空间的语法格式如下：

```
namespace 命名空间名称
{ …; }
例如：
namespace NS
{
    const double PI = 3.14159;
    class Circle
    {
    public:
        Circle(double r){ radius = r;}
        double area(){ return PI * radius * radius; }
    private:
        double radius;
    };
}
```

上面的程序声明了一个命名空间 NS，在其中定义了常量 PI 和类 Circle。

命名空间就是一个作用域，在命名空间中定义的名称可以被该命名空间中的其他成员

直接访问。例如，上面程序中的 PI 是在命名空间 NS 中定义的常量，由于 Circle 类也是命名空间 NS 的成员，所以在 Circle 类中可以使用名称直接访问常量 PI。

在同一个命名空间中不能定义名称相同的成员；而不同的命名空间中可以存在相同的名称。如果要在一个命名空间之外访问命名空间中的成员，可以使用以下两种方法。

(1) 使用命名空间的名称和域解析操作符访问命名空间中的成员。语法格式为：

```
命名空间名称::成员名称
```

例如，若要访问在命名空间 NS 中定义的类 Circle 和常量 PI，则应使用如下名称：

```
NS::Circle
NS::PI
```

不同软件厂家生产的类库位于不同的命名空间之中，而访问这些类时，要使用命名空间的名称加以限制。这种方法有效地解决了命名冲突的问题。

(2) 使用 using 指令声明要访问的名称空间，在声明之后，可以直接使用名称访问命名空间中的成员。例如：

```
using namespace NS;
```

如上声明之后，就可以直接使用名称 Circle 和 PI 访问 Circle 类和常量 PI 了。

C++标准库中的所有对象、函数和类都在命名空间 std 中定义，例如，标准输入输出流对象 cin 和 cout，所以每次使用这些对象和类时，要使用如下指令预先声明：

```
using namespace std;
```

命名空间的声明可以是不连续的，即可以在同一个文件或不同的文件中多次声明相同的命名空间，该命名空间的实际内容是所有声明的总和。

如果程序中没有用关键字 namespace 声明任何命名空间，则程序被认为位于一个无名的命名空间中。本书前面章节中的所有例程都位于无名的命名空间之中。

小结

C++源程序具有多文件结构，一个源程序可以包含多个头文件和源文件。头文件中应该只包含声明语句，而使用这些声明的源文件应该使用＃include 指令包含头文件。面向对象程序设计中，通常把一个类的声明放到单个的头文件中，并用类名命名该头文件，而把类的实现放到用类名命名的源文件中。

源文件是程序的编译单位，每个源文件都可以单独编译。对于体积庞大的源程序，分别编译源文件可以显著提高修改程序时的编译效率。

源程序编译前，要由预处理器进行预处理。预处理时，预处理器逐条执行程序中的预处理指令。预处理指令是以符号＃开头的指令，末尾不加分号。常用的预处理指令有＃include、＃define、＃ifdef…＃endif、＃ifndef…＃endif 等。＃include 指令把文件的内容嵌入到当前指令处；＃define 指令用于定义符号常量和宏；条件编译指令可以用来避免由重复包含引起的重复定义问题。

不同软件厂家生产的C++类库中可能存在同名的类，编程时如果需要同时使用多个类库，有可能发生名称冲突。命名空间解决了名称冲突的问题，一个命名空间就是一个作用域，其中定义的名称只在该命名空间中有效；在命名空间之外访问其中定义的程序元素时，要用命名空间的名称加以限制，或者使用关键字 using 预先声明所用的命名空间。

习题

11.1　C++源程序通常存放在多个文件中，其中包括哪些类型的文件？这些文件怎样区分？分别存放哪些类型的信息？

11.2　在多文件结构的C++源程序中，如果要使用某个类，则以下哪个说法是正确的？

A. 只需使用预编译指令“#include”包含声明该类的头文件

B. 只需使用预编译指令“#include”包含实现该类的源文件

C. 必须使用预编译指令“#include”包含声明该类的头文件和实现该类的源文件

D. 不需要包含任何文件，直接使用即可

11.3　要在一个C++源文件中使用在另一个源文件中定义的全局变量，则必须使用关键字________进行声明。

11.4　假设 someVar 是在源文件 A.cpp 中定义的一个全局变量，如果要在源文件 B.cpp 中定义一个同名的全局变量，则必须使用关键字________来避免命名冲突。

11.5　请说明变量声明和变量定义的区别。

11.6　当关键字 static 用于定义全局变量、函数的局部变量和类的数据成员时，其作用是不同的，请分别进行说明。

11.7　编写程序，创建两个C++源文件 file1.cpp 和 file2.cpp，在 file1.cpp 中定义函数 add，用来实现两个浮点数的加法运算；并在文件 file2.cpp 中调用该函数。

11.8　请将习题7.6中编写的程序改写为多文件结构，要求将类的定义包含在头文件中，一个类对应一个头文件；将类的实现包含在源文件中，一个类对应一个源文件；将所有非成员函数包含在一个源文件之中。

11.9　简述C++中使用命名空间的作用。

第12章 输入和输出

在前面的章节中，已经学习了使用标准输入/输出流对象cin和cout实现控制台输入和输出。本章将介绍输入/输出流的概念和原理，并学习使用输入/输出流对象完成磁盘文件的输入和输出。

12.1 什么是输入/输出流

和C语言一样，C++语言本身也没有提供输入和输出操作的功能(两种语言中都没有完成输入/输出操作的语句、关键字和操作符)。这是因为作为一种广泛应用的编程语言，通常是面向多平台的；而不同平台下实现输入/输出的具体方法是不同的。

早期的C语言是使用一组由程序员编写的库函数来完成输入和输出的，例如我们熟悉的库函数printf和scanf等；这些函数在头文件stdio.h中声明，C++语言兼容C语言，所以也可以在C++程序中使用这些库函数实现输入/输出功能。

不同于C语言，C++语言为编程者提供了新的输入/输出解决方案；C++使用一个输入/输出流类库来实现基本的输入和输出，流类库中声明并定义了一系列输入/输出流类。例如，用来完成键盘输入的对象cin和用来完成显示器输出的对象cout就分别是标准输入流类istream和标准输出流类ostream的两个预定义的对象。到底什么是输入/输出流？

"流"所指的是字节流。C++输入和输出的对象都是字节流。输入就是从字节流中获取字符；输出就是向字节流中写入字符。在输入和输出操作中，输入/输出流位于程序和输入/输出实体之间，从程序的角度看，输入/输出流是对键盘、显示器、磁盘文件等输入/输出实体的抽象。如图12.1所示，程序只和输入/输出流发生关系，输入时从输入流提取字符，输出时向输出流插入字符，而不必关心输入/输出流实际代表什么具体的输入/输出实体。

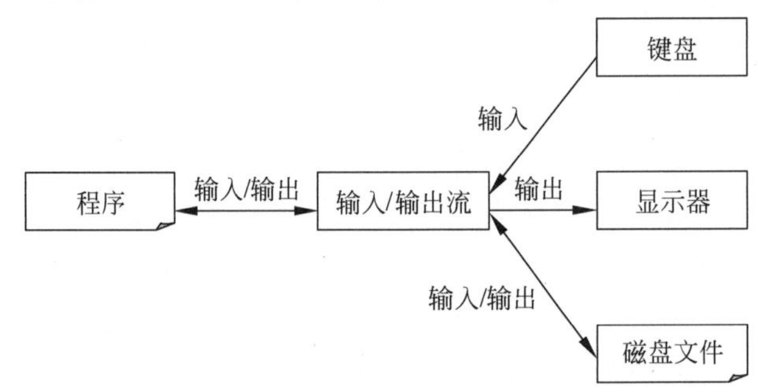

图12.1　输入/输出操作中的流

输入流类的功能是把数据从键盘、磁盘文件等输入实体输入到程序中；输出流类的功能是把程序中的数据输出到显示器、磁盘文件等输出实体中。输入/输出流类库定义在命名空间 std 的头文件 iostream 和 fstream 中，其中，头文件 iostream 中声明了用于实现控制台输入/输出的流类；而头文件 fstream 中声明了用于实现磁盘文件输入/输出的流类；所以如果程序中要进行输入/输出操作，则必须包含相应的头文件。图 12.2 是在输入/输出流类库中定义的部分输入/输出流类。图中的每个矩形代表一个类，箭头的方向是从派生类指向基类。

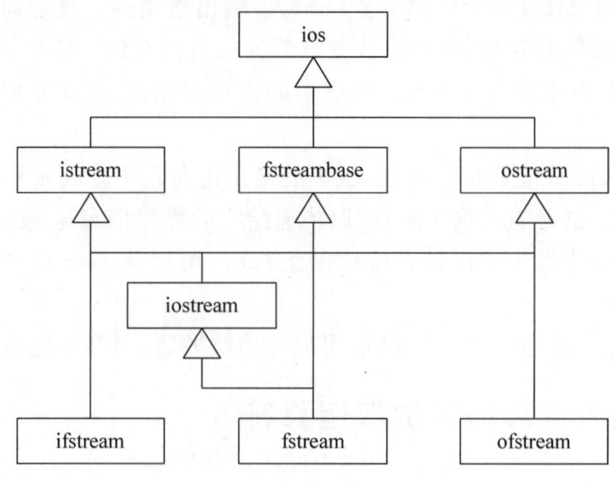

图 12.2　部分输入/输出流类

12.2　输入/输出流类

图 12.2 中列出了标准 I/O 流类库中定义的部分输入/输出流类，在这些流类中分别定义了用于完成格式化输入/输出的格式化标志、操作符和函数。另外，在 I/O 流类库中还预定义了几个流对象。这些内容将在以下各节中介绍。

12.2.1　预定义的流对象

在标准 I/O 流类库中的头文件< iostream >中，包含几个预定义的流对象，它们是 cin、cout、cerr、clog。

(1) 标准输入流 cin 是 istream 类的对象，默认情况下，cin 被关联到标准输入设备——键盘，用于键盘输入。

(2) 标准输出流 cout 是 ostream 类的对象，默认情况下，cout 被关联到标准输出设备——显示器，用于屏幕输出。

(3) 标准错误流 cerr 是 ostream 类的对象，用于将程序运行中的错误信息，在标准输出设备——显示器上显示出来。

(4) 标准错误流 clog 是 ostream 类的对象，功能类似于 cerr。

以下简单介绍两个输入/输出操作中的常用技术：**内存缓冲区**和**重定向**。

在输入/输出过程中，通常会在内存中开辟一块空间，称为**内存缓冲区**；输入/输出的数据流并不是直接流向目标对象,而是先存放在内存缓冲区中,待缓冲区中的数据足够多时,再使它们一次性地流向目标对象。例如,从程序向磁盘文件输出数据,是字节流从程序流向磁盘的过程,磁盘是字节流的目标对象;由于程序读写内存的速度远远高于读写磁盘的速度,为了提高程序的运行效率,可以使输出的字节先流向内存缓冲区,待缓冲区满或者输出结束时,再使缓冲区中存放的字节批量地流向磁盘文件。使用缓冲区技术可以匹配不同设备的信息传输速率,提高程序的运行效率。

有些操作系统(如 MS-DOS、UNIX)支持**输入/输出重定向**。重定向是指改变数据的流向,既可以改变数据流的源对象,也可以改变数据流的目标对象。例如,程序中的键盘输入,经重定向后可以变为由磁盘文件输入;程序中的显示器输出,经重定向后可以变为输出到磁盘文件。

预定义的对象 cerr 不能使用缓冲区,也不能被重定向;这是 cerr 和 cout 的区别。由于 cerr 流不使用缓冲区,也不能被重定向,所以传递给它的输出信息总是立即被显示在显示器上。正因为如此,当程序发生错误被系统中断运行时,可以从 cerr 流中看到程序被中断前输出的错误提示信息。

另一个预定义的标准错误流对象 clog 可以使用缓冲区,但是不能被重定向。

12.2.2 插入运算符和提取运算符

1. 插入运算符<<

插入运算符(<<)的功能是把要输出的数据插入到输出流中。

在 C++中,运算符<<的默认含义是按位左移运算符。在 ostream 类中,为 C++中的所有基本数据类型定义了插入运算符(<<)的重载函数。所以只要一个输出流是 ostream 类或其子类的实例,就可以使用插入运算符(<<)向该输出流中插入数据。标准输出流 cout 就是 ostream 类的对象(准确地说,cout 是 ostream 类的子类 ostream_withassign 类的对象),所以可以使用插入运算符向其中插入数据。

ostream 类除了为所有基本数据类型定义了插入运算符的重载函数外,还为以下 3 种字符指针类型定义了插入运算符的重载函数:

```
const signed char * ;
const unsigned char * ;
const char * ;
```

由于 C++中使用字符数组(数组名其实是字符指针常量)或者指向字符数组的指针来表示字符串,所以可以使用插入运算符(<<)输出字符串。例如:

```
char s1[20] = "Welcome to C++!\n";
char * sptr = s1;
cout << s1;
cout << sptr;
```

上面的程序语句将输出两行字符串。

另外,也可以使用插入运算符(<<)输出 string 类型的字符串。例如:

```
string s2 = "Welcome to C++!\n";
```

```
cout << s2;
```

以上程序代码的输出也是字符串“Welcome to C++!”。

所有插入运算符重载函数的返回值都是当前流的引用，其函数原型的一般形式如下：

```
ostream& operator <<(数据类型);
```

所以插入运算符可以连续使用。例如：

```
float height = 3.5, width = 5.5;
cout <<"The rectangle's height is "<< height <<" and its width is "<< width << endl;
```

上面的第 2 条语句中连续使用插入运算符(<<)向输出流 cout 插入字符串和实数，输出结果是下面的字符串。

```
The rectangle's height is 3.5 and its width is 5.5
```

2. 提取运算符>>

提取运算符(>>)的功能是从输入流中提取数据，并将其存放到程序的变量之中。

在 C++中，运算符>>的默认含义是按位右移运算符。在 istream 类中，为 C++的所有基本数据类型定义了提取运算符(>>)的重载函数。所以只要一个输入流是 istream 类或其子类的实例，就可以使用提取运算符输入数据。标准输入流 cin 是 istream 类的对象(准确地说：cin 是 istream 类的子类 istream_withassign 类的对象)，所以可以使用提取运算符(>>)输入数据。

以下分几种情况介绍使用提取运算符输入不同类型的数据。

(1) 输入单个字符：提取运算符将把输入流中的非空白字符作为有效输入，输入给字符变量。需要注意：使用提取运算符提取字符时，输入流中的空白字符将被忽略。

(2) 使用提取运算符输入数值数据的规则是：从输入流当前位置向右的第一个非空白字符开始，一直读取到与参数类型不匹配的第一个字符之间的全部内容。读出的内容将被转换成与参数类型相同的数据，赋值给参数变量。例如，对于下面的程序语句：

```
int num;
cin >> num;
```

如果从键盘输入的字符流为“－123.456”，则整数值－123 将被赋值给变量 num。

如果从键盘输入的字符流为“123ABC”，则整数 123 将被赋值给变量 num。

(3) 使用提取运算符输入字符串：除了所有的基本数据类型，istream 类还为以下 3 种字符指针类型重载了提取运算符>>。

```
signed char * ;
char * ;
unsigned char * ;
```

这些重载函数允许从输入流中提取一个单词(以空格、换行符、回车键结束的字符串)，并将它作为一个字符串放置到参数指针所指向的地址。例如：

```
char name[20];
cin >> name;
```

上面第 2 条语句从标准输入流 cin(键盘)输入一个单词,并将它作为一个字符串存放到字符数组 name 中。如果从键盘输入的字符串为：

```
zhiqiang li
```

则提取运算符将用户输入的第一个单词 zhiqiang 存放到数组 name 中,并在最后加入一个空字符,作为字符串结束的标志。

使用提取运算符也可以输入 string 类型的字符串。例如：

```
string name;
cin >> name;
```

如果从键盘上输入的字符串是：

```
zhiqiang li
```

则其中的第一个单词 zhiqiang 将被存放到对象 name 中。

提取运算符重载函数的原型的一般形式如下：

```
istream& operator >>(数据类型 &);
```

重载函数的返回值为当前输入流对象的引用,所以提取运算符(>>)也可以连续使用。例如：

```
cin >> var1 >> var2 >> var3;
```

12.2.3 格式化标志和设置格式化标志的函数

格式化标志在 ios 类中定义的枚举类型 fmtflags,用来控制输入/输出的格式。如图 12.2 所示,ios 类是所有输入/输出流类的父类,所以任何输入/输出流类的实例都可以使用格式化标志指定输入/输出的格式。表 12.1 是格式化标志的完整列表。

表 12.1 I/O 格式化标志

格式化标志	功　能
boolalpha	以字符串"true"或者"false"的格式,输入/输出布尔值
dec	以十进制格式输入/输出整数值
hex	以十六进制格式输入/输出整数值
oct	以八进制格式输入/输出整数值
fixed	以固定格式输出浮点数
internal	在符号或者基数指示符和数字间使用填充符
left	输出时左对齐
right	输出时右对齐
scientific	使用指数格式输出浮点数
showbase	输出整数时,使用基数指示符(八进制为 0,十六进制为 0x)
showpoint	输出浮点数时,显示小数点
showpos	输出时,在正数前显示+号
skipws	输入时忽略空格
unitbuf	在每次插入后,刷新所有输出流
uppercase	输出时,使用大写字母 X、E 和表示十六进制的字母(ABCDEF)

所有的格式化标志，都可以使用类 ios 的成员函数 flags 来设置。例如：

```
int i;
cin.flags(ios::oct);                //设置以八进制格式输入
cin >> i;
cout.flags(ios::dec|ios::showpos); //设置以十进制格式输出，并在正数前显示符号 +
cout << i << endl;
```

执行上面的程序代码，若从键盘输入 10，则输出为：+8。

函数 flags 有以下两个重载版本。

```
fmtflags flags() const;
fmtflags flags(fmtflags _Fmtfl);
```

第一个是不带参数的函数，返回当前流的格式化标志值。

第二个是带参数的函数，根据参数重新设置当前流的格式化标志，并返回原来的格式化标志值。

也可以使用 ios 类的成员函数 setf 设置部分 I/O 格式化标志；而 ios 类的成员函数 unsetf 用来清除由 setf 设置的格式化标志，还原到默认的格式。例如：

```
int i = 10;
cout.setf(ios::showpos);            //设置格式化标志 showpos，输出正数时，显示符号 +
cout << i << endl;
cout.unsetf(ios::showpos);          //清除由 setf 设置的格式化标志 showpos
cout << i << endl;
```

上面语句的执行结果是：

```
+10
10
```

12.2.4 I/O 格式操作符

12.2.3 节中介绍的 I/O 格式化标志必须使用函数来设置，而格式操作符可以直接插入流中控制输入/输出格式。

格式操作符分为两类：无参数的格式操作符和带参数的格式操作符。

1. 无参数的格式操作符

表 12.2 列出了部分常用的无参数 I/O 格式操作符。

表 12.2 无参数的 I/O 格式操作符

格式操作符	功　能
ws	输入时跳过(忽略)空格
dec	使用十进制格式输入/输出数据
oct	使用八进制格式输入/输出数据
hex	使用十六进制格式输入/输出数据
endl	在输出流中插入换行符
ends	插入空字符来终止输出的字符串
flush	刷新输出流

这些格式操作符可以直接插入到输入/输出流中,来控制输入/输出格式。它们只能控制流中紧随其后的数据信息的输入/输出格式。例如:

```
int i = 10, j = 30;
cout << oct << i << endl << hex << j << endl;          //分别以八进制格式和十六进制格式输出 i 和 j
                                                       //的值
```

上面第 2 条语句中的格式操作符 oct 表示:将紧随其后的变量 i 以八进制格式输出;格式操作符 hex 表示:将紧随其后的变量 j 以八进制格式输出;格式操作符 endl 在前面的程序中已经多次用到,其功能是在输出时换行。以上程序语句的执行结果是:

```
12
1e
```

2. 带参数的格式操作符

所有带参数的格式操作符都是在头文件 iomanip 中定义的,所以要使用它们,就要把该头文件包含到程序之中。

表 12.3 列出了部分常用的带参数 I/O 格式操作符。

表 12.3　带参数的 I/O 格式操作符

格式操作符	参数类型	功　　能
setw()	int	输出时,根据参数设置字段的宽度
setfill()	int	输出时,根据参数设置填充字段(默认是空格)
setprecision()	int	输出浮点数时,设置精度(显示多少位数字)
setiosflags()	long	设置由参数指定的格式化标志
resetiosflags()	long	清除由参数指定的格式化标志

以下程序语句使用格式化标志 setw()来设置输出数据的字段宽度。

```
int i = 10;
cout << setw(5)<< i << endl;              //将输出字段的宽度设置为 5
```

执行上面的语句,输出的数据 10 前面将有 3 个空格。默认情况下,输出时的填充符是空格,下面的程序用星号取代空格,作为输出时的填充符。

```
int i = 10;
cout << setfill('*')<< setw(5)<< i << endl;   //将输出字段的宽度设置为 5,并用星号作为填充符
```

上面程序语句的执行结果如下:

```
***10
```

12.2.5　控制输入/输出格式的函数

除了以上两节介绍的格式化标志和格式化操作符外,I/O 流类库中的 ios 类还定义了几个函数,用以控制 I/O 格式和设置格式化标志。在 12.2.3 节中,已经介绍了用来设置格式化标志的函数 flags()、setf()和 unsetf(),本节介绍其他几个函数。

(1) ios::fill 函数：ios 类的成员函数 fill 有两个重载版本，它们是：

```
char fill() const
char fill(char CFill)
```

第一个不带参数的 fill 函数返回当前流的填充字符(默认的填充字符是空格)；第二个重载的 fill 函数，带一个字符类型的参数，用来设置当前流的填充字符；函数的返回值是设置前流使用的填充字符。新设置的填充字符一直有效，直到更改它为止。例如：

```
int i = 10;
cout.fill('*');                    //将填充字符设置为'*'
cout << setw(5)<< i << endl;
```

以上程序语句的执行结果为：

```
***10
```

(2) ios::precision 函数：ios 类的成员函数 precision 有两个重载版本，它们是：

```
int precision() const
int precision(int np)
```

第一个不带参数的 precision 函数返回输出浮点数时，输出流的精度(输出的有效数字位数，默认的精度是 6 位有效数字)。例如：

```
int i = cout.precision();  //获得标准输出流 cout 在默认状态下的精度值
double f = 23.4567891;
cout << i << endl;
cout << f << endl;              //以默认的精度输出浮点变量 f
```

以上程序语句的执行结果为：

```
6
23.4568
```

第二个重载的 precision 函数，带一个整型的参数，用来设置输出流输出浮点数时的精度。例如：

```
double f = 23.4567891;
cout.precision(7);              //将输出流的精度设置为 7
cout << f << endl;
```

以上程序语句的执行结果为：

```
23.45679
```

浮点数精度的含义取决于输出模式。如上面的程序所示，在默认的模式下，它是指显示的总位数。在定点模式和科学模式下，精度指的是小数点后边的位数。例如：

```
double f = 23.4567891;
cout.setf(ios::scientific);     //以科学记数模式显示浮点数
cout.precision(4);              //设置精度为 4,即小数点后保留 4 位有效数字
cout << f << endl;
```

以上程序语句的执行结果为：

```
2.3457e+001
```

(3) ios::width 函数：ios 类的成员函数 width 也有两个重载版本，它们是：

```
int width() const
int width(int nw)
```

第一个不带参数的 width 函数返回流的字段宽度的当前值。第二个带参数的 width 函数将下一个要输出的数据的字段宽度设置为 nw 个字符，并返回以前的字段宽度。width 函数只影响将要显示的下一个数据，然后流的字段宽度将恢复为默认值。例如：

```
int i = 10,j = 100;
cout.width(5);        //将下一个要显示的数据的字段宽度设置为 5 个字符
cout.fill('*');       //将填充字符设置为星号
cout << i << j << endl; //以 5 个字符的宽度显示变量 i 的值,然后字段宽度恢复默认设置
```

以上程序语句的执行结果为：

```
***10100
```

12.2.6 常用的 I/O 函数

I/O 流类库中还定义了许多 I/O 函数。在本节中，将简要介绍一些常用的 I/O 函数。

1. istream::get 函数

istream 类的成员函数 get 有多个重载版本，本节只介绍其中的两个：

```
istream& get(char& rch);
istream& get( char * pch, int nCount, char delim = '\n');
```

带一个字符参数的 get 函数从输入流中提取一个字符，存放到字符变量 rch 中。

带三个参数的 get 函数从输入流中提取最多 nCount 个字符，或者遇到由参数 delim 指定的分界符(默认的分界符为"\n")为止的多个字符(不包括分界符)，并把它们作为一个字符串(有效字符的最后加上一个空字符)存放到由字符指针 pch 指向的内存地址中。例如：

```
char chs[50];
cin.get(chs,20);        //从键盘读入最多 20 个字符,或者以换行符为终止符的多个字符(不包括换
                        //行符).并把它们作为一个字符串存放到字符数组 chs 之中
cout << chs << endl;    //输出读入的字符串
```

执行上面的程序语句，从键盘输入字符串"Welcome to C++!"，然后输入换行符，则输出的字符串为"Welcome to C++!"。

2. istream::getline 函数

istream 类的成员函数 getline 有三个重载版本：

```
istream& getline( char * pch, int nCount, char delim = '\n');
```

```
istream& getline( unsigned char * pch, int nCount, char delim = '\n' );
istream& getline( signed char * pch, int nCount, char delim = '\n' );
```

getline 函数的功能是：从输入流中提取多个字符，这些字符以参数 delim 指定的分界符作为结束标志，或者最多不超过 nCount－1 个字符。提取的字符将作为一个字符串被存放到由字符指针 pch 指向的内存地址之中。其中，参数 delim 的默认值是换行符"\n"。

getline 函数的功能和 get 函数的功能类似，它们的区别是：get 函数从输入流提取的字符中，不包含分界字符；而 getline 函数提取的字符中，包含分界字符，但是该分界字符不被存放到指定的内存中。

3. istream::ignore 函数

istream 类的成员函数 ignore 的函数原型如下：

```
istream& ignore( int nCount = 1, int delim = EOF );
```

ignore 函数的功能是：从输入流中提取并丢弃多个字符；这些字符以参数 delim 指定的分界字符为结束标志，提取字符的个数最多不超过 nCount 个。例如：

```
char chs[50];
cin.ignore(20,' ');          //从输入流中提取并丢弃到空格为止的字符(包括空格),
                             //丢弃的字符最多不超过 20 个
cin.getline(chs,20);         //从输入流中提取到换行符为止的字符,提取的字符个数最多不
                             //超过 20 个,将提取的字符作为一个字符串存放到指针 chs 指向
                             //的内存地址中
cout << chs << endl;
```

执行上面的程序语句，当从键盘输入字符串"Welcome to C++!"时，字符串中的第一个单词"Welcome"和其后的空格将被丢弃。程序的输出为：

```
to C++!
```

4. ostream::put 函数

函数 put 是 ostream 类的成员函数，put 函数的原型为：

```
ostream& put(char ch);
```

put 函数的功能是将单个字符插入到输出流中。例如，下面的语句将在显示器输出大写字母'A'。

```
cout.put('A');
```

I/O 流类库中还定义了许多用于完成磁盘文件输入/输出操作的函数，将在 12.3 节中介绍。

12.3 磁盘文件的输入/输出

有时需要将程序中的数据保存到磁盘文件中，或者是将数据从磁盘文件读入到程序中。C++标准 I/O 流类库中的类 ifstream 用于完成从文件输入数据的操作；类 ofstream 用于向

文件输出数据；而类 fstream 可以同时完成磁盘文件的输入和输出操作；这些类都在头文件 fstream 中定义。

如图 12.2 所示，ifstream 类的父类是 istream 类，ios 类是其祖先类，所以在 istream 类和 ios 类中定义的、用于输入流的格式化标志、操作符和成员函数都可以用于磁盘文件的输入。ofstream 类是 ostream 类的子类，所以在 ostream 类及其祖先类 ios 中定义的、用于输出流的格式化标志、操作符和成员函数都可以用于磁盘文件的输出操作。而在 fstream 类的父类 iostream，及其祖先类 istream、ostream 和 ios 类中定义的所有的格式化标志、操作符和成员函数，都可以用于磁盘文件的输入和输出操作。

12.3.1 打开文件

磁盘文件的输入/输出操作由以下三步构成。

(1) 创建文件输入/输出流对象。

(2) 打开磁盘文件，并将其和上一步创建的输入/输出流对象相关联。

(3) 使用前面介绍的、输入/输出操作符、格式化标志和函数完成输入/输出操作。

首先要创建文件输入/输出流对象。例如：

```
ifstream infile;          //创建输入流对象 infile
ofstream outfile;         //创建输出流对象 outfile
```

第二步要打开一个磁盘文件，并将其和输入/输出流对象相关联。这一步的操作可以使用 ifstream 或者 ofstream 类的成员函数 open 来完成。例如：

```
infile.open("discfile.txt");
```

上面的语句打开名为 discfile.txt 的磁盘文件，并使其和输入流对象 infile 相关联。也可以使用输入/输出流类的构造函数，在创建流对象的同时打开磁盘文件。例如：

```
ofstream outfile("discfile.txt");
```

上面的语句创建输出流对象 outfile，并使其和磁盘文件 discfile.txt 相关联。

打开文件时，可以使用在 ios 类(准确地说是 ios_base 类)中定义的模式常量来指定文件的打开模式。表 12.4 列出了这些模式常量。

表 12.4 打开文件的模式常量

模式常量	功　能
in	打开文件，以进行读操作，是 ifstream 类的构造函数和成员函数 open 使用的默认模式参数
out	打开文件，以进行写操作。如果文件不存在，则新建一个文件，是 ofstream 类的构造函数和成员函数 open 使用的默认模式参数
ate	打开文件，开始读或者在文件的末尾写
app	打开文件，在文件的末尾追加写入
trunc	打开文件，在写之前删除文件内容
nocreate	打开不存在的文件时出错
binary	以二进制模式打开文件

下面的语句创建输出流对象 outfile,同时打开名为 discfile.txt 的磁盘文件,并准备向文件中追加内容。

```
ofstream outfile("discfile.txt" ,ios::app);
```

可以使用按位或运算符(|)将多个模式常量合并在一起使用。例如:

```
ofstream outfile("discfile.dat" ,ios::binary|ios::app);
```

上面的程序语句以二进制模式打开磁盘文件 discfile.dat,并准备向文件追加写入。

可以使用以下几个函数检测是否成功打开了磁盘文件。

```
int good() const;
```

ios 类的成员函数 good 函数用于检测流的状态。当打开磁盘文件成功,流的状态正常时,函数返回非零值;否则返回零。

```
int fail() const;
```

fail 函数也是 ios 类的成员函数,用来检测流的状态。当打开磁盘文件成功,流的状态正常时,函数的返回值为零;否则返回非零值。

```
int is_open() const;
```

ifstream 类和 ofstream 类中都定义了成员函数 is_open,用来检测磁盘文件是否打开成功。如果文件打开成功,则函数返回非零值;否则返回零。

下面的程序中,使用 is_open 函数检测是否成功打开了磁盘文件。

```
ifstream infile;
infile.open("discfile.txt");
if(infile.is_open())
    cout <<"文件打开成功!"<< endl;
else   cout <<"文件打开不成功!"<< endl;
```

12.3.2 数据的存储格式和文件的打开模式

数据存储在磁盘文件中的格式可以是文本格式或者二进制格式。文本格式是指将所有数据都存储为文本,而二进制格式是指存储数据的计算机内部表示的值。

对于字符数据而言,其文本表示和二进制表示是相同的,存储的都是字符的 ASCII 码;而数值型数据的文本表示和二进制表示却不相同,其文本表示是把数值中的每一位都作为字符来存储;例如,以文本格式存储整数−123 时,是将其转换成字符串来存储,即分别存放字符'−''1''2''3'的 ASCII 码值。如图 12.3 所示,图中每个矩形代表 1 字节。

数值数据的二进制表示是指数值在计算机内部的二进制值。例如,以二进制格式存储整数−123 时,是存储该整数的二进制补码。如图 12.4 所示,图中的每个矩形代表 1 字节,最高位是符号位。

00101101	00110001	00110010	00110011

图 12.3 整数−123 的文本表示

11111111	11111111	11111111	10000101

图 12.4 整数−123 的二进制表示

在C++语言中，可以用文本模式和二进制模式来打开一个磁盘文件，默认情况下，磁盘文件以文本模式打开。如果想要以二进制模式打开一个磁盘文件，则应在打开文件时，使用模式常量binary。

将数据存入以二进制模式打开的磁盘文件时，数据的内容和格式不会发生任何改变；当把数据存入以文本模式打开的文件时，有的操作系统(例如MS-DOS)会进行一个隐式的转换——将换行符转换成回车和换行两个字符的组合；当从文本文件读出数据时，再将回车和换行符的组合转换成换行符。这是因为，DOS操作系统的文本文件使用回车符和换行符两个字符的组合表示换行。

数据在文件中的存储格式和打开文件的模式无关，而取决于向文件输出数据时所使用的操作符和函数。当使用格式化插入操作符<<向文件中写入数据时，任何数据都以文本格式被存入文件，例如：

```
int i = - 123;
ofstream  outfile("discfile",ios::binary);
outfile << i;
```

上面的程序段中，先定义一个整型变量i，并将其初始化为－123；再以二进制模式打开一个名为discfile的磁盘文件，并使用插入操作符<<将变量i的值写入磁盘文件。此时，磁盘文件discfile中存放的4字节的内容分别为十六进制值2d，31，32和33，即字符'－''1''2'和'3'的ASCII码值。

当使用ostream类的成员函数write向磁盘文件写入数据时，写入的将是数据在计算机内部的二进制格式。由write函数写入文件的数据，应使用istream类的成员函数read读取。关于函数write和read的使用方法，将在12.3.3节中介绍。

两种不同的文件存储格式都有自己的优点。文本格式便于读取，可以使用文本编辑软件读取和编辑文件。而由于不需要将数值数据转换成字符串或者将字符串转换成数值，所以使用二进制格式存储数值数据的精度高，存取数据的速度较快，占用的存储空间较小，适合存储大量的数据。

12.3.3 文件的输入/输出

如果成功地打开了磁盘文件，就可以使用本章前两节所学的各种操作符、格式化标志和函数进行文件输入/输出操作了。本节中再介绍几个文件输入/输出操作中常用的函数。

在从文件向程序输入数据时，常使用函数eof来判断是否到达了文件的结尾。eof是ios类的成员函数，其函数原型为：

```
int eof() const;
```

若到达了文件的结尾，则eof函数返回非零值；否则返回零。

磁盘文件使用完毕之后，应使用close函数切断流对象和文件的连接，并关闭磁盘文件。ifstream类和ofstream类中都定义了成员函数close，除了可以完成关闭文件的功能外，ofstream类的成员函数close还将输出流中的数据刷新到磁盘文件中。close的函数原型如下：

```
void close();
```

例 12.1 将3个字符串"Hello!""Welcome to C++!""Goodbye!"分为3行写入磁盘文件,再从相同的磁盘文件中读出3行字符串,显示到屏幕上。

程序代码如下。

```
#include < iostream >
#include < fstream >
using namespace std;
void main()
{
    ofstream outfile;                              //创建文件输出流对象
    outfile.open("discfile.txt",ios::app);         //以追加写入的模式打开磁盘文件 discfile.txt
    outfile <<"Hello!\n";                          //向磁盘文件写入字符串
    outfile <<"Welcome to C++!\n";
    outfile <<"Goodbye!\n";
    outfile.close();                               //刷新并关闭磁盘文件
    ifstream infile;                               //创建文件输入流对象
    infile.open("discfile.txt");                   //以读取模式打开磁盘文件 discfile.txt
    if(infile.is_open())                           //检测打开磁盘文件是否成功
        cout <<"文件打开成功!"<< endl;
    else   cout <<"文件打开不成功!"<< endl;
    char str1[50];
    while(!infile.eof())                           //循环直到文件结尾
    {
        infile.getline(str1,30);                   //从文件中读一行字符串到字符数组 str1 中
        cout << str1 << endl;                      //向屏幕输出字符串
    }
    infile.close();                                //关闭磁盘文件
}
```

例12.1程序的运行结果如图12.5所示。

图 12.5 例 12.1 程序的运行结果

从例12.1的程序看出,可以像使用标准输入/输出流对象cin和cout一样地使用文件流对象,唯一的区别是:在程序中,输入/输出流对象infile和outfile代表的是磁盘文件,而不是键盘和显示器。

前面几节中已经介绍了许多用于输入/输出的操作符和函数,例如,提取操作符(>>)、插入操作符(<<)、get函数、getline函数和put函数等。在本节中,再介绍两个函数write和read。

write是ostream类的成员函数,其功能是将内存中指定数目的字节写入磁盘文件中。write函数的函数原型为:

```
ostream& write(const char * pch, int nCount);
```

第一个参数 pch 为写入数据在内存的首地址；第二个参数 nCount 为要写入文件的字节数。

当使用插入操作符(<<)向输出流插入数据时，不论所插入的数据是何种类型，实际插入的都是字符序列。例如：

```
int i = 123;
ofstream fout("test.txt");      //创建文件输出流对象 fout,并将其关联到磁盘文件 test.txt
fout << i;                      //向文件中写入整数 123
```

执行上面的第三条语句时，首先将整数 123 转换成字符序列'1''2'和'3'，然后将它们写入到输出流中。所以，上面的程序语句执行后，文本文件 test.. txt 中的内容是字符串“123”。

而使用 write 函数向输出流写入数据时，只是将数据在内存中的表示形式逐字节地复制到输出流中，而不进行任何转换。例如：

```
int i = 123;
ofstream fout("test.txt");
fout.write((char * )&i, sizeof(i));      //向文件中写入整数 123 在内存中的值
```

上面的第三条语句中，输出流 fout 调用 write 函数，向文件写入整型变量 i=123 在内存中的值。write 函数的第一个参数是变量 i 的内存地址，第二个参数是变量 i 在内存中所占用的字节数。若使用 VC++执行上面的语句，将向磁盘文件 test. txt 写入 4 字节的数据，其中最低字节的值为 7B(十六进制数，十进制值为 123)，其余 3 字节的值都是 00(十六进制表示)。读者可以打开文件 test. txt，并观察其中的内容。

由于 write 函数在向输出流写入数据时，不进行任何转换，所以 write 函数常用于二进制格式文件的输出操作。

read 是 istream 类的成员函数，是 write 函数的逆向操作，其功能是将输出流中一定数目的字节读入到内存中指定的地址中。read 函数的函数原型为：

```
istream& read(char * pch, int nCount);
```

函数的第一个参数 pch 为接受输入的内存首地址，第二个参数为输入的字节数。和 write 函数相同，read 函数也常用于二进制格式文件的输入。

例 12.2 从键盘输入 5 个学生的信息，把它们保存到磁盘文件中，再从磁盘文件中读出每个学生的信息，显示到屏幕上。

分析：为保存学生的基本信息，首先创建结构体类型 StudentInfo，其中的字符数组 name 保存学生的姓名，整型变量 age 保存学生的年龄，字符变量 sex 用来判定学生的性别(字符'm'表示男，字符'f'表示女)。程序中的 student 和 studentcopy 都是结构体 StudentInfo 类型的数组，其中的每个数组元素保存一个学生的信息。student 数组用来接受键盘输入，数组 studentcopy 用于接受磁盘文件的输入。采用二进制文件保存学生信息。使用 write 函数向磁盘文件写入信息时，把表示每个学生信息的结构体记录作为一个整体，一次性写入文件，sizeof 运算符用于获得结构体记录的字节数。

程序代码如下。

```
#include <iostream>
#include <fstream>
#include <iomanip>
using namespace std;
struct StudentInfo
{
   char name[20];
   int  age;
   char sex;
};

void main()
{
   ofstream fout("studentInfo.dat",ios::binary|ios::app); //以二进制模式打开文件准备写入
   struct StudentInfo student[5],studentcopy[5];
   int i;
   for(i = 0;i < 5;i++)          //从键盘输入信息
   {
      cout <<"请输入第"<< i + 1 <<"个学生的信息"<< endl;
      cout <<"姓名:";
      cin >> student[i].name;
      cout <<"年龄:";
      cin >> student[i].age;
      cout <<"性别:";
      cin >> student[i].sex;
   }
   for(i = 0;i < 5;i++)
   {
      fout.write((char * )&(student[i]),sizeof(student[i])); //把一个学生的信息写入文件
   }
   fout.close();
   ifstream fin("studentInfo.dat",ios::binary);  //以二进制模式打开文件准备读取
   if(fin.is_open())
   {
      for(i = 0;i < 5;i++)
      {
         fin.read((char * )&(studentcopy[i]),sizeof(student[i]));
                                             //从文件读取一个学生的信息
      }
   }
   cout << endl;
   cout <<"学生信息"<< endl;
   cout.flags(ios::left);
   cout << setw(10)<<"姓名"<< setw(5)<<"年龄"<< setw(5)<<"性别"<< endl;
   for(i = 0;i < 5;i++)        //向显示器输出学生的成绩
   {
      cout << setw(10)<< studentcopy[i].name << setw(5)<< studentcopy[i].age << setw(5)<<
      studentcopy[i].sex << endl;
   }
   fin.close();
}
```

例 12.2 程序的运行结果如图 12.6 所示。

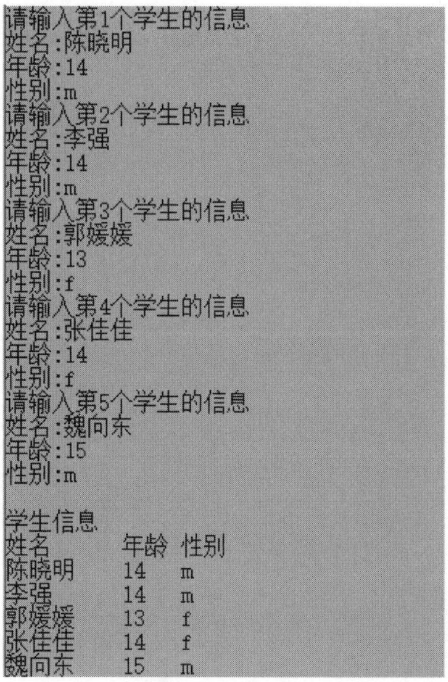

```
请输入第1个学生的信息
姓名:陈晓明
年龄:14
性别:m
请输入第2个学生的信息
姓名:李强
年龄:14
性别:m
请输入第3个学生的信息
姓名:郭媛媛
年龄:13
性别:f
请输入第4个学生的信息
姓名:张佳佳
年龄:14
性别:f
请输入第5个学生的信息
姓名:魏向东
年龄:15
性别:m

学生信息
姓名        年龄 性别
陈晓明      14   m
李强        14   m
郭媛媛      13   f
张佳佳      14   f
魏向东      15   m
```

图 12.6　例 12.2 程序的运行结果

12.3.4　文件指针

12.3.3 节中介绍的文件读写操作,都是对文件进行顺序访问。读文件时,从文件头开始,一直读到文件结尾;写文件时,先删除文件原有的内容,再从文件头开始顺序写入新的内容;若在打开文件时,设置了追加模式符 ios::app,则向文件写入时,将从文件尾部开始,顺序写入新的内容。通过操作文件指针,可以实现对文件的随机访问。本节将介绍文件指针的概念和几个操作文件指针的函数。

文件指针是一个整数,用以标记文件中的相对位置。对应于每个磁盘文件的流对象都有两个文件指针——输入指针(又被称为获取指针)和输出指针(又被称为置入指针)。函数 seekg 和 tellg 用于操作输入指针,而函数 seekp 和 tellp 用于操作输出指针。

函数 seekg 是 istream 类的成员函数,用于设置输入指针在文件中的位置。该函数有两个重载版本,分别为:

```
istream& seekg(streampos pos);
istream& seekg(streamoff off, ios::seek_dir dir);
```

函数参数的类型标示符 streampos 和 streamoff 等价于长整型 long。第一个 seekg 函数只有一个参数,此参数代表从文件头开始的位置(字节数)。第二个 seekg 函数有两个参数,第一个参数 off 表示相对于文件中起始位置的偏移值(字节数),而起始位置由第二个参数指定;第二个参数是枚举类型,其取值只能有如下三种可能。

(1) ios::beg:代表流(文件)的开始位置。

(2) ios::cur:代表流(文件)的当前位置。

(3) ios::end:代表流(文件)的结束位置。

例如：

```
fin.seekg( - 20, ios::end);
```

上面的语句将输入指针设置到从文件尾向前移动20字节的位置。

函数 tellg 也是 istream 类的成员函数，用于获得输入指针的当前值。函数原型为：

```
streampos tellg();
```

函数返回值类型 streampos 等价于长整型 long。

函数 seekp 和 tellp 是 ostream 类的成员函数，分别用来设置和获取文件的输出指针。它们的形式和用法与函数 seekg 和 tellg 相类似。

例 12.3 例 12.2 中创建的二进制文件用来保存学生的基本信息。使用文件指针读取并显示第三个学生的信息。

分析：要从文件中读取第三个学生的信息，必须将文件的输入指针移动到第三个学生信息所在的位置。每个学生的信息所占用的字节数为 sizeof(StudentInfo)，所以文件中存储第三个学生信息的开始位置应为 sizeof(StudentInfo) * 2。执行函数 seekg(sizeof(StudentInfo) * 2)设置输入指针的位置，然后再调用 read 函数读取第三个学生的信息。

程序代码如下。

```
#include <iostream>
#include <fstream>
#include <iomanip>
using namespace std;
struct StudentInfo
{
    char name[20];
    int  age;
    char sex;
};

void main()
{
    ifstream fin("studentInfo.dat",ios::binary);
    fin.seekg(sizeof(StudentInfo) * 2);             //设置输入指针的位置
    struct StudentInfo sti;
    fin.read((char * )&sti,sizeof(StudentInfo));//读取第3个学生的信息
    cout <<"学生信息"<< endl;
    cout.flags(ios::left);
    cout << setw(10)<<"姓名"<< setw(5)<<"年龄"<< setw(5)<<"性别"<< endl;
    cout << setw(10)<< sti.name << setw(5)<< sti.age << setw(5)<< sti.sex << endl;
}
```

例 12.3 程序的运行结果如图 12.7 所示。

```
学生信息
姓名      年龄 性别
郭媛媛    13   f
```

图 12.7 例 12.3 程序的运行结果

小结

C++语言使用一个流类库来实现基本的输入/输出操作。输入/输出流位于程序和输入/输出设备之间,是对输入/输出设备的抽象。从程序的角度看,输入/输出流代表了各种不同的输入/输出设备。

流类库中定义了一系列输入/输出流类。ios 类是所有输入/输出流类的祖先类;istream 和 ostream 类是 ios 类的子类;而 ifstream 和 ofstream 类分别是 istream 类和 ostream 类的子类。

流类库中预定义了几个输入/输出流对象。其中,cin 是 istream 类的对象,代表标准输入设备——键盘;而 cout 是 ostream 类的对象,代表标准输出设备——显示器。

istream 类中重载的提取运算符(>>),用于从输入流中提取数据;ostream 类中重载的插入运算符(<<),用于将数据插入输出流。

ios 类中定义了一系列格式化标志、格式化操作符和函数,用来实现格式化输入/输出操作。

在 istream 类和 ostream 类中定义的 get、getline 和 put 等函数分别用于输入和输出单个字符或字符串。

流类库中的 ifstream、ofstream 和 fstream 类用于控制磁盘文件的输入/输出操作;这些类都在头文件 fstream 中定义。

在读/写磁盘文件时,首先应创建文件 I/O 流对象;并将流对象和打开的磁盘文件相连接;然后就可以使用各种 I/O 操作符和函数完成文件的 I/O 操作。

文件指针用来标记文件中的位置,使用文件指针可以随机地访问磁盘文件。

习题

12.1 什么叫流?简述 C++使用流实现输入/输出的原理。

12.2 cerr 是预定义的输出流对象,用于显示程序运行中的错误信息。简述 cerr 和 cout 的区别。

12.3 当运算符“>>”和“<<”用于输入/输出时叫什么运算符?为什么可以使用它们向输入/输出流中提取和插入数据?

12.4 编写一段程序,以十进制形式输入一个整数,并以八进制形式输出该整数。

12.5 编写一段程序,向显示器输出一组数据,并分别使用格式操作符和输入/输出格式控制函数设置每个输出数据的字段宽度。

12.6 编写一段程序,向显示器输出一个浮点数,并设置其输出的精度。

12.7 简述输入函数 get 和 getline 用于输入字符串时的区别,并使用 getline 函数从键盘输入多行字符串。

12.8 使用输出流,以文本方式创建一个文件 file1.txt,并向其中写入几行字符串;再使用输入流打开文件 file1.txt,并将其中的内容分行读取到一个字符串数组中。向显示器输出该数组中的字符串，验证文件输入/输出操作的正确性。

12.9　打开上题创建的文件 file1.txt，向文件后面添加一行字符串，然后再读出文件的内容，并将其输出到显示器上。

12.10　创建一个 Teacher 类，其中包含表示姓名、年龄和教授课程的数据成员。在程序中创建 5 个 Teacher 类的对象，并将它们的内容写入到一个二进制文件中；然后再将该文件中的内容读出到另外 5 个 Teacher 类的对象中，向显示器输出这些对象的内容，验证输入/输出操作的正确性。

12.11　打开上题中创建的二进制文件，使用文件指针读取其中存放的第 3 个对象，然后将其内容输出到显示器上，以验证输入操作的正确性。

异常处理

异常是指程序运行时出现的错误，例如，除数为零、无法打开文件、数组下标越界等。异常导致程序无法正常运行，健康的程序应该具有处理异常的能力。C++语言提供了一种系统的、面向对象的异常处理机制。本章将进行简要介绍。

13.1 抛出异常

当程序的某个函数中出现异常时，C++异常处理的做法通常不是在出现异常的函数中马上处理异常(除非是 main 函数)，而是将程序的控制和与异常相关的信息传递给**异常处理程序**；异常处理程序通常位于发生异常函数的函数中，或是函数调用链中更上层的函数之中。这个过程称为**抛出异常**。

运算符 throw 用来抛出异常。语法格式为：

```
throw 异常表达式;
```

异常表达式把和异常相关的信息传递给异常处理程序，它可以是任意类型的常量表达式、变量表达式或是异常类的对象。例如：

```
throw 0;
int x = 10;
throw x + 10;
throw"The divisor is zero!!!";
throw DivisorError();
```

上面最后一条语句中的 DivisorError 为异常类的类名，这条语句调用默认的构造函数创建异常类 DivisorError 的一个无名对象，并将该对象传递给异常处理程序。

抛出异常后，当前函数的执行被终止，程序的控制转移到异常处理程序继续执行。

13.2 捕获和处理异常

函数中发生的异常如果想被捕获，函数的调用语句必须放在 try 语句块之中。try 是 C++语言的关键字，通常将有可能发生异常的函数调用语句都放在 try 语句块之中。**try 语句块之后紧跟着一个或者多个 catch 语句块，catch 语句块就是异常处理程序，用来捕获和**

处理在 try 语句块里所调用的函数中抛出的异常；换句话说，catch 只能处理 try 语句块中调用的函数抛出的异常。在捕获到了异常后，异常处理程序通常是将出错的原因告诉用户，也可以终止程序的运行。

catch 必须紧跟在 try 语句块之后，所有的 catch 语句块都必须是连续的，每个 catch 语句捕获一种类型的异常。try-catch 语句块的语法形式如下：

```
try
{   …;
    函数调用语句 1;
    函数调用语句 2;
    …;
}
catch(异常类型 1  异常类对象(变量))
{   异常处理语句;
    …;
}
catch(异常类型 2  异常类对象(变量))
{   异常处理语句;
    …;
}
…
```

catch 语句捕获异常时，catch 语句中的异常类型必须和函数中由 throw 抛出的异常类型相匹配。异常类型匹配的原则如下。

假定 catch 语句中的异常类型为 C，函数中抛出的异常类型为 T，则满足以下条件之一的异常类型 C 和 T 相匹配。

(1) T 和 C 类型相同；

(2) C 中添加了一个 const 限定符(例如，T 为 int 型，C 为 int const 型)；

(3) C 中添加了一个引用限定符 &(例如，T 为 int 型，C 为 int& 型)；

(4) C 是可访问的基类，T 是由它派生的公有子类；

(5) T 和 C 都是数据指针类型，从 T 到 C 存在标准转换(如 T 为 int * 型，C 为 void * 型)。

如果 try 语句块中的语句或调用的函数在运行时没有发生异常，则其后的 catch 语句块中的语句将不会执行。

例 13.1 编写函数 hmean 计算两个实数 a 和 b 的调和平均值。计算实数 a 和 b 的调和平均值的公式为：hmean=2.0×a×b÷(a+b)；a 和 b 的值由键盘输入。当 a=－b 时，除数为零，函数 hmean 抛出异常；在 main 函数中调用函数 hmean 求调和平均值，并处理由函数 hmean 抛出的异常。

程序代码如下。

```
#include <iostream>
using namespace std;
double hmean(double x,double y)
{
    if(x == - y)
```

```
            throw "分子为零!!!";          //当 x == - y 时,抛出异常,异常为字符串类型
        else
            return 2 * x * y/(x + y);
}
int main()
{
    double a,b,aver;
    cout <<"请输入两个实数:(输入任意字母退出程序)\n";
    while(cin >> a >> b)
    {
        try
        {
            aver = hmean(a,b);          //在 try 语句块中调用 hmean 函数
        }
        catch(const char * s)           //在 catch 中捕获并处理异常
        {
            cout << s << endl;          //输出异常信息
            cout <<"请输入两个实数:(输入任意字母退出程序)\n";
            continue;
        }
        cout << a <<"和"<< b <<"的调和平均数为: "<< aver << endl;
        cout <<"请输入两个实数:(输入任意字母退出程序)\n";
    }
}
```

例 13.1 演示了使用 throw-try-catch 语句组实现异常处理的方法。首先把对函数 hmean 的调用放置在 try 语句块之中;运行函数 hmean 时,当输入两个绝对值相等但符号相反的数时,会导致除数为零,将由运算符 throw 抛出异常,main 函数中的 catch 语句将会捕获并处理该异常。图 13.1 为例 13.1 程序的运行结果。

```
请输入两个实数:(输入任意字母退出程序)
5.2
3.6
5.2和3.6的调和平均数为: 4.25455
请输入两个实数:(输入任意字母退出程序)
4.3
-4.3
分子为零!!!
请输入两个实数:(输入任意字母退出程序)
10.5
8.4
10.5和8.4的调和平均数为: 9.33333
请输入两个实数:(输入任意字母退出程序)
q
```

图 13.1 例 13.1 程序的运行结果

13.3 异常的传递途径

如 13.1 节所述,如果在函数中发生了异常,可以用 throw 运算符抛出异常,同时发生异常的函数将被终止运行,程序返回到它的调用函数中,寻找异常处理程序;如果在发生异常函数的调用函数中没有找到相应的异常处理的程序(调用函数中没有 try 和 catch 语句块或者是没有找到和抛出的异常类型相匹配的 catch 语句块),则被抛出的异常对象将沿着函数

的调用链继续向上层的调用函数中传递，并寻找相应的异常处理程序，若找到匹配的 try-catch 语句块，则执行 catch 语句块中的异常处理程序；如果直到最外层的 try-catch 语句块被搜索完，都没有找到异常处理程序，则系统将自动调用 terminate 函数，在 terminate 函数中将调用 abort 函数终止程序的运行。

例 13.2 编写函数 hmean 计算两个实数 a 和 b 的调和平均值。计算实数 a 和 b 的调和平均值的公式为：hmean＝2.0×a×b÷(a＋b)；a 和 b 的值由键盘输入。设计函数 Div 用来完成两个实数的除法，在函数 Div 中如果除数等于 0，则抛出异常；函数 Div 的调用者 hmean 函数中并没有处理该异常，异常将被传递到 main 函数中处理。

程序代码如下。

```
#include <iostream>
using namespace std;
double Div(double dividend, double divisor)
{
    if(divisor == 0)
        throw "分子为零!!!";
    else
        return dividend/divisor;

}
double hmean(double x,double y)
{
    return Div(2 * x * y,x + y);
}
void main()
{
    double a,b,aver;
    cout <<"请输入两个实数:(输入任意字母退出程序)\n";
    while(cin >> a >> b)
    {
      try
      {
         aver = hmean(a,b);              //在 try 语句块中调用 hmean 函数
      }
      catch(const char * s)              //在 catch 中捕获并处理异常
      {
         cout << s << endl;              //输出异常信息
         cout <<"请输入两个实数:(输入任意字母退出程序)\n";
         continue;
      }
      cout << a <<"和"<< b <<"的调和平均数为:"<< aver << endl;
      cout <<"请输入两个实数:(输入任意字母退出程序)\n";
    }
}
```

上面的程序中，在函数 Div 中发生的异常没有在其调用者 hmean 函数中处理，而是被传递到 main 函数中进行处理。

13.4 异常类

通常,需要使用类来描述异常。和 C++标准类型相比,类的对象显然能够携带更多的信息。标准 C++定义了多个异常类,这些类都是 exception 类的派生类,exception 类定义在头文件< exception >中。C++标准库中的异常类层次结构如图 13.2 所示。

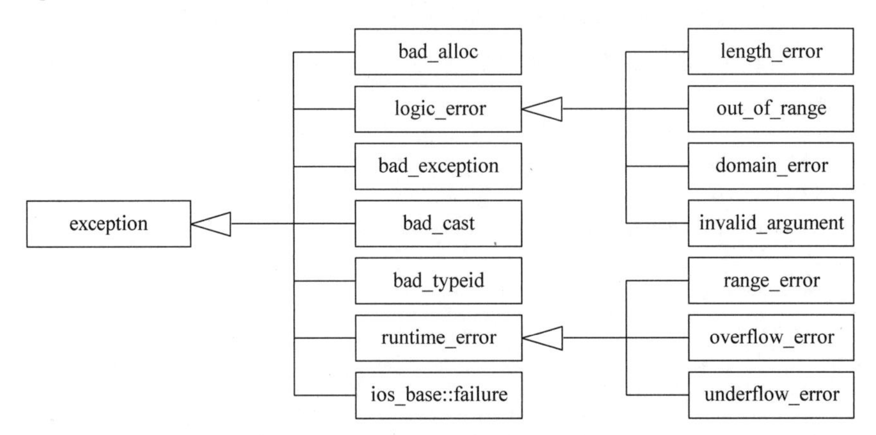

图 13.2 C++标准库异常类层次结构图

要使用 C++标准库中的异常类,就要包含定义这些类的头文件。其中,exception 类和 bad_exception 类在头文件< exception >中定义; bad_alloc 类在头文件 new 中定义; bad_cast 类和 bad_typeid 类在头文件< typeinfo >中定义; ios_base::failure 类在头文件< ios >中定义; 其他的异常类都是 logic_error 类或 runtime_error 类的派生类,它们都在头文件< stdexcept >中定义。

以下简要介绍几个常用的异常类。

当使用 new 操作符动态申请内存失败时,将会抛出一个 bad_alloc 类型的异常。

在程序运行时,当没有足够的空间来执行所需的操作时,将引发一个 length_error 型的异常; 例如,当使用 string 类的 append 函数向字符串的末尾添加新的内容时,如果添加后的字符串长度超过了最大允许的长度时,将引发 length_error 异常。

当数组元素的下标发生越界时,将引发 out_of_range 类型的异常。

当函数的参数超出了定义域时,将引发 domain_error 类型的异常。

异常 invalid_argument 表示给函数传递了无效的参数。

当程序中的计算结果超出了某种类型所能表示的最大值时,将发生 overflow_error 类型的异常; 而当计算结果比浮点数所能表示的最小非零值还小时,将会引发 underflow_error 异常; 如果计算结果不在函数允许的范围之内,但没有发生上溢或下溢时,将引发 range_error 类型的异常。

在程序执行时,如果动态数据类型转换失败,则引发 bad_cast 类型异常。

如果运算符 typeid 的参数为零或空指针,将引发 bad_typeid 类型的异常。

除了可以使用 C++标准库中的异常类之外,程序员也可以自己定义异常类来处理程序中可能发生的异常。例如,对于例 13.1 和例 13.2 中出现的除数为零的异常,可以定义异常类 exceptionOfDivisor 来进行处理。

例 13.3 定义异常类 exceptionOfDivisor,处理计算调和平均值过程中可能出现的除数为零的异常。

程序代码如下。

```
#include <iostream>
#include <string>
using namespace std;
class exceptionOfDivisor                        //定义异常类
{
public:
   exceptionOfDivisor(){ origin = "除数为零";} //默认的构造函数,初始化字符串 origin
   string what(){ return origin;}               //函数 what 用来输出异常的原因
private:
   string origin;                               //字符串 origin 说明引发异常的原因
};
double hmean(double x,double y)
{
   if(x == -y)
     throw exceptionOfDivisor();   //当 x == -y 时,抛出异常类对象
   else
     return 2 * x * y/(x + y);
}
int main()
{
   double a,b,aver;
   cout <<"请输入两个实数:(输入任意字母退出程序)\n";
   while(cin >> a >> b)
   {
     try
     {
       aver = hmean(a,b);                       //在 try 语句块中调用 hmean 函数
     }
     catch(exceptionOfDivisor  ex)             //在 catch 中捕获并处理异常
     {
       cout << ex.what()<< endl;               //输出异常信息
       cout <<"请输入两个实数:(输入任意字母退出程序)\n";
       continue;
     }
     cout << a <<"和"<< b <<"的调和平均数为: "<< aver << endl;
     cout <<"请输入两个实数:(输入任意字母退出程序)\n";
   }
}
```

exceptionOfDivisor 类中的字符串数据成员 origin 存放引发异常的原因,在类的构造函数中对其进行初始化。成员函数 what 返回字符串 origin。

在函数 hmean 中,当用户的输入导致除数为零时,语句 throw exceptionOfDivisor();将创建并抛出一个 exceptionOfDivisor 类的匿名对象。该对象将被 main 函数中的 catch 语句捕获并被传递给对象 ex;在 catch 语句块中,通过对象 ex 调用 exceptionOfDivisor 类的

成员函数 what 显示引发异常的原因。例 13.3 程序的运行结果如图 13.3 所示。

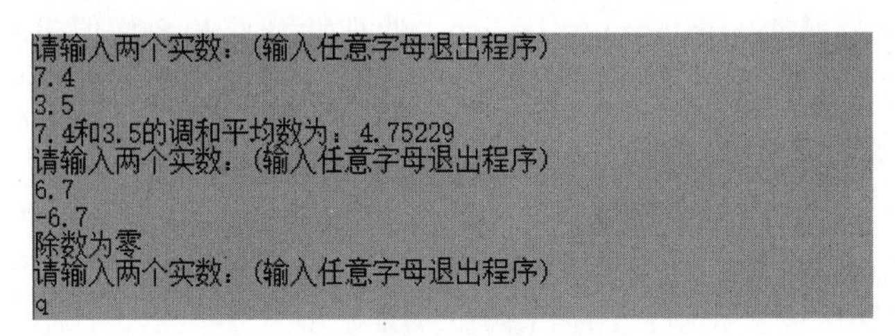

图 13.3　例 13.3 程序的运行结果

小结

异常是程序运行时发生的错误，异常的发生是不可避免的。C++提供了系统的、面向对象的机制来处理异常。

C++的异常处理过程是：有些函数在运行时有可能发生异常，所以在函数内部应设置检测异常的语句；当检测到异常时，并不在函数内部处理异常，而是使用 throw 操作符将异常抛出，传递到调用者函数之中。对这些发生异常函数的调用应该放在 try 语句块之中。如果 try 语句块中调用的函数抛出了异常，那么该异常将被紧跟在 try 语句块之后的某个 catch 语句所捕获；catch 语句捕获到异常后，将在 catch 语句块中对该异常进行处理。如果在调用者函数中没有找到处理异常的 catch 语句，则异常将沿着函数的调用链被传递给更上层的调用者函数，直到找到处理异常的 catch 语句为止。如果直到最外层的 try-catch 语句块被搜索完，都没有找到异常处理程序，则系统将自动调用库函数 terminate，在 terminate 函数中将调用库函数 abort 终止程序的运行。

throw 操作符抛出的异常可以是 C++标准数据类型中的任一种，也可以是类的对象。catch 语句中的异常类型必须和 throw 抛出的异常匹配，才能捕获到异常。

通常将异常定义为类。C++标准库中定义了多个异常类，这些类通过继承组成了一个异常类家族，类家族中的根类是 exception 类。在程序中要使用这些类，必须包含定义它们的头文件。

除了使用 C++标准库中定义的异常类外，程序中也可以自定义异常类来处理异常。

习题

13.1　什么叫作异常？

13.2　简述 C++异常处理机制。

13.3　当程序捕获到异常时，将会抛出异常，该异常对象将会沿着一定的路由进行传播，以搜寻异常处理程序，简述异常传播的路径。

13.4　编写一段程序，从键盘输入一个整数；创建一个异常类来处理输入不在指定范围的异常。

第14章 Windows编程基础

前面的章节中介绍了C++语言的编程原理，本章简要介绍C++语言在实际编程中的一种应用技术——Windows编程。

14.1 事件驱动机制和Windows SDK编程

操作系统是一种重要的系统软件，它负责管理计算机系统的硬件、软件资源，并控制计算机系统的工作流程。没有操作系统，计算机硬件就不能工作，应用程序也不能运行。早期的操作系统都是基于命令流的，比如MS-DOS和早期的UNIX，用户通过从键盘输入各种命令来指挥操作系统控制计算机的运行。而目前占主流地位的是基于图形用户界面的操作系统，主要有Windows、UNIX、Linux等。

Windows是微软公司打造的一款图形界面操作系统，它诞生于20世纪90年代初期，是目前使用最为广泛的操作系统。和传统的操作系统相比，Windows操作系统具有用户界面友好、操作方便、便于学习、更好的设备管理和设备无关性、支持多任务等优点。

为早期的基于命令流的操作系统编制的程序，都是面向过程的，每次运行程序后，程序就从头到尾顺序执行。程序的执行路径是可预测的。

Windows图形界面程序则不是这样的。Windows程序使用**事件驱动模式**，程序开始运行后就停靠于某个界面窗体，等待事件的发生，事件是驱动程序运行的动力，当有事件发生时，程序就执行该事件的处理程序。简单地说，事件就是程序发生某些事情的信号。外部的用户行为，例如，移动鼠标，点击鼠标，按键等，或程序的内部行为，例如，定时器到达所设定的时间值等都可以引发事件。

Windows操作系统为每个正在运行的程序(准确地说是每个线程)创建并维护一个消息队列，当有事件发生时，Windows就向程序的消息队列发送一个消息，而每个Windows应用程序(准确地说是每个线程)都有一个消息循环，消息循环不断地在消息队列中搜索新的消息，如果有新的消息到来，消息循环就将它转发给应用程序，应用程序执行消息处理程序来响应事件，程序也可以不做任何事情来忽略事件。由于Windows操作系统采用消息来通知程序发生了某事件，所以又将这种机制称为**消息驱动机制**。

在MFC(Microsoft Foundation Class Library，微软基础类库)出现以前，绝大多数Windows程序都是使用C或C++语言，通过调用Windows操作系统为编程人员提供的API(Application Programming Interface，应用程序接口)编制而成的。Windows API是

Windows 操作系统提供给编程者的一组函数，应用程序通过调用 API 函数可以实现显示窗体、绘制图形、操作和使用系统资源等目的，这样的程序设计方法称为 Windows SDK 程序设计。

每个 SDK 程序都具有以下两个基本的组成部分。

(1) 应用程序主函数 WinMain;

(2) 窗口过程。

所有的程序都要有一个入口点。例如，前面章节中的 C++控制台应用程序的入口点是 main 函数。而 Windows 程序的入口点是 WinMain 函数。WinMain 函数的作用主要有以下两点。

第一，初始化本次启动的应用程序实例，创建程序主窗口;

第二，启动消息循环。在消息循环中，不断地搜索消息队列，并把其中的消息转交给窗口过程处理。

窗口过程的作用是处理应用程序收到的消息，当收到程序退出的消息时，就终止应用程序的执行。

以下是一个使用 C++语言编写的简单的 Windows 应用程序。程序的执行结果是在屏幕上显示一个窗口，并在窗口的客户区中央显示一行字符"您好，Windows 欢迎您!"。

例 14.1 一个简单的 Windows SDK 程序。

程序的完整代码如下。

```
#include <windows.h>
LRESULT CALLBACK WndProc(HWND,UINT,WPARAM,LPARAM);
int WINAPI WinMain (HINSTANCE hInstance, HINSTANCE hPrevInstance, LPSTR lpszCmdLine, int
                    nCmdShow)
{
    static TCHAR szAppName[ ] = TEXT("HelloWin");
    HWND          hwnd;
    MSG            msg;
    WNDCLASS      wndclass;

    wndclass.style = CS_HREDRAW | CS_VREDRAW;          //窗口样式
    wndclass.lpfnWndProc = WndProc;                    //定义该类窗口的窗口过程
    wndclass.cbClsExtra = 0;
    wndclass.cbWndExtra = 0;
    wndclass. hInstance = hInstance;                   //实例句柄
    wndclass.hIcon = LoadIcon(NULL,IDI_APPLICATION);
    wndclass.hCursor = LoadCursor(NULL, IDC_ARROW);
    wndclass.hbrBackground = (HBRUSH) GetStockObject(WHITE_BRUSH);
    wndclass.lpszMenuName = NULL;
    wndclass.lpszClassName = szAppName;                //窗口类名称

    if(!RegisterClass(&wndclass))
    {
       return 0;
    }

    hwnd = CreateWindow(szAppName,                     //窗口类名
```

```
            "The Hello Program",                    //窗口标题
            WS_OVERLAPPEDWINDOW,                    //窗口样式
            CW_USEDEFAULT,                          //窗口左上角 X 坐标
            CW_USEDEFAULT,                          //窗口左上角 Y 坐标
            CW_USEDEFAULT,                          //窗口宽度
            CW_USEDEFAULT,                          //窗口高度
            NULL,                                   //父窗口句柄
            NULL,                                   //窗口菜单句柄
            hInstance,                              //窗口所属的应用程序实例句柄
            NULL);                                  //创建窗口的参数

    ShowWindow(hwnd,  nCmdShow);
    UpdateWindow(hwnd);                     //向窗口过程发送 WM_PAINT 消息,绘制窗口客户区
    while( GetMessage(&msg, NULL, 0 , 0))           //消息循环
    {
         TranslateMessage(&msg);
         DispatchMessage(&msg);
     }
      return msg.wParam;
}
LRESULT  CALLBACK WndProc(HWND hwnd, UINT message, WPARAM wParam, LPARAM lParam)
{
    HDC          hdc;
    PAINTSTRUCT ps;
    RECT         rect;

    switch(message)
    {
    case WM_PAINT:
          hdc = BeginPaint(hwnd,&ps);
          GetClientRect(hwnd, &rect);
          DrawText(hdc,TEXT("您好, Windows 欢迎您!"), - 1,&rect,DT_SINGLELINE | DT_CENTER |
                             DT_VCENTER);
          EndPaint(hwnd,&ps);
          return 0;
      case WM_DESTROY:
          PostQuitMessage(0);
          return 0;
    }
    return DefWindowProc(hwnd,message,wParam,lParam);
}
```

程序中包含 WinMain 和 WndProc 两个函数,WinMain 是 Windows 应用程序的主函数,WndProc 是接收和处理消息的窗口函数。

程序中的预编译指令"#include < windows.h >"将头文件 windows.h 嵌入到程序之中,这个头文件中定义了 Windows 提供的所有数据类型、符号常量、API 函数原型和数据结构等,每个用 C 或 C++语言编写的 Windows SDK 应用程序都会用到这个文件。

程序中用到了很多 Windows 数据类型,例如,HINSTANCE、HWND、MSG、WNDCLASS、HDC、PAINTSTRUCT、RECT 等。其中,HINSTANCE 为实例句柄,HWND 为窗口句柄,

HDC为设备上下文句柄,分别用来标识程序实例、程序中的Windows窗口和环境设备。而WNDCLASS称为窗口类,它是一种结构体类型,结构体的成员用来描述Windows窗口的属性,包括窗口的风格样式、窗口类的名称以及处理窗口消息的窗口过程名称等内容。MSG也是一种结构体类型,用来描述Windows消息,称为消息结构。这些数据类型的结构定义和详细说明可以通过查阅MSDN(Microsoft Developer Network)来获得。

程序中还用到了许多Windows API函数,例如,RegisterClass函数、CreateWindow函数、ShowWindow函数、UpdateWindow函数、GetMessage函数、DispatchMessage函数和DrawText函数等。其中,RegisterClass函数用来注册窗口类;CreateWindow函数创建一个已经注册成功的窗口,并返回一个唯一标识该窗口的窗口句柄值;ShowWindow函数用来显示窗口;UpdateWindow函数负责向窗口过程发送WM_PAINT消息,以绘制窗口客户区;WinMain函数中的while循环就是程序的消息循环,其中的GetMessage函数的功能是从程序的消息队列中取出一个消息,并使一个名为msg的MSG结构指针指向该消息;而DispatchMessage函数负责将消息发送给窗口函数。这些函数的详细说明也可以通过查阅MSDN(Microsoft Developer Network)来获得。

窗口函数WndProc中,使用一个switch语句来判断消息的类型,并根据消息类型选择执行相应的处理程序。

例14.1程序的运行结果如图14.1所示。

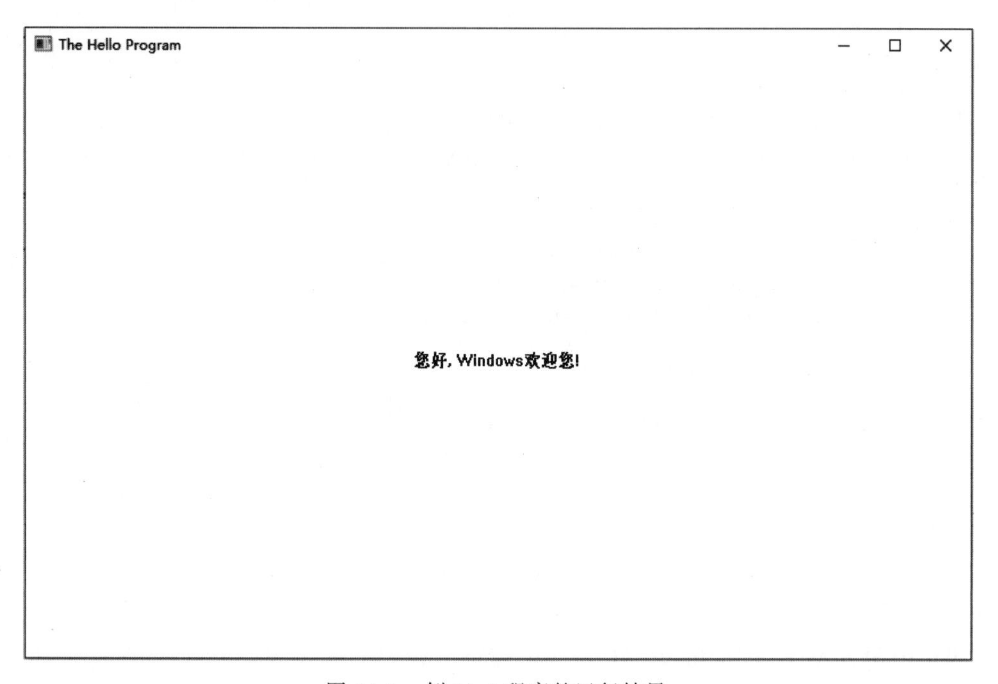

图14.1 例14.1程序的运行结果

注意使用Visual Studio 2015创建这个程序时,应创建一个Win32类型的工程,如图14.2所示。

由于SDK应用程序不是使用面向对象的程序设计方法,在此仅做简要的介绍。

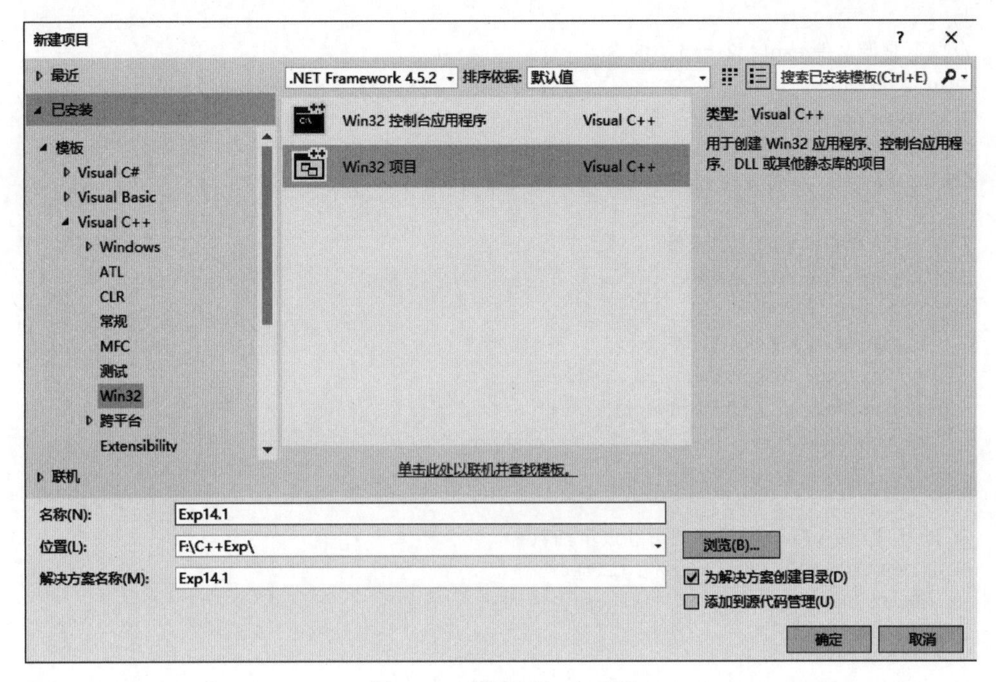

图 14.2 创建 Win32 工程

14.2 MFC

在 14.1 节中,学习了如何编写一个 SDK 风格的 Windows 应用程序。本节学习使用 MFC 设计 Windows 应用程序。

14.2.1 一个简单的 MFC 应用程序

首先看一个简单的 MFC 程序,该程序的功能和 14.1 节中的 SDK 程序完全相同。

例 14.2 使用 MFC 编写简单的 Windows 应用程序。

程序代码如下。

```
//以下是头文件 exp14.2.h 中的内容
class CMyApp : public CWinApp
{
public:
    virtual BOOL InitInstance ();
};
class CMainWindow : public CFrameWnd
{
public:
    CMainWindow ();
protected:
    afx_msg void OnPaint ();
    DECLARE_MESSAGE_MAP ()
```

```
};
//以下是源文件 exp14.2.cpp 中的内容
#include <afxwin.h>
#include "exp14.2.h"

CMyApp myApp;  //首先要创建一个应用程序类实例

//以下是 CMyApp 类的成员函数
BOOL CMyApp::InitInstance ()
{
    m_pMainWnd = new CMainWindow;
    m_pMainWnd->ShowWindow (m_nCmdShow);
    m_pMainWnd->UpdateWindow ();
    return TRUE;
}

// 以下是 CMainWindow 消息映射和成员函数
BEGIN_MESSAGE_MAP (CMainWindow, CFrameWnd)
    ON_WM_PAINT ()
END_MESSAGE_MAP ()

CMainWindow::CMainWindow ()
{
    Create (NULL, _T ("The Hello Application"));
}
void CMainWindow::OnPaint ()
{
    CPaintDC dc (this);
    CRect rect;
    GetClientRect (&rect);
    dc.DrawText (_T ("您好, Windows 欢迎您!"), -1, &rect,
                 DT_SINGLELINE | DT_CENTER | DT_VCENTER);
}
```

程序包含两个文件：头文件 exp14.2.h 和源文件 exp14.2.cpp。程序的运行结果和例 14.1 完全相同。

注意，本程序也要创建 Win32 类型的程序项目。为了使程序能够使用 MFC 中的类，还要进行如下设置。在程序的工作区中，通过选择菜单命令“项目”→“项目属性”打开项目的属性页，在左侧的“配置属性”下拉列表中选中“常规”选项打开“常规”属性页，在右侧的“常规”属性页中找到“MFC 的使用”配置项，并把该项的值修改成“在静态库中使用 MFC”或“在共享 DLL 中使用 MFC”，如图 14.3 所示。

我们看到程序的功能和 14.1 节中的 SDK 程序完全相同，但程序的实现却完全不同。首先，本程序是以面向对象的方法实现的，而且程序中只声明并实现了两个类 CMyApp 和 CMainWindow。于是我们会情不自禁地产生很多疑问：

- 程序的入口点在哪里？
- 主窗口是何时产生的？
- 每个 Windows 程序都具有的、推动程序执行的动力——消息循环怎么不见了？

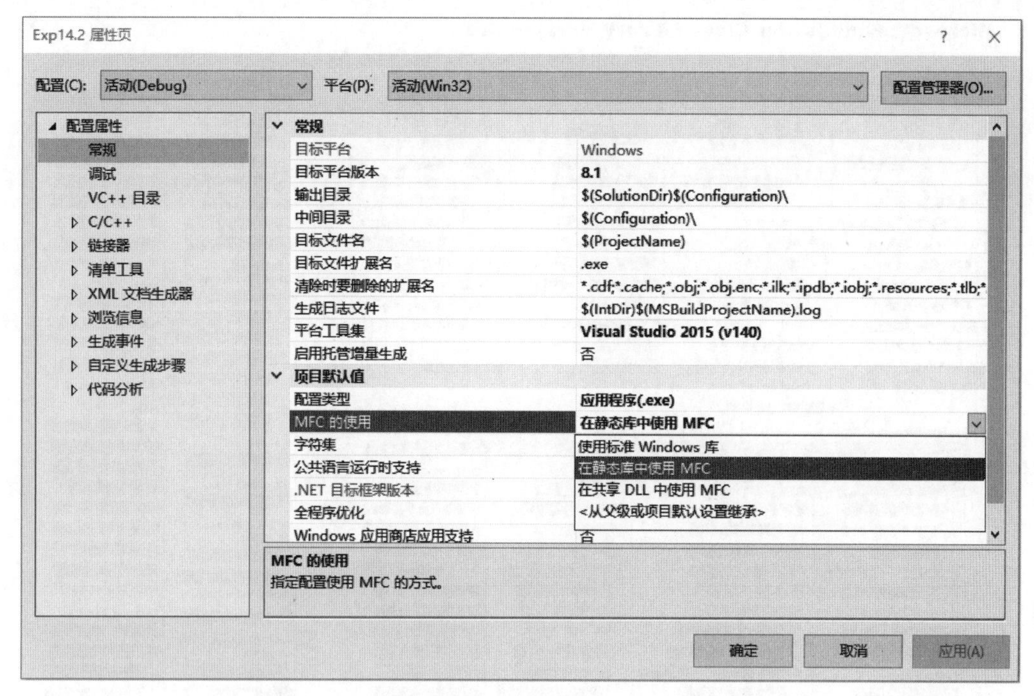

图 14.3 设置 Win32 应用程序,使之能使用 MFC

- 程序中的消息到底是什么?它们是怎样被分发和处理的?

解决上面的问题,就在一定程度上认识了 MFC 程序的本质。以下通过对 MFC 的学习,来揭示这些问题的答案。

14.2.2 MFC 简介

MFC 是 Microsoft Foundation Class Library 的缩写,意指微软基础类库。它是一个用 C++语言编写的庞大的类家族。图 14.4 和图 14.5 是 MFC 的类结构图,图 14.4 列出 MFC 中所有从 CObject 类派生出的类;图 14.5 是 MFC 中所有其他的类,它们都不是 CObject 的派生类。

MFC 是使用面向对象的程序设计技术对 Windows API 函数进行的封装,MFC 中的类提供了 Windows API 的绝大多数功能,同时它又为用户开发 Windows 应用程序提供了一个非常灵活的应用程序框架。

应用程序框架是一个完整的程序模型,具有标准应用软件所需的一切基本功能,例如文件存取、打印预览、数据交换等,以及这些功能的使用接口——菜单、工具栏、状态栏。它由一组合作无间的对象组成,对象间彼此借助消息的流动进行沟通,它们互相配合、协作,来实现程序的功能。MFC 为用户提供了两种类型的应用程序框架:基于对话框的应用程序和基于文档视图结构的应用程序。其中,基于文档视图结构的应用程序又分为两种结构:单文档结构(SDI)和多文档结构(MDI)。当然,程序员在使用 MFC 编写 Windows 应用程序时,也可以像例 14.2 一样不使用它提供的应用程序框架,而只使用其中的类。

下面介绍组成 MFC 应用程序架构的几个主要的类。

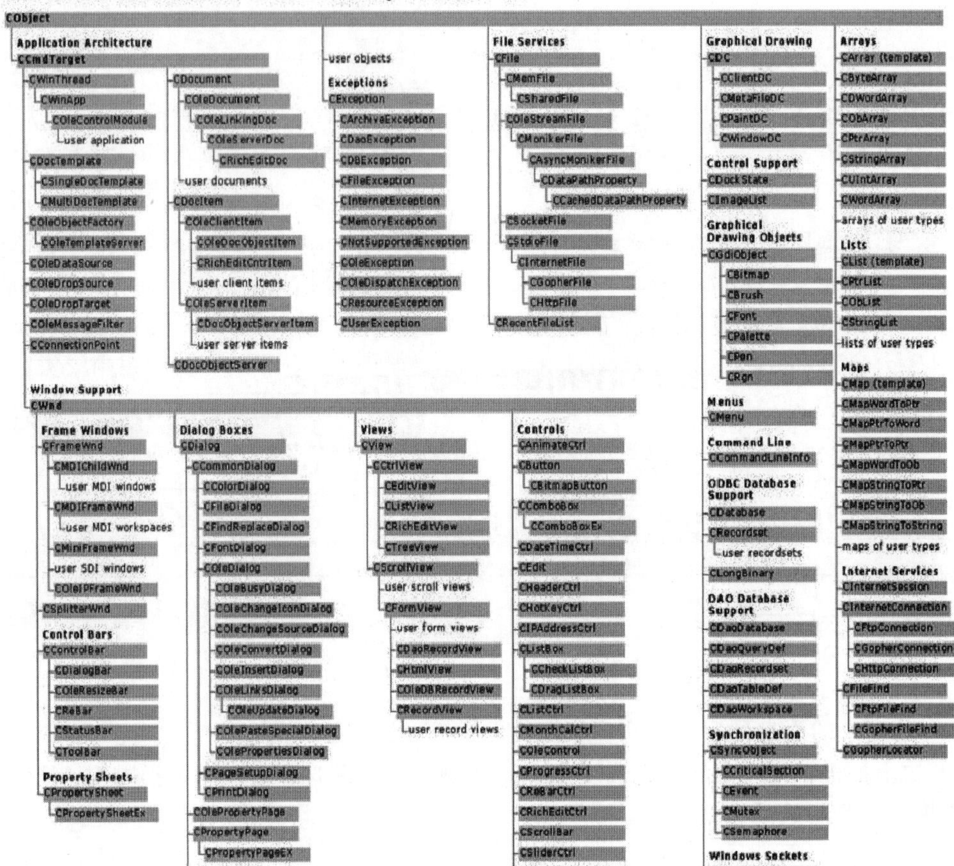

图 14.4 MFC 中所有 CObject 类的派生类(包括 CObject 类)

1. CObject 类

CObject 类是 MFC 中绝大部分类的根类,它为所有的派生类提供如下功能。

(1) 支持类诊断。CObject 类定义了两个虚拟函数 AssertValid 和 Dump，AssertValid 函数在程序运行时,根据类的对象的状态诊断其有效性；Dump 函数在程序调试时,输出对象的状态。

(2) 提供运行时类型信息。如果希望在程序运行时判别某个对象是否属于特定的类,并获得对象的类型信息,则应在该对象所属类的定义中加入 DECLARE_DYNAMIC 宏,在类的实现文件中加入 IMPLEMENT_DYNAMIC 宏,这样在程序运行时,就可以通过调用 IsKindOf 函数,确定对象是否为指定类的对象或对象是否为指定类的派生类的对象。IsKindOf 函数定义在 CObject 类中。例如,在 CSomeClass 类的头文件中：

```
class CSomeClass : public CObject
{
    …
    DECLARE_DYNAMIC(CSomeClass)
    //其他声明
```

```
}
```

在 CSomeClass 类的实现文件中加入：

```
IMPLEMENT_ DYNAMIC(CSomeClass,CObject)
```

则在程序运行时就可以判断一个对象是否属于类 CSomeClass：

```
CObject *    pObject = new CSomeClass;
  …;
If(pObject -> IsKindOf(RUNTIME_CLASS(CSomeClass)))
{
  …;
}
```

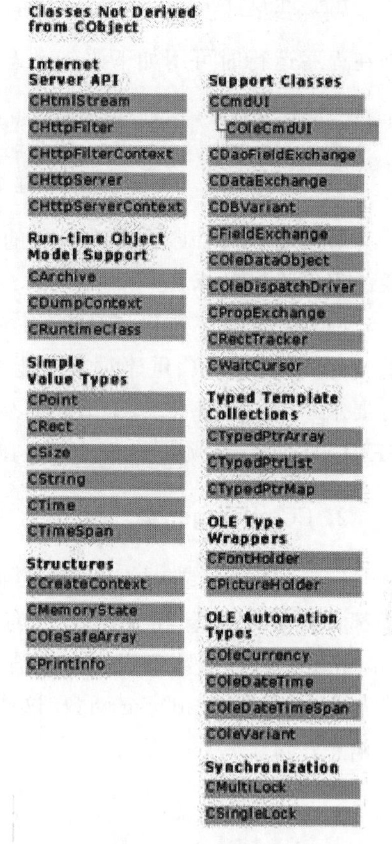

图 14.5　MFC 中所有其他的类(不是 CObject 类的派生类)

(3) 对象的动态创建。这里所说的动态创建，是指在事先不知道类名的情况下，在程序执行时动态地创建类的对象。例如，如果新建一个名为 MyProject 的 SDI 应用程序，则在程序中 MFC 会自动地创建名为 CMyProjectDoc 的文档类和名为 CMyProjectView 的视图类，但在应用程序开始运行时，可能并没有生成这两个类的对象，因为用户并没有指明程序要处理的文档。这时，就需要在程序运行过程中动态地生成这两个类的对象。但是 MFC 预先并不知道用户要给应用程序起什么名字，也就是说，系统预先并不知道 CMyProjectDoc 和 CMyProjectView 这两个类的名字，所以在程序中就不能使用如下的语句创建它们的对象：

```
CMyProjectDoc * someObjectPointer = new CMyProjectDoc;
```

这时就需要该类具有动态创建的能力。

要使一个类具有动态创建的能力，需要在类的定义中添加 DECLARE_DYNCREATE 宏，在类的实现文件中添加 IMPLEMENT_ DYNCREATE 宏。这两个宏的作用是，在类中插入一个 CRuntimeClass 结构的静态的成员变量和用于动态创建类的对象的函数 CreatObject，并且把类的信息——如类名，对象的大小等和 CreatObject 函数的地址写入 CRuntimeClass 结构的静态成员之中，这样在程序运行时，只要得到这个 CRuntimeClass 类型的成员，就可以动态地生成类的对象了。例如，在 CSomeClass 类的头文件中：

```
class CSomeClass : public CObject
{
    …
    DECLARE_DYNCREATE(CSomeClass)
    //其他声明
}
```

在 CSomeClass 类的实现文件中加入：

```
IMPLEMENT_ DYNCREATE(CSomeClass,CObject)
```

则在程序运行时可用如下语句动态生成 CSomeClass 类的对象:

```
CRuntimeClass * pRunInfo = Runtime_Class(CSomeClass);
CObject * pObj = (CObject * )pRunInfo - > CreateObject();
                    /* 动态创建 CSomeClass 类的对象,并用 CObject 类的指针 pObj 指向该对象 */
```

可以看到,MFC 在实现对象的动态创建时,利用了类的静态成员和向上转型等面向对象的程序设计技术。

(4) 对象的序列化。对象的序列化是指把对象保存到文件或其他存储设备以及从存储的文件中读出对象、重建对象的能力。CObject 类定义了 Serialize 函数支持对象的序列化。并要求具有序列化功能的类,必须实现宏 DECLARE_SERIAL 和 IMPLEMENT_SERIAL,而且必须覆盖 Serialize 函数。

2. CCmdTarget 类

CCmdTarget 类是 CObject 类的子类,它封装了 MFC 的消息映射机制,它的所有派生类都具有接收消息和处理消息的能力。CCmdTarget 类中定义了一个重要的虚拟函数 OnCmdMsg,该函数负责把命令消息定位到要处理它的类的对象。应用程序框架中的其他类都覆盖了 OnCmdMsg 函数,这些类中的 OnCmdMsg 函数按照一定的顺序、路径分发命令消息。

3. CWinApp 类

CWinApp 类是 CWinThread 类的子类,同时也是 CCmdTarget 类和 CObject 类的派生类。它代表应用程序本身,是对 SDK 程序中 WinMain 函数功能的封装。它有两个重要的成员函数: 虚拟函数 InitInstance 和虚拟函数 Run。

虚拟函数 InitInstance 在启动运行一个应用程序时首先被调用,负责初始化应用程序实例,并设置、创建运行环境,包括创建程序主窗口。用户如果想在程序启动时初始化某些成员,则需要覆盖基类的 InitInstance 函数。InitInstance 函数退出后,程序就调用 Run 函数进入消息循环。

虚拟函数 Run 负责应用程序实例的消息循环,即反复地从应用程序消息队列提取消息、分发消息,如果当前消息队列中没有消息,则进行空闲处理,直到收到 WM_QUIT 消息退出循环,应用程序的执行随即结束。程序中通常不需要覆盖这个函数。

4. CWnd 类

窗口是 Windows 程序活动的舞台,窗口操作是 Windows 编程的核心内容。CWnd 类是 MFC 中所有窗口类的基类,MFC 中的窗口类指的并不只是出现在屏幕上的窗口,还包括出现在屏幕窗口上的绝大多数的元素,比如一个文本框控件、一个滑动条控件、一个按钮都可以看作是一个窗口,控制它们的类都直接或间接地派生自 CWnd 类。

CWnd 类中定义的窗口操作主要包括: 窗口的创建和销毁、窗口的移动和显示、获取指定的窗口句柄等。例如,下面的一段程序代码创建一个和屏幕大小相等的窗口,然后把它显示出来。其中用到了几个CWnd类的成员函数,其中Create函数用来创建一个窗口对象;成员函数GetDesktopWindow()可以获得指向桌面窗口的指针;成员函数GetWindowRect获得表示窗口宽度和高度的数据信息,并把它们存放在表示矩形的结构体变量中;使用MoveWindow函数可以移动窗口的位置和设置窗口的大小;ShowWindow函数用来显示窗口。

```
CWnd  m_Awindow;
m_Awindow.Create(NULL,"",WS_VISIBLE|WS_OVERLAPPED,CRect(i,0,0,0),this,0x1000) ;
CRect rect ;
m_Awindow .GetDesktopWindow() -> GetWindowRect(rect);
m_Awindow.MoveWindow(0,0, rect.Width(),rect.Height());
m_Awindow. ShowWindow(1);
```

除了窗口操作之外,CWnd类还提供了绘制窗口,为窗口设置定时器,操作窗口子控件,以及处理窗口消息的相关函数。

5. CFrameWnd类

CFrameWnd类是CWnd类的派生类,用于创建应用程序的主框架窗口,它能很好地支持系统菜单和控制条。在文档/视图结构的应用程序中,CFrameWnd作为主窗口,管理视图和文档对象,接受由消息循环发来的消息,处理其中的窗口消息,并把命令消息按照一定的路径分发给视图、文档、框架窗口本身和应用程序对象。可以说在具有主框架窗口的应用程序中(包括文档/视图结构的程序),它取代了SDK程序中窗口函数的作用。

6. CView类

视图类CView是CWnd类的派生类,用于显示和打印文档类中存放的数据,每个视图类对应于唯一的文档类;可以把一个具体的视图类对象理解成文档/视图结构的应用程序中主框架窗口的一个子窗口,主框架窗口可以有很多这样的子窗口。

7. CDocument类

文档类CDocument是CCmdTarget类的子类,用于存放程序中用到的数据。一个文档类可以对应多个视图类。

8. CDocTemplate类

文档模板类CDocTemplate是CCmdTarget类的子类,在文档/视图结构的应用程序中,用于动态地创建和管理主框架窗口对象、文档对象和视图对象。MFC中的其他类在使用时,一般都要派生出相应的子类;而在程序中可直接生成文档模板类CDocTemplate的对象来使用。

9. CDialog类

对话框类CDialog是CWnd类的派生类,它和普通窗口的区别仅在于,对话框是通过对话框模板建立起来的。对话框是最基本的可视化方法,程序员可以通过向对话框模板中添加各种控件来构建一个对话框,然后,只需要一个以模板为实参的创建命令就可以完成对话框窗口及其子控件的创建工作。在基于对话框的应用程序中,主对话框负责接收和分发消息,可以说在基于对话框的应用程序中,主对话框取代了 SDK 程序中窗口函数的作用。

现在通过对 MFC 中几个常用类的介绍,前面已经对 MFC 的应用程序脉络有了一个模糊的认识,CWinApp 类封装 WinMain 函数的功能,CFrameWnd 类和 CDialog 类取代 SDK 程序中窗口函数的功能。

在 MFC 中,除了上面介绍的和建立应用程序框架有关的类以外,还包含其他很多类,分别完成各种不同的功能,如文件类 CFile 分支,绘图设备类 CDC 分支,绘图对象类 CGdiObject 分支,集合类分支,Internet 服务类分支,数据库支持类分支等。

14.2.3 MFC 程序结构分析

下面通过对例 14.2 中程序的分析,回答本节前面提出的几个问题,分析 MFC 程序的执行脉络,以便对 MFC 程序有一个更加透彻的认识。

(1) MFC 程序的入口点在哪里?

和 SDK 风格的程序相类同,MFC 程序的入口点也是 WinMain 函数。但在进入 WinMain 函数之前,一个 MFC 应用程序运行的第一条语句应该是:

```
CMyApp myApp;
```

这条语句首先生成了一个应用程序类的实例,它是一个全局对象,代表本次启动执行的应用程序。

生成应用程序实例后,程序进入 WinMain 函数。MFC 把 WinMain 定义为一个全局函数(不是任何类的成员函数),它的定义被封装在 MFC 的 APPMODUL.CPP 文件中,读者可到 VC++的安装目录中自行查看,在 WinMain 函数中,只有一条语句:

```
return AfxWinMain(hInstance,hPrevInstance,lpCmdLine,nCmdShow);
```

这条语句调用全局函数 AfxWinMain。函数 AfxWinMain 的定义被封装在 MFC 的 WINMAIN.CPP 文件中。

在全局函数 AfxWinMain 中,通过已经生成的应用程序对象 myApp 去调用应用程序类的虚拟函数 InitInstance 来初始化应用程序实例,设置运行环境,创建程序主窗口。然后调用应用程序类的虚拟函数 Run,进入应用程序实例的消息循环。在消息循环之中,消息被从应用程序的消息队列中逐条取出,并被发送给应用程序的消息处理函数;当消息队列中没有消息时,就进行空闲处理;直到收到 WM_QUIT 消息,退出循环,调用应用程序类的虚拟函数 ExitInstance 终止应用程序的执行。以下是 AfxWinMain 函数的代码。

```
int AFXAPI AfxWinMain(HINSTANCE hInstance, HINSTANCE hPrevInstance,
    LPTSTR lpCmdLine, int nCmdShow)
{
    ASSERT(hPrevInstance == NULL);

    int nReturnCode = -1;
    CWinThread * pThread = AfxGetThread();
```

```
    CWinApp * pApp = AfxGetApp();

    // AFX internal initialization
    if (!AfxWinInit(hInstance, hPrevInstance, lpCmdLine, nCmdShow))
        goto InitFailure;

    // App global initializations (rare)
    if (pApp != NULL && !pApp->InitApplication())
        goto InitFailure;

    // Perform specific initializations
    if (!pThread->InitInstance())
    {
        if (pThread->m_pMainWnd != NULL)
        {
            TRACE0("Warning: Destroying non-NULL m_pMainWnd\n");
            pThread->m_pMainWnd->DestroyWindow();
        }
        nReturnCode = pThread->ExitInstance();
        goto InitFailure;
    }
    nReturnCode = pThread->Run();

InitFailure:
#ifdef _DEBUG
    // Check for missing AfxLockTempMap calls
    if (AfxGetModuleThreadState()->m_nTempMapLock != 0)
    {
        TRACE1("Warning: Temp map lock count non-zero (%ld).\n",
            AfxGetModuleThreadState()->m_nTempMapLock);
    }
    AfxLockTempMaps();
    AfxUnlockTempMaps(-1);
    #endif

    AfxWinTerm();
    return nReturnCode;
}
```

(2) 程序的主窗口何时产生?

应用程序的主窗口是在程序进入消息循环之前,进行初始化时产生的。就是在应用程序类的虚拟函数 InitInstance 中,被创建和显示。以下是例 14.2 中的应用程序类 CMyApp 的虚函数 InitInstance:

```
BOOL CMyApp::InitInstance ()
{
    m_pMainWnd = new CMainWindow;
    m_pMainWnd->ShowWindow (m_nCmdShow);
    m_pMainWnd->UpdateWindow ();
    return TRUE;
}
```

其中的m_pMainWnd是应用程序类中的一个指针型数据成员，指向应用程序实例的主窗口。

(3) 每个Windows程序都具备的、推动程序执行的动力——消息循环在哪里？

这个问题的答案已经很清楚了，程序实例的消息循环被封装在应用程序类CWinApp的虚成员函数Run之中，该函数在AfxWinMain函数中完成了对虚拟函数InitInstance的调用之后被调用。

(4) 程序中的消息到底是什么？它们是怎样被分发和处理的？

这个问题将在14.3节中阐明。

14.3 消息映射机制

我们知道Windows程序采用事件驱动模型，当某个事件发生时，Windows系统就把一条消息发送到应用程序的(线程)消息队列，通知应用程序发生了什么事件，然后，由应用程序自己决定如何响应这个事件。

在每个应用程序(线程)中，都应该有一个独立的消息循环；这个消息循环(被封装在CwinApp类的Run函数之中)负责从应用程序的(线程)消息队列中逐条地取出消息，把它们交给应用程序处理；当消息队列中没有消息时，就进行空闲处理；直到接收到WM_QUIT消息时，就退出消息循环，应用程序的执行随即结束。

那么消息到底是什么？

14.3.1 Windows消息

Windows操作系统中的消息分为两大类：系统定义的消息和应用程序自定义的消息。

1. 系统定义的消息

Windows操作系统定义了成百上千个不同的系统消息。每一个系统消息都用一个唯一的标志符常量来表示。这些常量被定义为32位整数。表示消息的标志符分为两部分：前缀和后缀。前缀表示处理该消息的窗口类别，后缀描述了该消息的目的。例如，上例中使用的WM_PAINT消息，前缀WM表示负责处理该消息的窗口为一般窗口，后缀PAINT表示请求窗口绘制其内容。

在Windows操作系统中，为了便于消息的投递，把消息封装在一个MSG结构之中，应用程序为每一条消息在消息队列中放置一个MSG结构变量，MSG结构的定义如下。

```
typedef struct tagMSG {      // msg
    HWND   hwnd;
    UINT   message;
    WPARAM wParam;
    LPARAM lParam;
    DWORD  time;
    POINT  pt;
} MSG;
```

其中 hwnd 为处理该消息的窗口的句柄；message 为消息的唯一标志；wParam 和 lParam 是消息传递的参数，可以是一个整数或指向结构的指针等；time 表示消息投递的时间；pt 表示消息投递时鼠标的位置。

系统定义的消息又可分为如下三类。

（1）窗口消息：和一般的窗口操作有关的消息。例如，创建窗口消息 WM_CREAT，绘制窗口消息 WM_PAINT，移动窗口消息 WM_MOVE，销毁窗口消息 WM_DESTROY 等。窗口消息只能被窗口对象处理。窗口消息标志符形式为 WM_×××，其中，后缀×××的内容与具体的窗口消息有关。

（2）命令消息：是一种特殊的窗口消息，它从一个窗口发送到另一个窗口以处理来自用户的请求。例如，一个单击菜单项的消息，就是一个从菜单窗口发送到父窗口的命令消息。命令消息标志符形式为 WM_COMMAND，wParam 字段的低 16 位为命令 ID，高 16 位为 0，lParam 字段的值为 0L。

（3）控件通知消息：是与控件窗口中某个事件的发生有关的消息。例如，当改变文本框控件窗口的内容时，将产生一个控件通知消息发送给其父窗口；当选中了列表框控件窗口中的某个选项时，也将产生一个控件通知消息发送给其父窗口。控件通知消息的类别比较复杂，这是由于历史原因造成的。目前的控件通知消息存在以下三种格式。

① 第一种控件通知消息的格式为 WM_×××，如 WM_HSCROLL 和 WM_VSCROLL，这两个消息通知父窗口滚动控件沿水平方向和垂直方向滚动窗口。这种控件通知消息和窗口消息的格式完全相同，可以看作是窗口消息集的一部分。

② 第二种控件通知消息的格式为 WM_COMMAND，和命令消息的格式相同，但是消息结构中的附加参数 wParam 和 lParam 与命令消息的附加参数有区别：wParam 的低 16 位为命令 ID，高 16 位为消息通知码；lParam 字段表示控件窗口句柄。例如，一个单击按钮消息，就是从按钮窗口发送到父窗口的控件通知消息。但单击按钮消息也可以看作是一个命令消息。

③ 第三种控件通知消息的格式为 WM_NOTIFY，wParam 字段表示控件 ID，lParam 字段是一个指向 NMHDR 结构的指针。

2. 程序中自定义的消息

这种消息是由编程人员在程序中自己定义的消息，用来指示程序中的某个窗口完成特定的任务，或用来通信。在 Windows 操作系统中，一个消息对应于一个唯一的 32 位整数值。Windows 操作系统保留了从 0X0000 到 0X03FF（WM_USER－1）的值，为以后扩展和添加系统消息使用。同时允许用户在 0X0400（WM_USER）到 0X7FFF 中自定义窗口消息。关于自定义消息的内容，在此不做进一步讨论。

14.3.2 MFC 消息映射机制

到现在为止，我们已经对 Windows 操作系统中的消息有了一个初步的认识。那么当消息被应用程序（线程）的消息循环从消息队列中取出来后，它到底被发送到了什么地方？通过什么机制，可以让消息找到想要处理它的类的对象，以使应用程序对消息做出响应？例如，在例 14.2 中，WM_PAINT 消息的处理函数 OnPaint 被定义在主窗口类 CMainWindow

之中,程序在收到 WM_PAINT 消息后,通过什么机制找到 OnPaint 函数呢?

MFC 使用**消息映射机制**在程序的不同类中查找消息处理函数。所谓消息映射机制就是在能够接收和处理消息的类中,定义一个消息和消息处理函数对照表,叫作消息映射表。然后把该类所要处理的所有消息及其对应的消息处理函数的地址都添加到该表中,当有消息需要处理时,程序只要搜索这个消息映射表,查看表中是否有该消息,就可以知道该类能否处理此消息。如果能处理该消息,则通过该表可以很容易地找到并调用消息处理函数。

MFC 使用一组宏,向类中加入并填写消息映射表。

1. 向类中加入消息映射表

MFC 使用 DECLARE_MESSAGE_MAP 宏向类中加入消息映射表。这个宏必须加入到类的声明中。例如在例 14.2 中,在程序主窗口类 CMainWindow 的声明中,加入 DECLARE_MESSAGE_MAP()宏,如下所示。

```
class CMainWindow : public CFrameWnd
{
public:
    CMainWindow ();
protected:
    afx_msg void OnPaint ();
    DECLARE_MESSAGE_MAP ()                              //在类声明中加入消息映射表
};
```

注意,DECLARE_MESSAGE_MAP 宏应放在类声明的末尾。

DECLARE_MESSAGE_MAP 宏的定义如下。

```
#define DECLARE_MESSAGE_MAP() \
private: \
  static const AFX_MSGMAP_ENTRY _messageEntries[]; \
protected: \
  static AFX_DATA const AFX_MSGMAP messageMap; \
  static const AFX_MSGMAP * PASCAL _GetBaseMessageMap(); \
  virtual const AFX_MSGMAP * GetMessageMap() const; \
```

在例 14.2 中,DECLARE_MESSAGE_MAP 宏的作用是:在类 CMainWindow 中加入了 4 个成员(假定程序中使用动态 MFC 链接库)。

第一个是空的名为_messageEntries 的私有的 AFX_MSGMAP_ENTRY 结构数组,AFX_MSGMAP_ENTRY 结构如下定义:

```
struct AFX_MSGMAP_ENTRY
{
    UINT nMessage;              //Windows 消息
    UINT nCode;                 //控制码或 WM_NOTIFY 消息的通知码
    UINT nID;                   // 控件 ID (如果是窗口消息,其值为 0)
    UINT nLastID;               // 用于指定控件 ID 的范围
    UINT nSig;                  // 指定消息处理函数的类型
    AFX_PMSG pfn;               //指向消息处理函数的指针
};
```

可以看到，一个 AFX_MSGMAP_ENTRY 结构类型的元素把一条消息和该消息的处理函数联系在一起。

第二个是名为 messageMap 的静态 AFX_MSGMAP 结构，这就是本类的消息映射表，其中包含一个指向 AFX_MSGMAP_ENTRY 结构数组的指针和一个指向 AFX_MSGMAP 结构的指针。

第三个是名为 _GetBaseMessageMap 的成员函数，该函数返回一个指向 AFX_MSGMAP 结构的指针，这个指针指向父类的消息映射表。

第四个是名为 GetMessageMap 的虚拟函数，该函数也返回一个指向 AFX_MSGMAP 结构的指针，这个指针返回本类的消息映射表。

展开宏后，类的声明变成：

```
class CMainWindow : public CFrameWnd
{
    public:
                CMainWindow ();
    protected:
                afx_msg void OnPaint ();
    private:
                static const AFX_MSGMAP_ENTRY _messageEntries[];
    protected:
                static AFX_DATA const AFX_MSGMAP messageMap;
                static const AFX_MSGMAP * PASCAL _GetBaseMessageMap();
                virtual const AFX_MSGMAP * GetMessageMap() const;
};
```

2. 初始化并填写消息映射表

MFC 使用 BEGIN_MESSAGE_MAP 宏和 END_MESSAGE_MAP 宏来初始化消息映射表。并使用一组 ON_××××××形式的宏来填写消息映射表，即把消息和处理它的函数地址作为一个消息映射添加到消息映射表中。这些宏应加入到类的实现文件中。

例如，在例 14.2 程序的主窗口类 CMainWindow 的实现文件中，加入三个宏，如下所示。

```
BEGIN_MESSAGE_MAP (CMainWindow, CFrameWnd)
        ON_WM_PAINT ()
END_MESSAGE_MAP ()
```

这 3 个宏的定义如下。

```
#define BEGIN_MESSAGE_MAP(theClass, baseClass) \
  const AFX_MSGMAP * PASCAL theClass::_GetBaseMessageMap() \
      { return &baseClass::messageMap; } \
  const AFX_MSGMAP * theClass::GetMessageMap() const \
      { return &theClass::messageMap; } \
  AFX_COMDAT AFX_DATADEF const AFX_MSGMAP theClass::messageMap = \
  { &theClass::_GetBaseMessageMap, &theClass::_messageEntries[0] }; \
  AFX_COMDAT const AFX_MSGMAP_ENTRY theClass::_messageEntries[] = \
```

```
{ \

#define BEGIN_MESSAGE_MAP(theClass, baseClass) \
  const AFX_MSGMAP * PASCAL theClass::_GetBaseMessageMap() \
       { return &baseClass::messageMap; } \
  const AFX_MSGMAP * theClass::GetMessageMap() const \
       { return &theClass::messageMap; } \
  AFX_COMDAT AFX_DATADEF const AFX_MSGMAP theClass::messageMap = \
  { &theClass::_GetBaseMessageMap, &theClass::_messageEntries[0] }; \
  AFX_COMDAT const AFX_MSGMAP_ENTRY theClass::_messageEntries[] = \
  { \
    #define END_MESSAGE_MAP() \
     {0, 0, 0, 0, AfxSig_end, (AFX_PMSG)0 } \
    }; \

#define ON_WM_PAINT() \
  { WM_PAINT, 0, 0, 0, AfxSig_vv, \
    (AFX_PMSG)(AFX_PMSGW)(void (AFX_MSG_CALL CWnd::*)(void))&OnPaint },
```

可以看到,BEGIN_MESSAGE_MAP(CMainWindow, CFrameWnd)宏做了如下的几个工作。

(1) 初始化类 CMainWindow 的数据成员 messageMap：让 messageMap 中的指向 AFX_MSGMAP 结构的指针指向基类 CFrameWnd 的数据成员 messageMap,这样通过该指针就可以访问基类中的消息映射表。让 messageMap 中的指向 AFX_MSGMAP_ENTRY 结构数组的指针指向本类中的名为_messageEntries 的 AFX_MSGMAP_ENTRY 结构数组,这样使用这个指针就可以访问到本类中的消息映射表。

(2) 实现 GetBaseMessageMap 函数：让它返回指向基类消息映射表的指针。

(3) 实现 GetMessageMap 函数：让它返回指向本类消息映射表的指针。

(4) 和 END_MESSAGE_MAP 宏一起初始化类中的名为_messageEntries 的 AFX_MSGMAP_ENTRY 结构数组成员。END_MESSAGE_MAP 宏使用一个空条目标记数组的结尾。

宏 ON_WM_PAINT 向消息映射表中添加了一条消息映射。

在例 14.2 的程序中,把这 4 条宏展开后的程序完整代码如下。

```
//以下是头文件 exp14.2.h 的内容
class CMyApp : public CWinApp
{
  public:
              virtual BOOL InitInstance ();
};
class CMainWindow : public CFrameWnd
{
  public:
          CMainWindow ();
  protected:
          afx_msg void OnPaint ();
  private:
```

```
        static const AFX_MSGMAP_ENTRY_messageEntries[];
    protected:
        static AFX_DATA const AFX_MSGMAP  messageMap;
        static const AFX_MSGMAP * PASCAL _GetBaseMessageMap();
        virtual const AFX_MSGMAP * GetMessageMap() const;

};
//以下是源文件 exp14.2.cpp 的内容
#include <afxwin.h>
#include "Hello.h"

  CMyApp myApp;

  ////////////////////////////////////////////////////////////////
  //以下是 CMyApp 类的成员函数
  BOOL CMyApp::InitInstance ()
{
      m_pMainWnd = new CMainWindow;
      m_pMainWnd->ShowWindow (m_nCmdShow);
      m_pMainWnd->UpdateWindow ();
      return TRUE;
}
////////////////////////////////////////////////////////////////
// 以下是 CMainWindow 消息映射表和成员函数
const AFX_MSGMAP * PASCAL CMainWindow::_GetBaseMessageMap()
{ return &CFrameWnd::messageMap; }
const AFX_MSGMAP * CMainWindow::GetMessageMap() const
{ return &CMainWindow::messageMap; }
AFX_COMDAT AFX_DATADEF const AFX_MSGMAP CMainWindow::messageMap =
{ &CMainWindow::_GetBaseMessageMap, &CMainWindow::_messageEntries[0] };
AFX_COMDAT const AFX_MSGMAP_ENTRY CMainWindow::_messageEntries[] =
{
    { WM_PAINT,0,0,0,
      AfxSig_vv,(AFX_PMSG)(AFX_PMSGW)(void(AFX_MSG_CALL CWnd:: * )(void))&OnPaint },
    {0, 0, 0, 0, AfxSig_end, (AFX_PMSG)0 }
};

CMainWindow::CMainWindow ()
{
    Create (NULL, _T ("The Hello Application"));
}
void CMainWindow::OnPaint ()
{
    CPaintDC dc (this);
    CRect rect;
    GetClientRect (&rect);
    dc.DrawText (_T ("您好, Windows 欢迎您!"), -1, &rect,
                DT_SINGLELINE | DT_CENTER | DT_VCENTER);
}
```

其中的黑体字部分就是这组宏展开后的形式。一目了然,这组宏的作用就是在类中定义、初始化、添加消息映射表;并且定义和实现了返回基类和本类消息映射表的函数。

通过上面的学习我们知道,MFC 中的一个能接收和处理消息的类,用消息映射表把它要处理的消息和在该类中定义的消息处理函数联系起来。那么当一条消息到来时,就应该在该类的消息映射表中查找是否存在该消息的消息映射,这项查找工作是在 CCmdTarget 类的 OnCmdMsg 函数中完成的。MFC 使用了 C++语言提供的多态和动态绑定技术,让查找消息映射的类调用 CCmdTarget 类的 OnCmdMsg 函数来查找该类及其所有父类的消息映射表。

现在考虑一个问题:在上面的程序中,如果要使 CMyApp 类也具有接收和处理消息的能力,该怎么办呢?

答案很简单,只要在类的声明中添加 DECLARE_MESSAGE_MAP 宏,并在类的实现文件中添加 BEGIN_MESSAGE_MAP 宏和 END_MESSAGE_MAP 宏就可以了。

在例 14.2 的程序中,使用消息映射宏 ON_WM_PAINT()向消息映射表中添加处理 WM_PAINT 消息的消息映射。那么添加其他消息的消息映射宏是什么形式的呢?

对于系统定义的窗口消息 WM_XXX 来说,其消息映射宏的形式为 ON_WM_XXX (),对于系统定义的命令消息来说,其消息映射宏的形式为 ON_COMMAND(命令 ID,消息处理函数),对于不同种类的通知消息而言,都有不同形式的消息映射宏,难道我们要记住所有这些不同形式的消息映射宏吗?答案是不用。因为 VC++的类向导会为我们完成这项任务。Visual Studio 的应用程序向导会为所有能接收和处理消息的类自动地加上 DECLARE_MESSAGE_MAP,BEGIN_MESSAGE_MAP 和 END_MESSAGE_MAP 宏。并且编程者还可以使用类向导来自动地添加消息映射,编程者要做的工作就是在添加了消息映射的类中,实现消息处理函数。

下面看看从消息循环发送出的消息被送到应用程序的什么地方?消息在应用程序中是沿着什么路径来寻找它的处理函数的?

与 SDK 应用程序类似,消息被消息循环发送到指定窗口的窗口过程 WindowProc 函数之中。在 MFC 中,一般窗口类的 WindowProc 函数是一个继承自 CWnd 类的虚函数。在 WindowProc 函数中(通过调用 OnWndMsg 函数),对不同种类的消息进行了判断和转发。以下是各种不同的消息在应用程序框架中寻找消息处理函数的路径:

(1) 如果是普通的窗口消息,则在本窗口类及其所有父类中查找消息处理函数,如果在其中的某个类中找到了消息处理函数,则停止传递该消息,并对消息进行处理;如果所有的类中都没有消息处理函数,则进行默认的消息处理。

(2) 如果是命令消息,则调用该窗口类的 onCmdMsg 方法,按照一定的路径,在应用程序的各个类中,寻找处理该消息的函数。一旦在某个类中找到了消息处理函数,则停止传递该消息,并对消息进行处理;如果在消息传递路径中的所有类中,都没有该消息的处理函数,则使该命令对应的界面元素变灰。在不同类型的应用程序当中寻找消息处理函数的路径如下所示。

① 在文档/视图类的应用程序中,如果接收消息的窗口是主框架窗口,则寻找消息处理函数的路径是:视图类及其父类→文档类及其父类→文档模板类及其父类→主框架类及其父类→应用程序类及其父类。

② 在文档/视图类的应用程序中,如果接收消息的窗口是视图类,则寻找消息处理函数

的路径是：视图类及其父类→文档类及其父类→文档模板类及其父类。这种情况在实际的程序设计中较少发生，一般的命令消息都被发送给主框架窗口。

③ 在文档/视图类的应用程序中，如果接收消息的窗口是主框架窗口的一个对话框子窗口，则寻找消息处理函数的路径是：程序中的对话框类及其父类→视图类及其父类→文档类及其父类→文档模板类及其父类→主框架类及其父类→应用程序类及其父类。其中按钮消息比较特殊，它只在其父类对话框中进行寻找。

④ 在基于对话框的应用程序中，如果接收消息的窗口是程序的主对话框，则寻找消息处理函数的路径是：主对话框及其父类→应用程序类及其父类。

对命令消息传递路径的控制是在各个类的一个继承自 CcmdTarget 的虚拟函数 OnCmdMsg 中实现的。以下是在 CFrameWnd 类中的 OnCmdMsg 函数。

```
BOOL CFrameWnd::OnCmdMsg(UINT nID, int nCode, void * pExtra,
    AFX_CMDHANDLERINFO * pHandlerInfo)
{
    CPushRoutingFrame push(this);
    //先把消息传递给(泵入)当前的视图对象
    CView * pView = GetActiveView();
    if (pView != NULL && pView -> OnCmdMsg(nID, nCode, pExtra, pHandlerInfo))
        return TRUE;
    //然后把消息传递(泵入)给框架窗体对象
    if (CWnd::OnCmdMsg(nID, nCode, pExtra, pHandlerInfo))
        return TRUE;

    //最后同样重要的是,把消息传递给应用程序对象
    CWinApp * pApp = AfxGetApp();
    if (pApp != NULL && pApp -> OnCmdMsg(nID, nCode, pExtra, pHandlerInfo))
        return TRUE;
    return FALSE;
}
```

所以如果想在应用程序中，改变命令消息传递路由的话，请覆盖程序中的主窗口派生类的 OnCmdMsg 函数。

(3) 如果是控件通知消息，首先把消息由父窗口反射给控件所属的类，在该类中寻找消息处理函数。如果该类中没有消息处理函数，则再把它传回父类窗口，按照命令消息的传递路径，在程序的各个类中寻找消息处理函数。

14.4 Windows 程序实例

通过前面几节的学习，基本了解了 MFC 应用程序的运行原理。本节以一个简单的例程说明使用 Visual Studio 2015 编程环境创建 MFC 应用程序的过程。

Visual Studio 2015 是由微软公司开发的 Visual Studio 系列开发工具之一，其功能强大，不仅可以用于开发 C++应用程序，也可以开发 C#、VB、VF 等各种不同语言类型的应用程序。Visual Studio 2015 包含企业版、专业版、社区版等几个不同的版本，其中社区版是免费的版本，可以到微软的官方网站下载使用，也可以下载、安装和使用其他版本的试用版本。

例 14.3 编写一个具有简单计算功能的 Windows 小程序。程序运行时,用户可以从键盘输入两个整数,程序根据用户的选择,计算并显示两个整数的和、差、积、商。

解题分析:

根据题目要求可知,程序运行时要在窗口中接收用户输入,并将结果在窗口中输出。所以应建立一个基于对话框的应用程序。

使用 VS2015 的应用程序向导创建程序时,程序的主体结构已经由应用程序向导自动生成。编程者要做的工作主要包含以下几步。

(1) 向对话框模板中添加控件,设计程序的主窗体。

(2) 使用类向导为控件绑定相应的变量。

(3) 使用类向导为要处理的消息添加消息处理函数,并具体实现这些函数。

程序创建步骤如下。

(1) 启动 Visual Studio 2015,新建一个"MFC 应用程序"类型的项目 Exp14.3(Visual Studio 2015 中的一个"项目"就是一个应用程序),如图 14.6 所示。

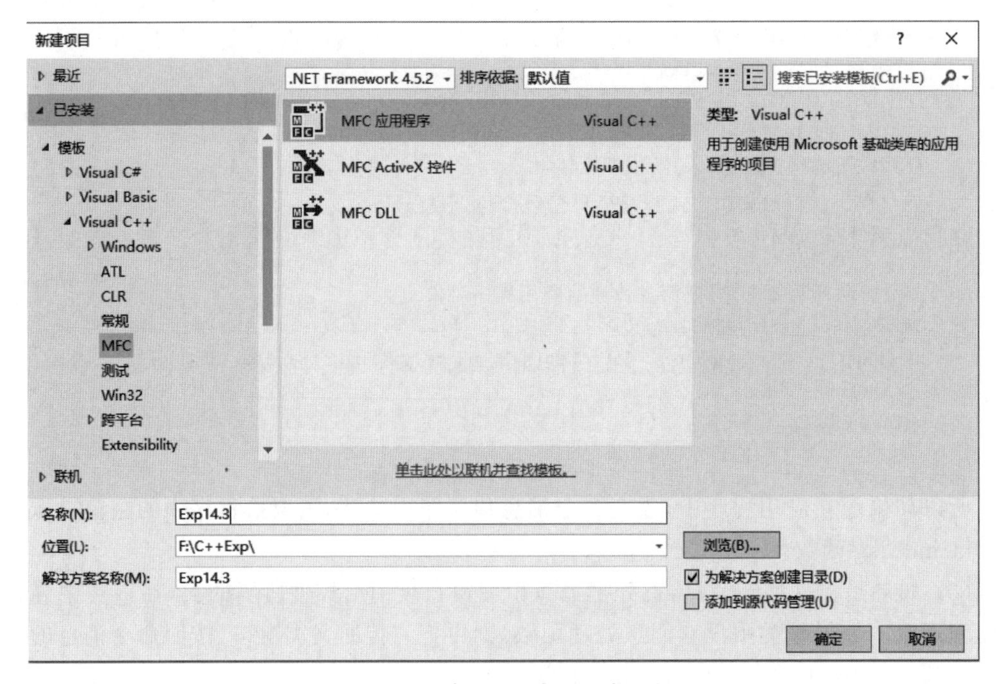

图 14.6 创建"MFC 应用程序"项目

(2) 单击"确定"按钮,打开"MFC 应用程序向导",MFC 应用程序向导由一系列对话框组成,它帮助程序员建立和设置一个 MFC 应用程序,如图 14.7 所示。

(3) 单击"下一步"按钮进入"应用程序类型"对话框,程序员使用此对话框设置应用程序的类型。MFC 应用程序共有 4 种类型:单文档程序、多文档程序、基于对话框的应用程序、基于多个顶级文档的应用程序。在此选择"基于对话框"的应用程序类型,如图 14.8 所示。

(4) 单击"下一步"按钮进入"用户界面功能"对话框,此对话框用来设置程序的界面样式,程序员可以根据用户的要求和自己的喜好选择界面元素的样式,如图 14.9 所示。

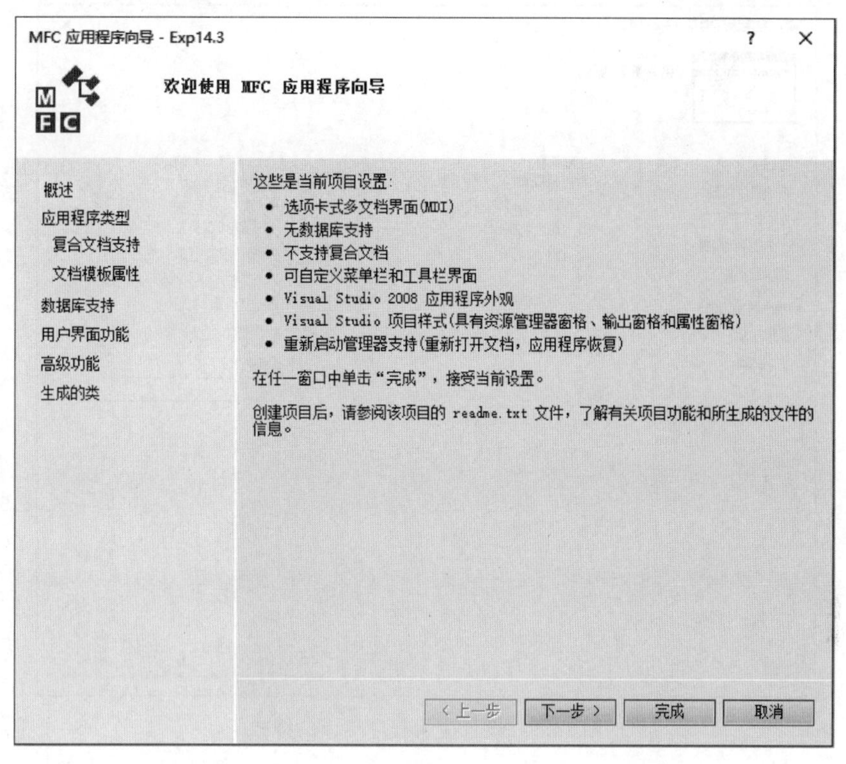

图 14.7 使用“MFC 应用程序向导”建立 MFC 应用程序

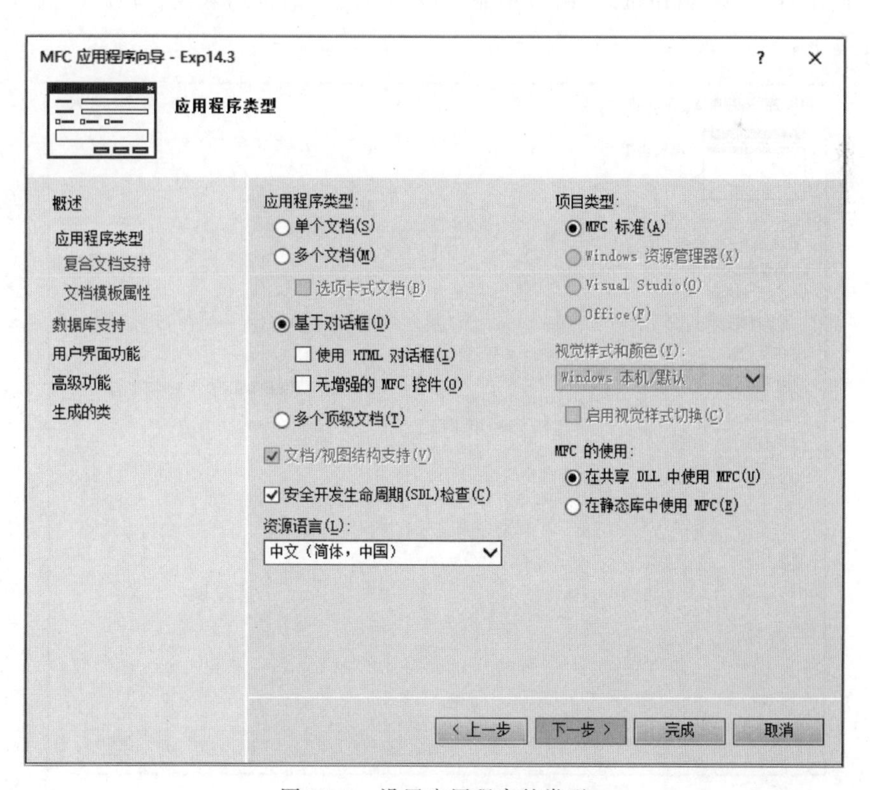

图 14.8 设置应用程序的类型

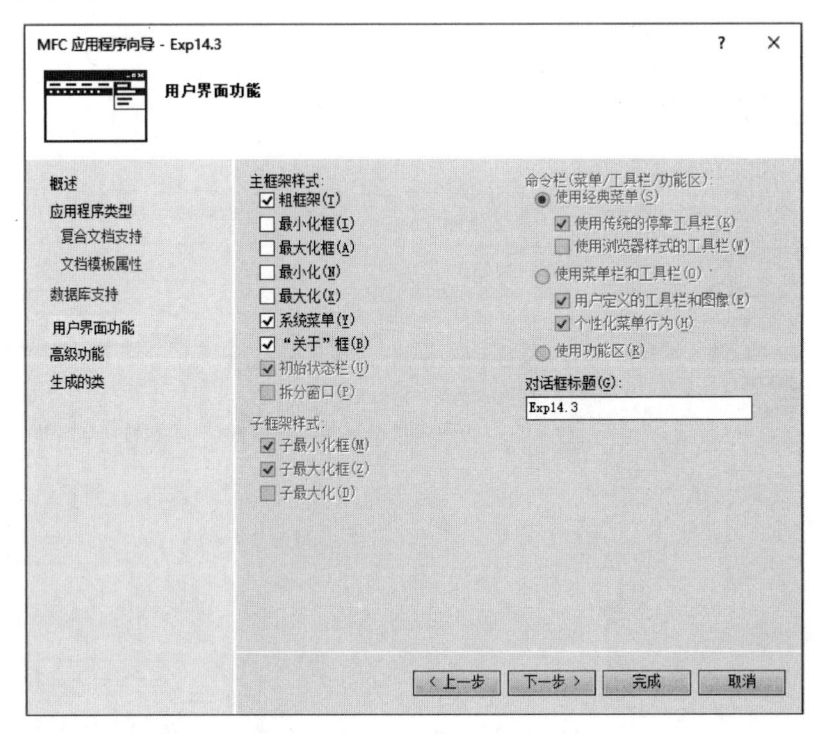

图 14.9 设置应用程序界面的样式

(5) 单击“下一步”按钮进入“高级功能”对话框,此对话框用来设置程序的高级功能,如图 14.10 所示。

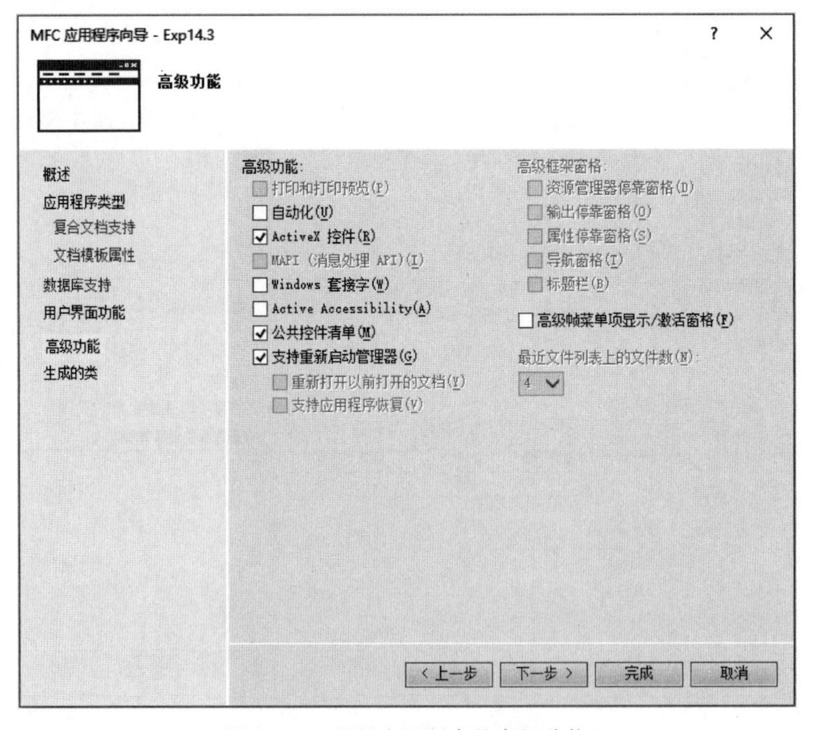

图 14.10 设置应用程序的高级功能

(6) 单击“下一步”按钮进入“生成的类”对话框,此对话框是“MFC 应用程序向导”的最后一个对话框,其中显示了程序中所有的类,这些类都是“MFC 应用程序向导”根据前几步的设置自动生成的。本程序中包含两个类:CExp143App 类和 CExp143Dlg 类,如图 14.11 所示。

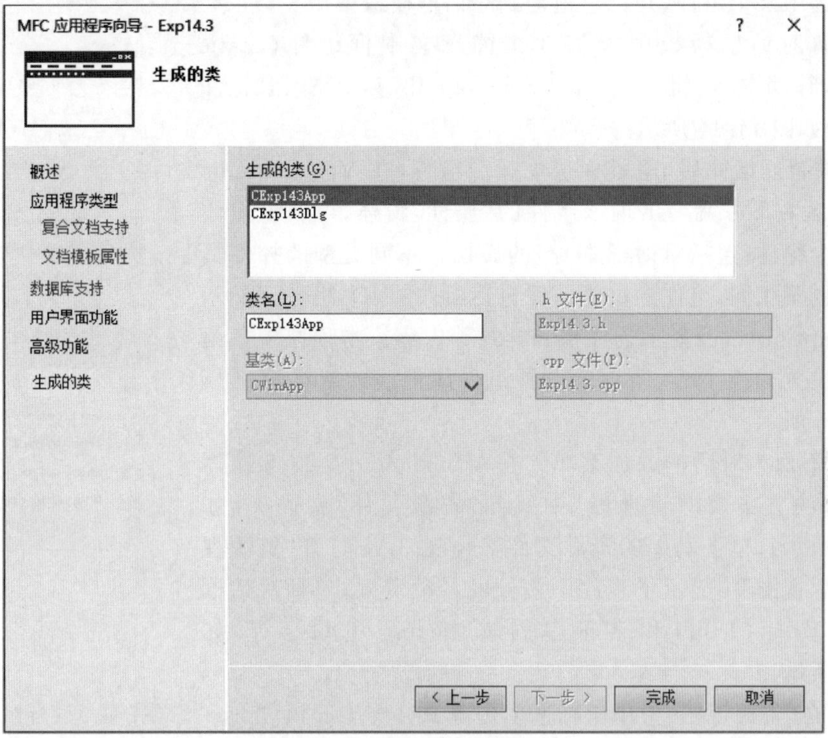

图 14.11 应用程序中的类

(7) 单击“完成”按钮关闭应用程序向导。此时在 Visual Studio 2015 的工作区中将出现一个对话框模板,如图 14.12 所示。删除对话框模板中的现有内容,再向其中添加组件。

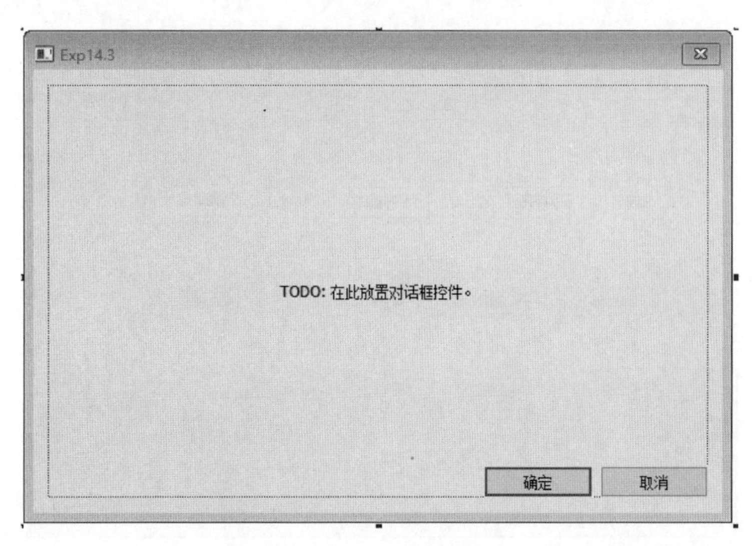

图 14.12 对话框模板

为此需要打开停靠在 Visual Studio 2015 窗体左边沿的“工具箱”,并将其设置为浮动状态。如图 14.13 所示,工具箱中包括所有可以添加到对话框模板中的图形用户界面组件,程序员可以在其中选中某个组件,并把它拖动到对话框模板中。

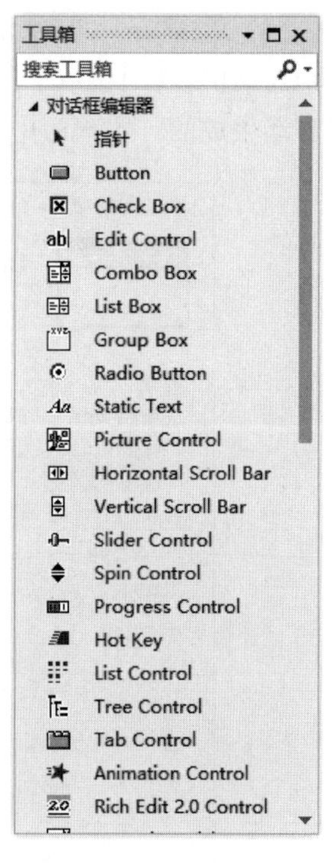

图 14.13 工具箱

(8) 向对话框模板中添加 3 个静态文本框组件(Static Text)、3 个编辑框组件(Edit Control)和 4 个按钮组件(Button),如图 14.14 所示。

(9) 放置好组件后,用鼠标选中某个组件,在 Visual Studio 2015 工作区右下方就会出现该组件的“属性”窗体,可在该窗体中设置每个组件(包括对话框本身)的属性。不同类型的控件具有的属性也不相同,组件的重要属性包括组件的 ID、组件上显示的文本(Caption)以及显示的风格和样式等内容。本程序中各组件的属性设置如表 14.1 所示。设置组件属性后的对话框模板如图 14.15 所示。

(10) 下面为对话框添加菜单。在 Visual Studio 2015 窗体右侧的“解决方案资源管理器”中找到“资源文件”文件夹(如图 14.16 所示),单击其中的资源文件 Exp14.3.rc 打开“资源视图”。“资源视图”中显示了程序中用到的各种资源,包括对话框(Dialog)、图标(Icon)和字符串列表(String Table)等,如图 14.17 所示。

(11) 在“资源视图”中用鼠标选中资源文件夹 Exp14.3.rc *,单击鼠标右键,在弹出菜单中选择“添加资源”,打开“添加资源”对话框,选择其中的 Menu(菜单资源),单击右侧的“新建”按钮,为程序添加一个 ID 为 IDR_MENU1 的菜单,如图 14.18 所示。此时,在 Visual Studio 2015 的工作区窗体中会出现“菜单编辑器”,使用它可以编辑菜单并设置菜单项的属性。

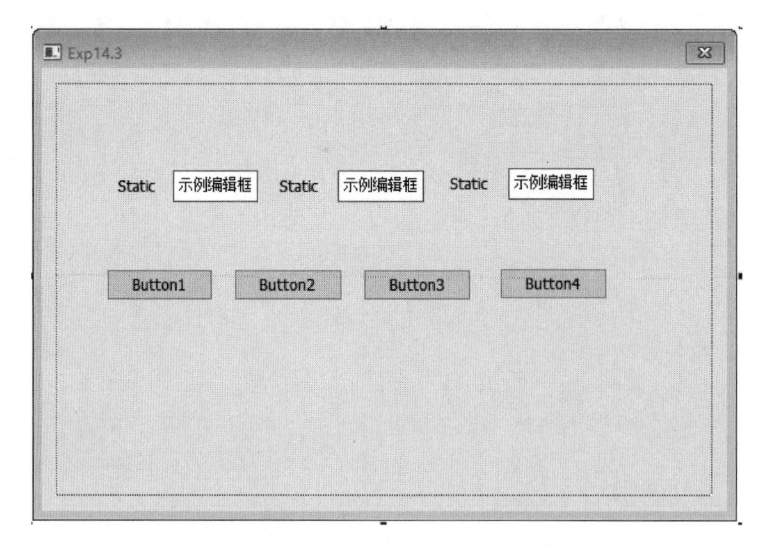

图 14.14 在对话框模板中放置组件

表 14.1　组件属性列表

组件 ID	组 件 类 型	组件上显示的文本
IDC_STATIC	Static Text	操作数 1
IDC_STATIC	Static Text	操作数 2
IDC_STATIC	Static Text	运算结果
IDC_OP1	Edit Box	
IDC_OP2	Edit Box	
IDC_RESULT	Edit Box	
IDC_ADDBUTTON	Button	+
IDC_SUBBUTTON	Button	—
IDC_MULBUTTON	Button	*
IDC_DIVBUTTON	Button	/

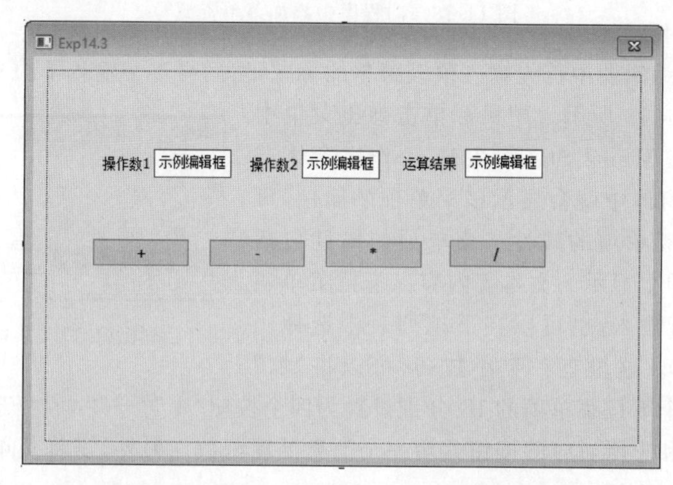

图 14.15　设置组件属性后的对话框模板

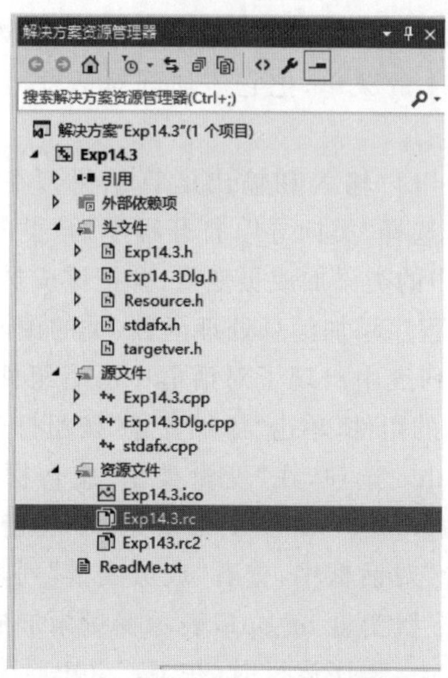

图 14.16　解决方案资源管理器

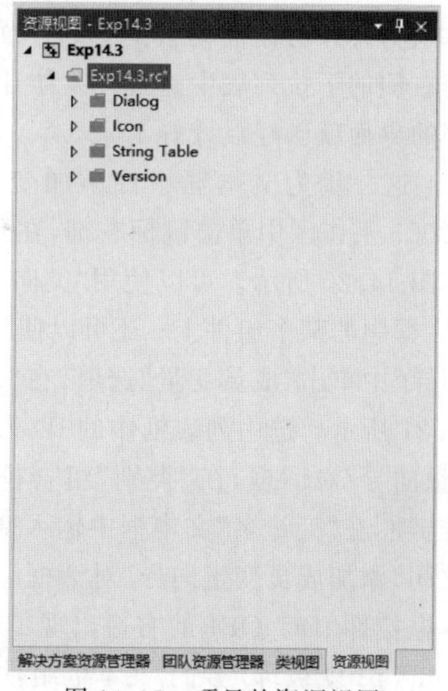

图 14.17　项目的资源视图

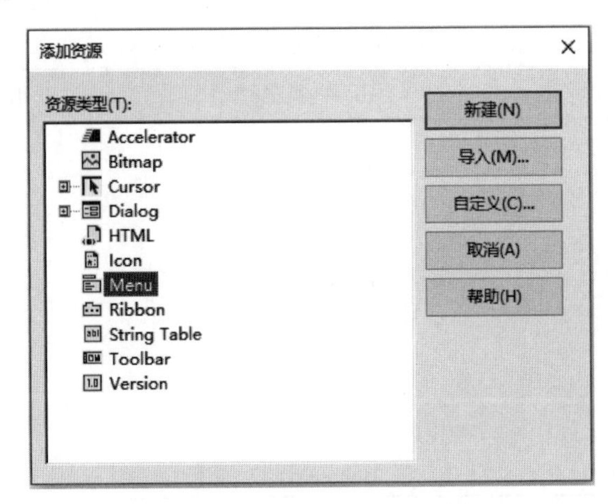

图 14.18 向程序中添加菜单资源

(12) 在菜单编辑器中首先输入顶级菜单的标题,然后再逐一输入下拉菜单中每个菜单项的标题,如图 14.19 所示。用鼠标单击弹出菜单中的一个菜单项,在 Visual Studio 2015 工作区窗体右侧下方的“属性”窗体中就会显示该菜单项的属性,可以在此设置每个菜单项的属性。菜单项的属性包括菜单项的 ID,菜单上显示的文本等内容。下拉菜单项的 ID 既可以自行输入,也可以在下拉列表中选择一个已经存在的 ID。这里有一个小技巧,可以将“加”“减”“乘”“除”四个下拉菜单项的 ID 分别设置为四个按钮“+”“-”“*”“/”的 ID,这样做的目的是使菜单项和它所对应的按钮共用一个消息处理函数。另外,需将菜单项“退出”的 ID 选择为 ID_APP_EXIT。

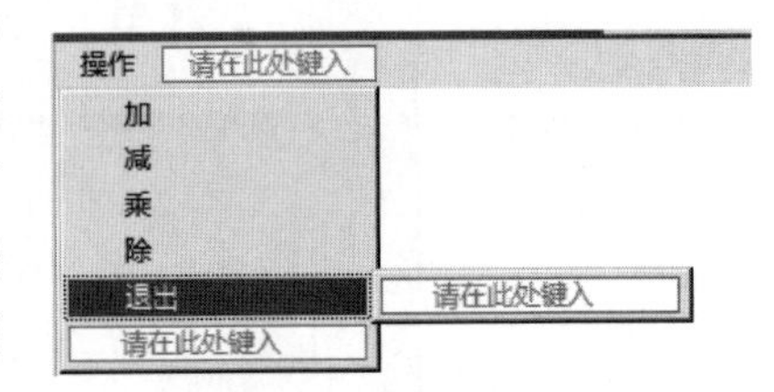

图 14.19 菜单编辑器

(13) 下面为对话框添加菜单。在 Visual Studio 2015 的工作区中打开对话框模板,用鼠标选中它,打开对话框模板的“属性”窗体,设置对话框的属性。选中对话框的 Menu 属性,在其右侧的下拉列表中选择 ID 为 IDR_MENU1 的菜单,把它添加到对话框。到此为止,程序的界面就已经设计好了。

(14) 这一步为文本框组件添加变量,以接收用户输入和输出运算结果。在 Visual Studio 2015 工作区中单击鼠标右键,在弹出菜单中选择“类向导”,打开程序的“类向导”对话框,如图 14.20 所示。可以使用“类向导”为程序中的类添加成员变量,并把该成员变量绑定到对话框中的某个组件上;还可以使用类向导为程序添加消息处理函数、类的虚函数等。在“类向导”中单击“成员变量”选项,在“成员变量”列表中出现了对话框中所有组件的 ID,如图 14.21 所示。选中列表框中的 ID 为 IDC_OP1 的组件,单击“添加变量”按钮打开“添加成员变量向导”对话框,在“类别”组合框中选择 Value 选项,在“变量类型”组合框中选择 double 选项,在“变量名”文本框中输入变量的名字“m_op1”,如图 14.22 所示。单击“完成”按钮,关闭“添加成员变量向导”对话框。在“类向导”对话框中,查看“成员变量”列表框,其中,文本框控件 IDC_OP1 的右边出现了一个 double 型变量 m_op1,表示变量添加成功,这样变量 m_op1 就被绑定到了文本框组件 IDC_OP1 上,程序运行时,在 IDC_OP1 上输入或输出的浮点数值都存放在变量 m_op1 之中。

图 14.20 “类向导”对话框

(15) 按第(14)步的方法，分别为文本框控件 IDC_OP2 和 IDC_RESULT 添加 double 型变量 m_op2 和 m_result。

(16) 使用应用程序向导生成 MFC 应用程序时，程序的绝大部分代码已经由应用程序向导自动生成，程序员要做的，就是编辑程序界面和编写消息处理函数。下面学习使用类向导向程序中添加消息处理函数，并且编写该函数以实现程序的功能。在“类向导”对话框中，选择“命令”选项卡，在“对象 ID”列表中选中按钮“+”的 ID——IDC_ADDBUTTON，在“消息”列表框中选中鼠标单击消息 BN_CLICKED，如图 14.23 所示。单击“添加处理程序”按钮打开“添加成员函数”对话框，使用默认的函数名 OnClickedAddbutton 为“+”按钮添加一个鼠标单击事件的消息处理函数，如图 14.24 所示。单击“确定”按钮退回到“类向导”，完成函数的添加。

(17) 在“类向导”的“成员函数”列表框中选择第(16)步添加的函数 OnClickedAddbutton，单击“编辑代码”按钮，打开程序代码编辑器，如图 14.25 所示。可以看到，类向导已经为对话框类 CExp143Dlg 生成了一个空的成员函数 OnClickedAddbutton()(如图 14.26 所示)，向该函数中加入下面的语句：

图 14.21 使用类向导为组件绑定变量

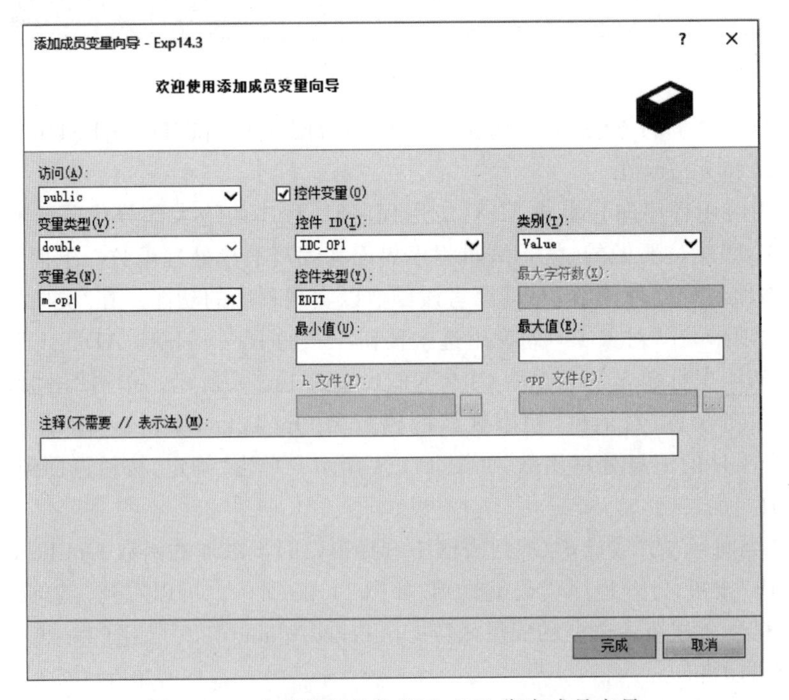

图 14.22 为编辑框组件 IDC_OP1 绑定成员变量

图 14.23 使用类向导添加“+”按钮单击事件的处理函数

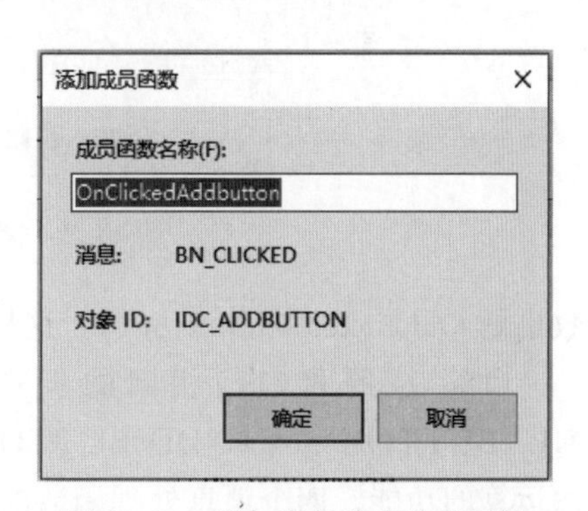

图 14.24 添加事件消息处理函数

```
UpdateData(true);
m_result = m_op1 + m_op2;
UpdateData(false);
```

程序语句中的 UpdateData 函数用来更新对话框中的数据。当函数的参数为 true 时，UpdateData 函数将组件中的数据更新到它们对应的变量中，例如，当程序运行时，用户向文本框组件 IDC_OP1 输入浮点数 10.5，执行语句“UpdateData(true);”之后，浮点值 10.5 将被赋值给变量 m_op1；当函数的参数为 false 时，UpdateData 函数将变量的值更新到它所对应的控件之中。例如，如果用户向文本框组件 IDC_OP1 和 IDC_OP2 输入的值分别为 10.5 和 15.3，则执行上边的程序段之后，控件 IDC_RESULT 中的值将被更新为 25.8。以上操作完成了“+”按钮的单击消息处理函数，由于菜单项“加”的 ID 和按钮“+”的 ID 相同，所以菜单命令“操作－>加”的消息处理函

图 14.25　使用“类向导”编辑事件消息处理函数

```
void CExp143Dlg::OnClickedAddbutton()
{
    // TODO: 在此添加控件通知处理程序代码
}
```

图 14.26　类向导生成的空的消息处理函数

数也是 OnClickedAddbutton()。这样就实现了加法运算的功能。

(18) 按照和(17)相同的步骤分别添加并实现按钮 IDC_SUBBUTTON、IDC_MULBUTTON 和 IDC_DIVBUTTON 的单击消息处理函数,实现减法运算、乘法运算和除法运算的功能。四个消息处理函数的完整代码如下。

```
void CExp143Dlg::OnClickedAddbutton()
{
    UpdateData(true);
    m_result = m_op1 + m_op2;
    UpdateData(false);
}
```

```
void CExp143Dlg::OnClickedSubbutton()
{
    UpdateData(true);
    m_result = m_op1 - m_op2;
    UpdateData(false);
}
void CExp143Dlg::OnClickedMulbutton()
{
    UpdateData(true);
    m_result = m_op1 * m_op2;
    UpdateData(false);
}
void CExp143Dlg::OnClickedDivbutton()
{
    UpdateData(true);
    m_result = m_op1 / m_op2;
    UpdateData(false);
}
```

编译、运行程序，观察程序的运行结果。例 14.3 程序的运行结果如图 14.27 所示。

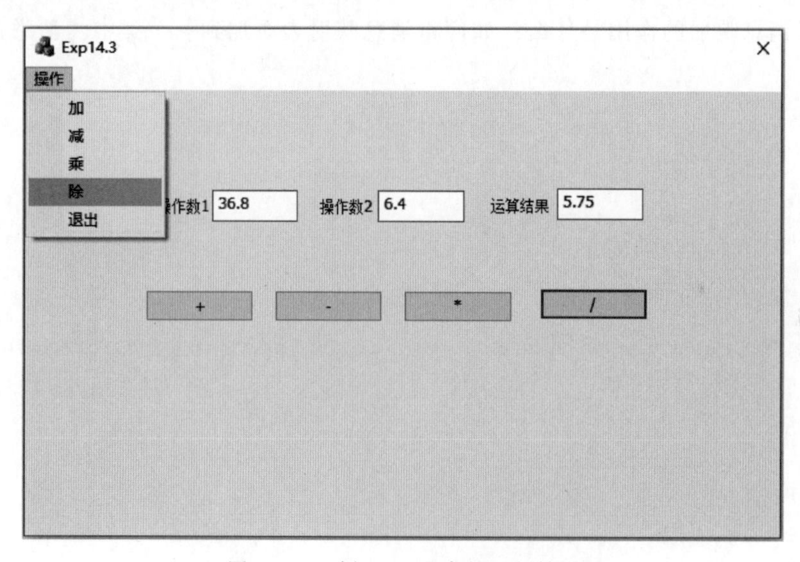

图 14.27 例 14.3 程序的运行结果

小结

Windows 图形界面应用程序使用事件驱动机制。窗口是程序活动的舞台，而事件是程序运行的驱动力。Windows 操作系统使用消息来通知应用程序有事件发生，所以这种机制又称为消息映射机制。

可以使用 C++语言调用 Windows API 来编写 Windows 应用程序。这样的程序称为 Windows SDK 应用程序。任何 Windows SDK 应用程序都至少包含两个函数：主函数 WinMain 和处理消息的窗口函数。

MFC是用C++编写的一个类库,其中的类封装了绝大部分Windows API函数的功能。它使编程者能够使用面向对象的程序设计方法来编写Windows应用程序,同时它也为使用者提供了一个应用程序框架。

MFC采用消息映射机制在程序中寻找消息处理函数。消息映射机制就是向类中添加消息和消息处理函数的关联表——称为消息映射表。当有事件发生时,程序的消息循环从消息队列中取出相应的消息,将其发送给应用程序,应用程序按照特定的路由在各个类的消息映射表中查找消息处理函数。MFC是通过一组宏来实现消息映射机制的。

Windows消息分为系统消息和自定义消息两大类。系统消息是Windows操作系统定义的消息,分为窗口消息、命令消息和控件通知消息。而自定义消息是由编程者在程序中自己定义的消息。

习题

14.1 什么是事件驱动机制?Windows操作系统是如何实现事件驱动机制的?

14.2 MFC中代表应用程序的类是CWinApp,它的成员函数Run的功能是什么?

14.3 消息映射的作用是什么?如何将消息映射表添加到一个类中?请举例说明。

附录A

编辑、编译、链接和运行 C++控制台应用程序的步骤如下。

第一步：创建 C++应用程序。

(1) 运行 Visual Studio 2015，执行菜单命令“文件”→“新建”→“项目”，打开“新建项目”对话框，如附图 A.1 所示。在 Visual Studio 2015 中，一个项目就是一个应用程序，一个项目存储在一个文件夹中。

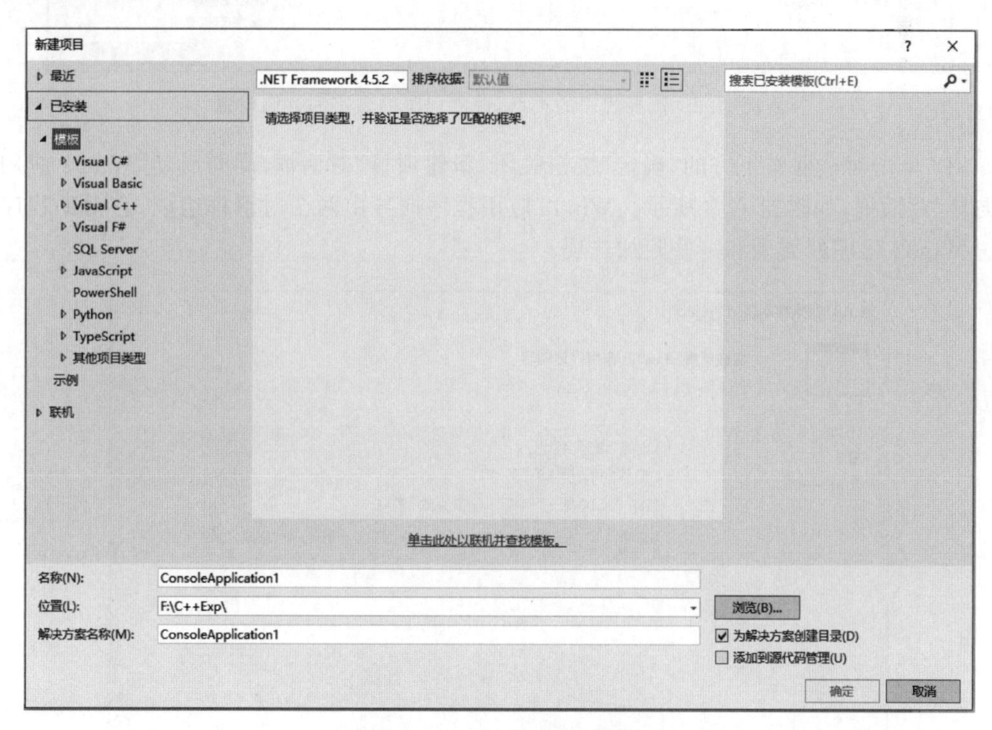

附图 A.1 “新建项目”对话框

(2) 在“新建项目”对话框左侧选择项目的“模板类型”，Visual Studio 2015 支持多种编程语言，为了方便程序员建立应用程序，Visual Studio 2015 为每种语言开发的不同类型的应用程序都建立了相应的程序框架模板。本书中的绝大部分例程都是基于控制台的应用程序，所以应选择 Visual C++语言选项下的 Win32 类型的程序模板。此时在对话框中间的列表框中会出现两种类型的 Win32 程序供用户选择，选择其中的“Win32 控制台应用程序”，然后在对话框下部输入应用程序项目的名称和程序项目的保存位置，如附图 A.2 所示。

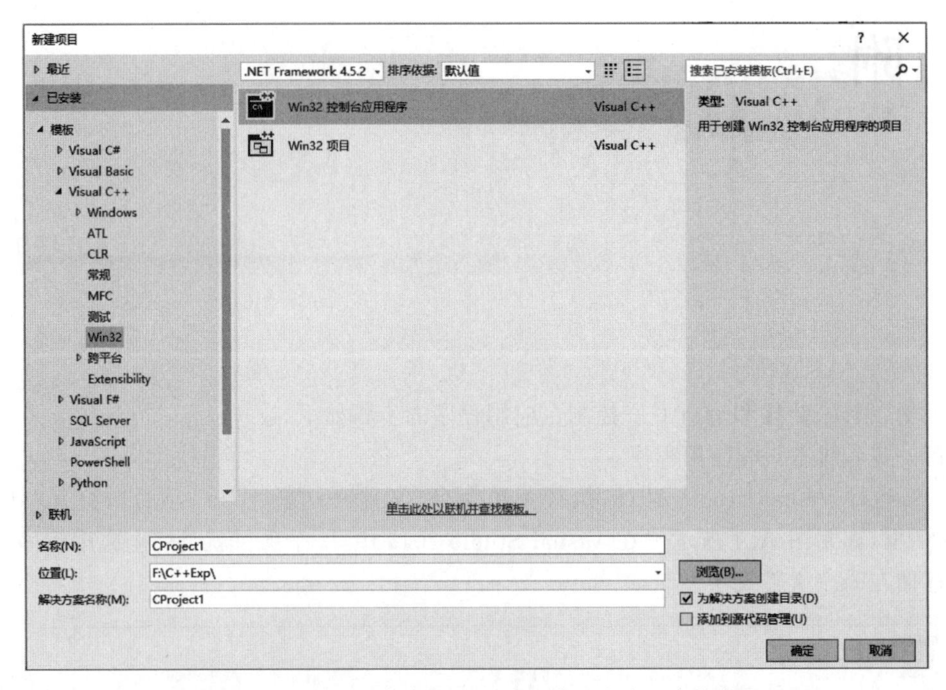

附图 A.2　选择程序的类型,设置程序的名字和存储位置

(3) 单击对话框右下方的"确定"按钮关闭"新建项目"对话框,同时启动"Win32 应用程序向导"对话框,如附图 A.3 所示。Win32 应用程序向导由两个对话框组成,它帮助程序员设置 Win32 程序的类型和一些附加选项。

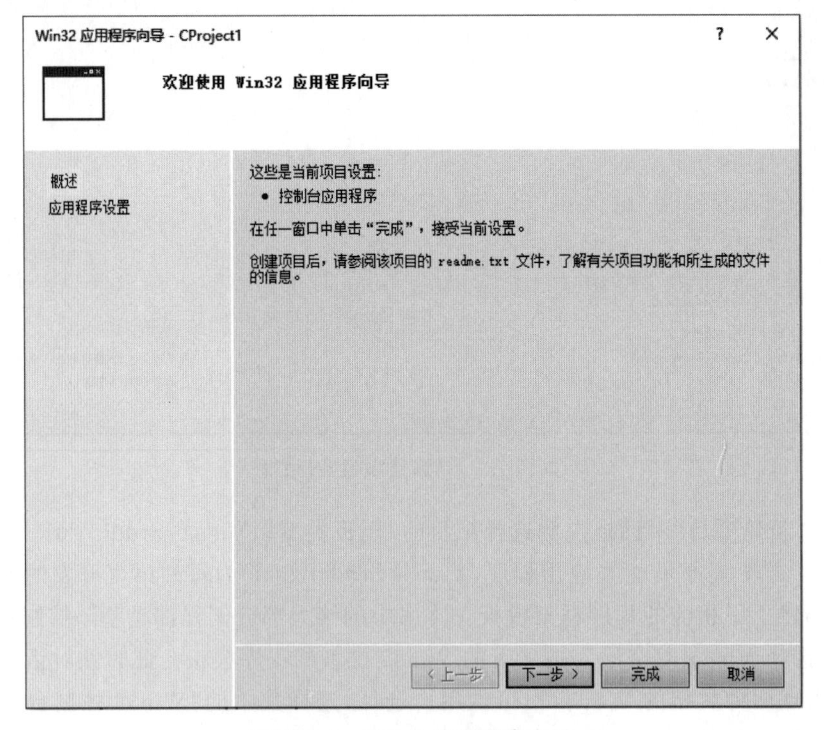

附图 A.3　Win32 应用程序向导

(4) 直接单击“下一步”按钮，进入“Win32 应用程序向导”的第 2 个对话框，把“应用程序类型”设定为“控制台应用程序”，在“附加选项”中选中“空项目”，如附图 A.4 所示。然后单击下方的“完成”按钮关闭“Win32 应用程序向导”，完成程序项目的创建和设置任务。此时，在 Visual Studio 2015 工作区的右部会出现“解决方案资源管理器”视图，其中包含刚刚创建的项目，如附图 A.5 所示。

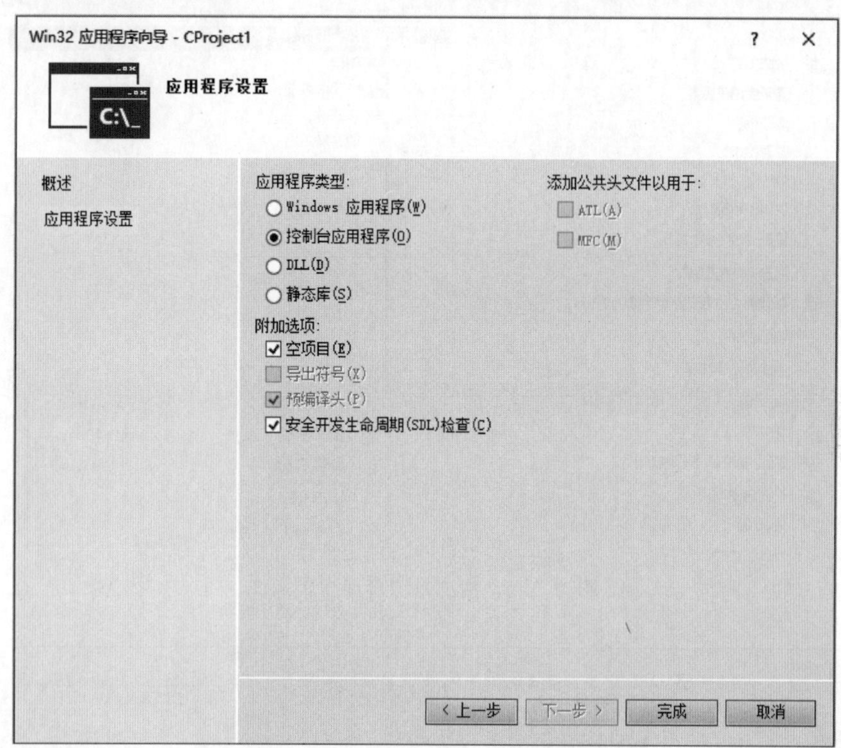

附图 A.4 创建一个空的 C++控制台应用程序

第二步：给工程添加程序文件，编写程序代码。

(1) 接第一步的第(4)步，在“解决方案资源管理器”视图中，用鼠标选中项目，然后单击鼠标右键，在弹出菜单中选择菜单命令“添加”→“新建项”打开“添加新项”对话框，程序员可以使用该对话框向程序项目中添加程序头文件、源文件和资源文件的程序组成元素，如附图 A.6 和附图 A.7 所示。

(2) 在“添加新项”对话框中选择“C++ 文件(.cpp)”，在对话框下部的“名称”文本框中输入要添加的 C++源文件的名字，如附图 A.8 所示。

(3) 单击“添加”按钮，打开源文件 main.cpp 的编辑页面，输入例 1.1 中的程序代码，如附图 A.9 所示。

到此为止，源程序的创建已经完成。不过这样的程序还不能运行，一个用高级语言编写的程序必须经过编译和链接，才能生成扩展名为.exe 的可执

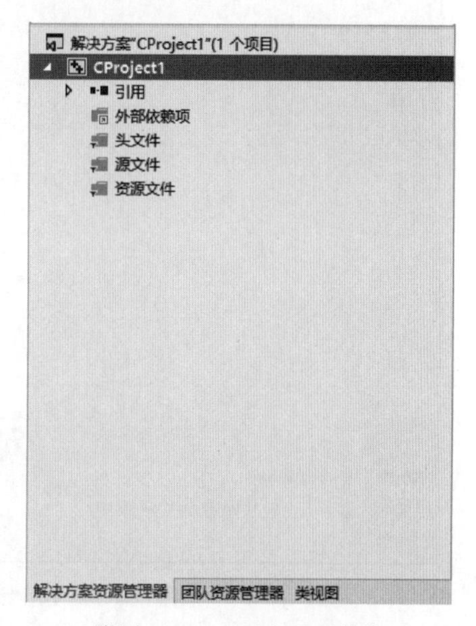

附图 A.5 项目的目录结构

行文件。编译就是把用高级语言编写的程序源文件中的语句，翻译成计算机硬件可以识别的机器指令的过程，是由编译程序完成的。链接就是把程序中的所有函数和程序中调用的所有库函数连接到一起，产生出一个可执行文件的过程。以下是 Visual Studio 2015 编译、链接和执行 C++程序的过程。

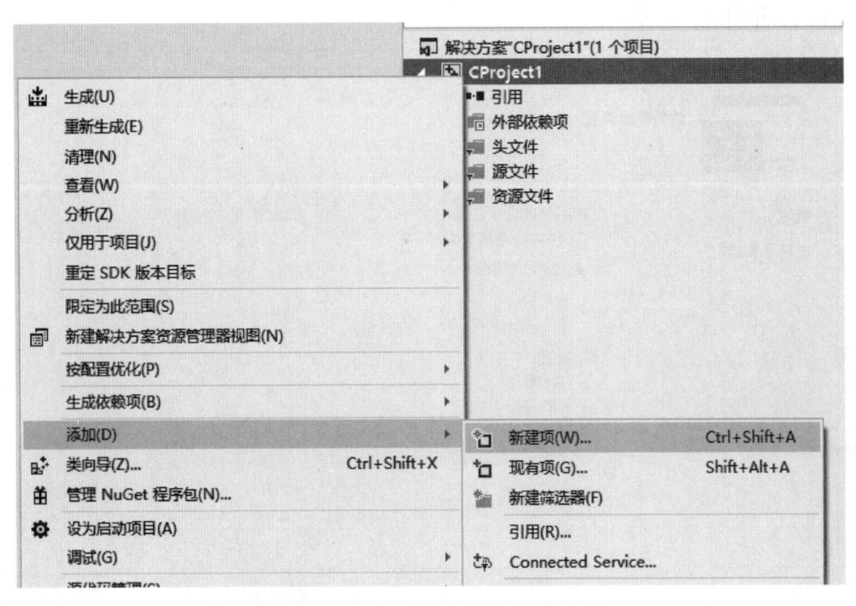

附图 A.6 向项目中添加程序文件

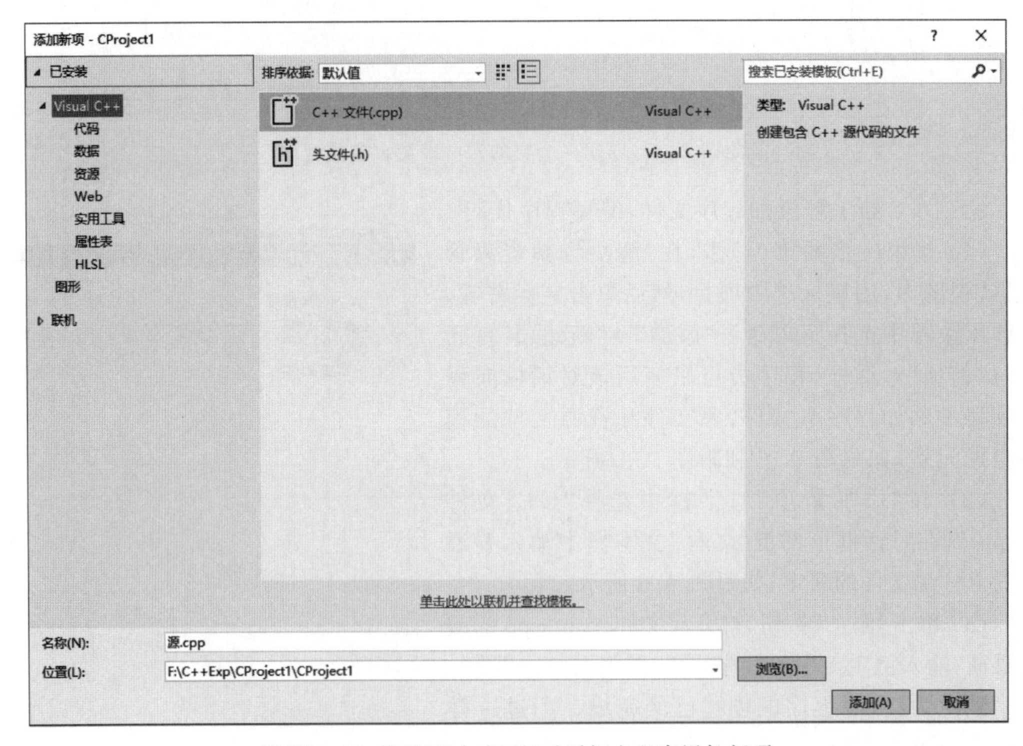

附图 A.7 使用"添加新项"对话框向程序添加新项

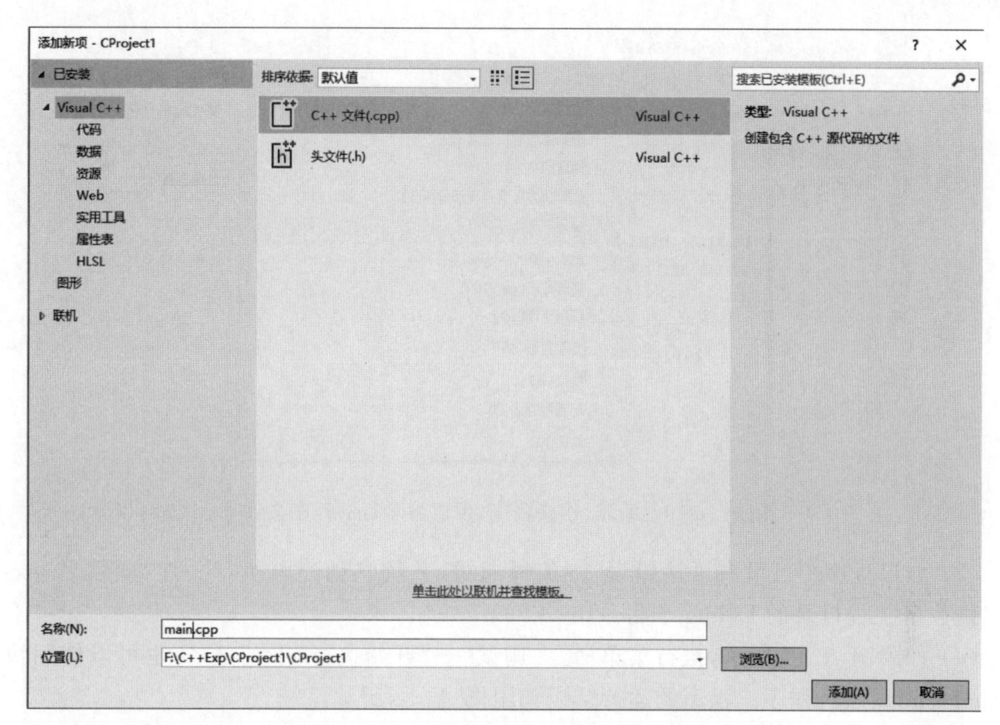

附图 A.8 向程序中添加一个 C++源文件

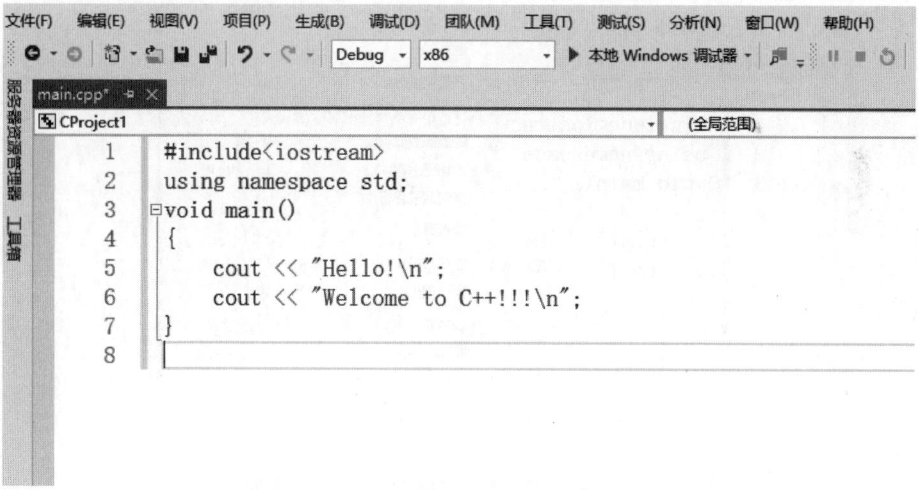

```
#include<iostream>
using namespace std;
void main()
{
    cout << "Hello!\n";
    cout << "Welcome to C++!!!\n";
}
```

附图 A.9 Visual Studio 2015 源程序编辑器

第三步：程序的编译、链接和运行。

(1) 接第二步第(3)步，程序代码编辑完成后，执行菜单命令"生成"→"生成解决方案"或"生成"→"生成[项目名]"(工具栏图标或)，对程序进行编译、链接，创建名为"项目名.exe"的可运行文件，如附图 A.10 所示。

(2) 如果程序中存在语法错误，则编译不能通过，错误提示会显示在屏幕下方的 Output 窗体之中，程序员可以根据提示，修改程序中的语法错误，修改完毕后转到第三步的(1)重新进行编译。

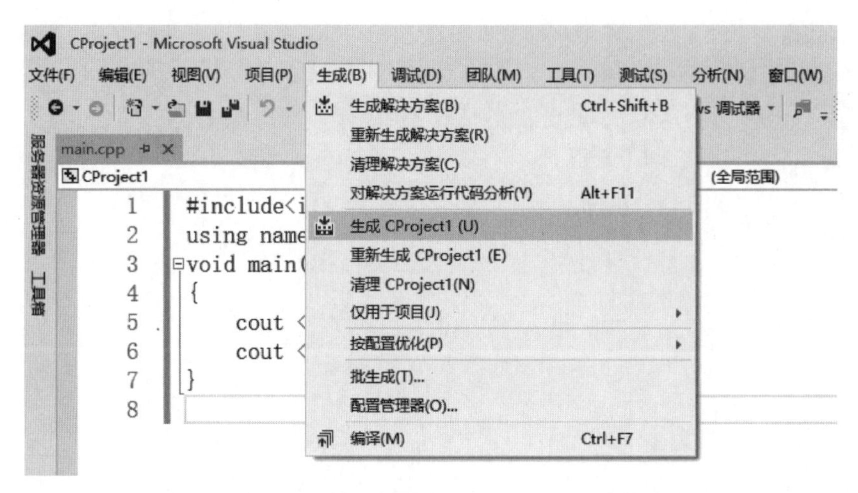

附图 A.10 编译、连接程序,生成可运行的程序文件

(3) 如果程序中已没有语法错误,则编译通过,系统将创建可执行文件“项目名.exe”,该文件位于工程目录的 Debug 子目录中。

(4) 如附图 A.11 所示,执行菜单命令“调试”→“开始执行(不调试)”(也可以使用快捷键 Ctrl+F5),运行程序。程序的运行结果如附图 A.12 所示。

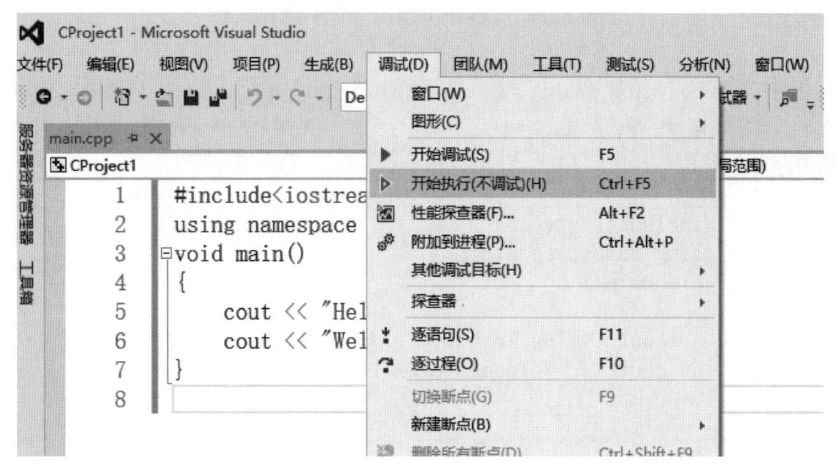

附图 A.11 运行程序

```
Hello!
Welcome to C++!!!
请按任意键继续. . .
```

附图 A.12 程序的运行结果

参 考 文 献

1. Stanley B Lippman, Josée Lajoie, Barbara E Moo. C++ Primer[M]. 4th ed. 北京：人民邮电出版社，2006.
2. Bruce Eckel. Thinking in C++[M]. 2nd ed. Prentice Hall Inc. ,2000.
3. Stephen Prata. C++ Primer Plus[M]. 中文版. 孙建春，韦强，译. 5 版. 北京：人民邮电出版社，2005.
4. Robert Lafore. C++面向对象程序设计[M]. 邓子梁，胡勇，译. 4 版. 北京：中国电力出版社，2004.
5. 郑莉，董渊，张瑞丰. C++语言程序设计[M]. 3 版. 北京：清华大学出版社，2003.
6. 张海藩. 软件工程导论[M]. 4 版. 北京：清华大学出版社，2003.
7. Jeff Prosise. MFC Windows 程序设计[M]. 北京博彦科技发展有限责任公司，译. 2 版. 北京：清华大学出版社，2001.
8. 辛长安，王颜国. Visual C++权威剖析[M]. 北京：清华大学出版社，2008.
9. Bjarne Stroustrup. C++程序设计语言(第 1～3 部分)[M]. 王刚，杨巨峰，译. 4 版. 北京：机械工业出版社，2018.
10. Stephen Prata. C++ Primer Plus[M]. 中文版. 张海龙，袁国忠，译. 6 版. 北京：人民邮电出版社，2012.
11. Ivor Horton. C++标准模板库编程实战[M]. 郭小虎，程聪，译. 北京：清华大学出版社，2017.

图 书 资 源 支 持

感谢您一直以来对清华版图书的支持和爱护。为了配合本书的使用，本书提供配套的资源，有需求的读者请扫描下方的“书圈”微信公众号二维码，在图书专区下载，也可以拨打电话或发送电子邮件咨询。

如果您在使用本书的过程中遇到了什么问题，或者有相关图书出版计划，也请您发邮件告诉我们，以便我们更好地为您服务。

我们的联系方式：

清华大学出版社计算机与信息分社网站：https://www.shuimushuhui.com/

地　　址：北京市海淀区双清路学研大厦 A 座 714

邮　　编：100084

电　　话：010-83470236　010-83470237

客服邮箱：2301891038@qq.com

QQ：2301891038（请写明您的单位和姓名）

资源下载：关注公众号“书圈”下载配套资源。

资源下载、样书申请

书圈

图书案例

清华计算机学堂

观看课程直播